U0274382

航天科技图书出版基金资助出版

高功率激光推进

High Power Laser Propulsion

［俄］尤里·A. 罗津科夫（Yuri A. Rezunkov）　著

陈鸿麟　译

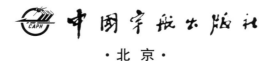

中国宇航出版社

·北京·

本书中文简体字版由著作权人授权中国宇航出版社独家出版发行，未经出版者书面许可，不得以任何方式抄袭、复制或节录本书中的任何部分。

著作权合同登记号：图字：01－2023－1241 号

图书在版编目（CIP）数据

高功率激光推进 /（俄罗斯）尤里・A.罗津科夫
（Yuri A. Rezunkov）著；陈鸿麟译. －－北京：中国宇航出版社，2024.1
　书名原文：High Power Laser Propulsion
　ISBN 978 - 7 - 5159 - 2348 - 2

Ⅰ.①高… Ⅱ.①尤… ②陈… Ⅲ.①激光技术－应用－航天推进－研究 Ⅳ.①V43

中国国家版本馆 CIP 数据核字（2024）第 041138 号

责任编辑 赵宏颖		**封面设计** 王晓武	

出　版
发　行 中国宇航出版社

社　址 北京市阜成路 8 号　**邮　编** 100830		**版　次** 2024 年 1 月第 1 版	
（010）68768548		2024 年 1 月第 1 次印刷	
网　址 www.caphbook.com		**规　格** 787 × 1092	
经　销 新华书店		**开　本** 1/16	
发行部 （010）68767386　　（010）68371900		**印　张** 15.25	
（010）68767382　　（010）88100613（传真）		**字　数** 371 千字	
零售店 读者服务部　　　（010）68371105		**书　号** ISBN 978 - 7 - 5159 - 2348 - 2	
承　印 北京中科印刷有限公司		**定　价** 96.00 元	

本书如有印装质量问题，可与发行部联系调换

航天科技图书出版基金简介

航天科技图书出版基金是由中国航天科技集团公司于 2007 年设立的，旨在鼓励航天科技人员著书立说，不断积累和传承航天科技知识，为航天事业提供知识储备和技术支持，繁荣航天科技图书出版工作，促进航天事业又好又快地发展。基金资助项目由航天科技图书出版基金评审委员会审定，由中国宇航出版社出版。

申请出版基金资助的项目包括航天基础理论著作，航天工程技术著作，航天科技工具书，航天型号管理经验与管理思想集萃，世界航天各学科前沿技术发展译著以及有代表性的科研生产、经营管理译著，向社会公众普及航天知识、宣传航天文化的优秀读物等。出版基金每年评审 1～2 次，资助 20～30 项。

欢迎广大作者积极申请航天科技图书出版基金。可以登录中国航天科技国际交流中心网站，点击"通知公告"专栏查询详情并下载基金申请表；也可以通过电话、信函索取申报指南和基金申请表。

网址：http://www.ccastic.spacechina.com

电话：(010) 68767205，68767805

推荐序

2022 年末，航天推进技术研究院陈鸿麟高级工程师携带刚刚完成的《高功率激光推进》翻译初稿，与我交流书中的主要观点。我阅读初稿后认为，这本书系统论述了高功率激光推进技术的工作机制、发展历程、研究进展和技术瓶颈，以及激光推进发动机和激光推进航天器的设计与应用模式，为未来先进宇航推进技术研究发展提供了理论指导和工程实践参考。

航天发展，动力先行。自第一颗人造卫星成功发射以来，随着火箭发动机技术的快速发展，人类先后实现了卫星发射、月球探测、深空探测和空间站建设。在未来空间应用、科学研究、空间探测、月球开发和载人登陆火星等航天任务中，对航天推进系统提出了更高要求。未来航天推进技术最主要的发展方向就是快速进出空间、显著降低宇航发射和空间飞行任务成本。

激光推进技术是基于从外部（地基和天基）激光器向飞行器传输高密度光束能量，通过激光与推进剂的相互作用，形成高速等离子体射流产生推力。激光推进系统没有运动部件和复杂的推进剂贮供系统，具有比冲高、系统简单和可靠性高的优点。自 20 世纪 70 年代以来，先后完成了理论和实验研究。在 20 世纪 80 年代，形成了光船概念，并研制出陆基或星载高功率激光推进飞行器，可用于小型有效载荷发射和空间飞行任务。

进入 21 世纪，伴随着材料技术、微电子技术、光学技术、信息技术和激光技术的快速发展，出现了激光推进研究的第二波高潮。美国、德国、中国和俄罗斯等在激光在大气层中传输、激光与等离子体相互作用机理、激光推进发动机工作模式等领域取得了显著进展，但还存在激光传输过程中能量损失与畸变、推力效率偏低、研究验证条件不足和空间适应性等问题。随着科学技术的不断进步和人类空间活动的蓬勃发展，制约高功率激光推进技术发展的主要问题将逐步解决，未来高功率激光推进技术在航天器发射、空间机动飞行和深空探测领域将具有广阔的应用前景。

该著作是针对激光推进进行的一次真正尝试，总结了激光推进技术理论和实验研究成果，讨论了激光推进的工作机理、激光推进发动机与飞行器设计以及高功率激光推进系统。本书适合作为相关专业的本科和研究生教材，同时也可以作为激光推进工程技术和科研人员的参考用书，在此特意推荐给广大读者。

中国工程院院士　张贵田

2022 年 11 月

译者序

近几年，译者一直从事先进航天推进技术的研究，在工作过程中接触到《高功率激光推进》这本书，在阅读和学习过程中，觉得书中的理论、方法、技术和设计对提升激光推进的理论研究、实验测试、系统设计和应用方向等方面的认识有所裨益，于是进行了翻译工作。

该书是施普林格原子、光学和等离子体物理的系列丛书之一。激光物理学是一个特殊的关联主题，它涵盖了激光推进领域理论和实验研究，目的是弥补正规教科书与研究文献之间的差距，强调激光推进领域的基本思想、方法、技术和结果，为该领域的发展提供了持续动力。

20 世纪 60 年代，第一台激光器发明不久，两位苏联物理学家阿斯卡良（G. A. Askaryan）和莫罗兹（E. M. Moroz）利用激光脉冲效应开展了蒸发固体材料来产生反冲冲量的研究。20 世纪 70 年代早期，苏联院士普罗霍罗夫（A. M. Prokhorov）和美国教授安东尼·皮尔里（Anthony Pirri）提出了激光推进理论。1972 年，亚瑟·坎特罗维茨（Arthur Kantrowitz）教授提出使用高功率激光推进系统将小型卫星发射到太空的设想，随后提出了实现高功率激光推进的四项基本激光工程技术；同时美国和苏联的科学家在 20 世纪 70—80 年代进行了许多激光推进的实验研究。20 世纪 90 年代科研人员致力于近地空间激光推进的概念研发。进入 21 世纪，研究重点是将激光推进应用于飞行器的近地轨道发射，以及将激光推进发动机用于卫星的在轨飞行。基于光船的激光推进系统可以在吸气和火箭两种模式下工作，它可以设计成单级入轨飞行器，没有分离的火箭级，可实现低成本、大批量卫星发射。而具有星载光学系统和激光推进发动机的小型飞行器，可执行各种轨道机动任务。

对于吸气式和火箭式激光推进，激光辐射与气体和等离子体相互作用被认为是定义激光推进效率的主要理论和实验过程之一。气体被激光击穿放电作为激光功率注入等离子体的起点，应用半经验等离子体模型，可以测定等离子体电离率和热力学函数特性与气体初始密度和温度的关系，进而得到等离子体热力学函数，最终可估算脉冲峰值功率下激光推进效率。

对于激光烧蚀推进，采用含有 CHO 化学成分聚合物（端醛基高分子材料）作为推进剂，可以获得较高的冲量耦合系数和推进效率（＞50％）。作为最有发展潜力的高功率、大推力和高效率激光推进系统，激光烧蚀推进技术下一步工作重点是新型推进剂的研制和激光推进发动机的结构优化。

以重复脉冲和连续波模式工作的空间激光推进发动机已经完成了样机研制和技术验证，在激光功率 5～20 kW 时，发动机模型可以产生 1.5～2.0 N 的推力，相应的冲量耦合系数为 $C_m = (1.0 \sim 2.0) \times 10^{-4}$ N/W。

超声速激光推进是通过激光烧蚀射流与喷管内超声速气流的相互作用，在激光推进发动机中形成超声速气流。结果表明，烧蚀蒸气中等离子体射流的压力和温度，以及推进剂烧蚀质量消耗率这些参数非常关键，数值研究结果表明，相应的冲量耦合系数可达到 $C_m \approx 10^{-3}$ N/W。

将高功率激光推进用于近地空间探测任务已经进行了大量的理论和实验研究，采用宇航激光推进发动机作为推进系统的小型飞行器，它包括接收望远镜、光学转台和铰链机构，在飞行器轨道机动期间，不受飞行器与激光束彼此方位的限制，可用于清除近地轨道和地球同步轨道的空间碎片。

建造 HPLP 系统需要解决一些技术难题，包括：1）高功率超低发散激光束产生技术；2）由大气层和系统光学元件引起的光束畸变补偿技术。这些技术难题解决方案决定了 HPLP 的系统设计。

采用动态全息技术可以补偿激光束的相位失真和相位共轭，先进的相位共轭控制激光系统具有较宽的视场、高执行能力和快速响应能力。采用基于大气光学畸变补偿算法的自适应激光光学系统，可通过地球大气层向空间飞行器传输激光功率，具备补偿激光束畸变的可行性，例如，传输到 3 000 km 轨道的激光功率增加到激光初始功率的 65％。

该著作是针对激光推进技术进行的一次真正尝试，总结了激光推进技术理论和实验研究成果，讨论了激光推进的工作机理、激光推进发动机与飞行器设计，以及高功率激光推进系统，为推进系统的研究和发展提供了指导和借鉴。

特别感谢中国航天动力德高望重的专家、中国工程院院士张贵田老先生为本书作序！

航天推进技术研究院和西安航天动力研究所为译者翻译这本书提供了很多便利条件，韩先伟博士、陈祖奎研究员等仔细阅读译稿，提出了非常有益的修改意见，谭蕾同志完成了本书插图绘制的艰巨工作，译者在此表示衷心的感谢！

由于译者时间和水平有限，书中错误在所难免，恳请读者批评指正。

陈鸿麟
2022 年 11 月

前 言

最后，也就是第三种方法，也是最诱人的获得速度的方法，从地球向飞行器传输能量，飞行器本身不提供物质（即炸药或燃料形式）能量；而且在地球以平行短波形式向飞行器发射电磁光束。

K. E. 齐奥尔科夫斯基

1924 年《宇宙飞船》

60 多年前，1957 年 10 月 4 日，第一颗人造地球卫星"斯普特尼克 1 号"被火箭助推器发射到近地轨道。从那时起，包括苏联、美国、法国、中国和日本在内的许多国家纷纷开始建立大型航天器发射场；向太阳系内的行星发射空间飞行器的任务已经实现；航天员也登上了月球。可以预期，在不久的将来，将出现更多载人和无人飞行任务与探索地球以外更远的恒星的前景空间项目。

距离 1960 年第一台激光器，一种高度定向的"平行电磁光束"被验证，也已经过去了 60 年。目前，各种类型的高功率激光器（包括气体、液体、固态和自由电子）已经能够在从 X 射线到中红外光谱谱段等较宽的辐射波长范围内工作。激光已经在民用和海军领域得到了广泛应用。目前已研制出基于高功率激光辐射能量传输的全球能源系统，其中一些项目涉及空间运输系统，这些系统利用高功率激光产生推力。

在 20 世纪 70 年代和 80 年代，先后有几个涉及激光轨道转移飞行器（Laser Orbit Transfer Vehicle，LOTV）的空间任务项目采用了陆基或星载高功率激光推进方式。假设采用 500 MW 激光器实现质量 30 t 的 LOTV 从 LEO（Low Earth Orbit）转移到 GEO（Geosynchronous Earth Orbit），那么高功率激光推进（HPLP）系统必须包括以下设备：

1）由 6～10 个大型激光器组成的激光设备。

2）具有自适应望远镜，能控制激光束方向的激光功率发射机。

3）能将激光束定向到轨道转移飞行器的在轨二次发射机。

4）带有接收望远镜系统的 LOTV，用于收集激光功率，并能够将功率再次定向到激光推进发动机上。

5）用来控制太空任务的地面太空发射中心。

此外，20 世纪 80 年代，在美国国家航空航天局（NASA）的领导下，美国研制出了一款新型空间运输系统——阿波罗光船（Apollo Lightcraft）。该项目要求设计并开发航天器的所有组件，包括从飞行器总体方案到航天器发射和着陆的电子制导系统。其中重要的一点是在飞船上安装激光推进发动机。"光船"假设由发射功率达吉瓦量级的高功率天基-空基激光器推动。激光推进发动机必须在两种推力模式下运行：在 70 km 高度以下，它通过吸气式推进系统工作；超过 70 km 则使用自带推进剂在火箭模式下运行。

现代激光器只能产生几兆瓦的功率，这种限制是由激光技术和激光设备工程技术的局限造成的。

最近，俄罗斯商人尤里·米尔纳（Yuri Milner）和英国理论物理学家斯蒂芬·霍金（Stephen Hawking）"突然"赞成利用高能激光辐射推进的小型飞行器进行星际航行的想法。2016 年，他们支持了"突破摄星"计划（Breakthrough Starshot），目标是利用激光辐射的空间帆向半人马座阿尔法星系（Alpha Centauri Star System）发射质量为 1 g 的纳米飞行器。据推测，该飞行器将在 20 年内到达半人马座阿尔法星系，拍摄该恒星系中行星的照片，然后将这些信息发送给地球观测者。

在不久的将来，决定任务成功与否的主要技术可能会被开发出来，涉及以下几个方面。

1）微电子领域的进展，涉及航天器的所有微单元，即相机、电源、导航电子等。

2）利用纳米技术制造太阳帆，使用的材料只有几百个原子的厚度。

3）采用多个具有自适应相位补偿的低功率激光器，研制总功率为 50～70 GW 的多单元激光系统。

这些基于 HPLP 的项目现在看起来很奇幻，但它们被认为是对未来空间运输系统发展的科学预测。

激光推进的理论基础是由苏联院士 A. M. 普罗霍罗夫（A. M. Prokhorov）和美国教授安东尼·皮尔里（Anthony Pirri）在 20 世纪 70 年代早期提出的。美国和苏联的科学家在 20 世纪七八十年代进行了许多激光推进的实验研究。在那个时候，苏联尤·P. 雷泽（Yu P. Raizer）教授提出了高功率激光辐射条件下等离子体点火基本理论。激光辐射下激光等离子体和等离子体内的化学反应在产生推力方面起着重要作用。

在 21 世纪初，出现了激光推进研究的第二波高潮。在这期间，每两年在不同的国家举行的几次束能推进国际研讨会上，研究人员讨论了激光推进存在的实际问题，内容涵盖从美国、德国和俄罗斯等取得的成就到新型激光推进的应用研发。

与此同时，这些会议讨论和展示了应用激光产生推力与火箭技术相比的优点，以及实际适应性方面存在的主要问题。激光推进可用于开发新型空间运输系统，致力于创建空间通信系统、互联网，以及其他基于小型空间飞行器系统的能量和通信基础设施。

遗憾的是，直到现在所有这些概念都没有实现！激光推进运输系统的研究方向仍未明确。为此，本书讨论了高功率激光推进发展的主要成就以及存在的理论和技术问题。

特别是，尤·P. 雷泽教授提出的激光辐射与等离子体相互作用理论被认为可提高激光功率转化为等离子体的效率。为确定激光推进的最佳形式，本书分析了激光功率产生推力的基本物理现象，讨论了激光推进发动机设计和激光推进飞行器装配的原则，包括：

1）激光推进发动机设计，为将飞行器发射至 LEO，可在吸气模式和冲压发动机两种模式下工作。

2）带有激光光学组件的激光推进飞行器，收集远程激光发射的能量，并直接定向到激光推进发动机。

3）激光光学自适应系统，通过地球大气层输送激光能量，控制激光束将飞行器送入地球轨道。

因为在亚声速和超声速模式下发动机推力效率偏低，以及缺乏激光推进发动机的优化设计，高功率激光推进系统的研制没有取得进展。其中一个复杂的问题是缺乏相应的实验设备，导致无法在高功率激光辐射下进行激光推进发动机真实条件的性能测试。

这本书是一次认真的尝试，总结了激光推进实验研究积累的经验，讨论了激光推进存在的现象、激光推进技术、激光推进飞行器设计，以及为飞行器运动提供推力的高功率激光系统。

俄罗斯索斯诺维堡，尤里·A. 罗津科夫

2021 年 1 月

致　谢

如果没有许多人的帮助和支持，这本书是不可能出版的。

首先，我要感谢我亲爱的妻子加琳娜·拉齐纳（Galina Razina），她接手了所有的日常家务，让我有更多的时间来完成手稿，她的耐心和支持难以言表。

多年来，光电仪器工程科学研究所同事们的工作，以及他们的专业知识使我受益匪浅。由于人数众多，在这篇短文中无法一一列举，但我把他们出版物的题目放在了相关的参考文献中。

我非常感谢 SPIE 出版社的科学编辑对这本书的初稿进行了详细的审查，他们的意见非常宝贵。如有任何错误，应是我的责任。

我也要感谢光电仪器工程科学研究所科学图书馆首席馆员斯维特拉娜·奈登科娃（Svetlana Naidenkova），她全力帮助我在数据库中寻找所需的科学论文和书籍；伊琳娜·阿卡诺娃（Irina Arkanova）为本书提供了大量图片；我的侄女娜塔莉亚·波古迪娜（Nataliia Pogudina）设计了本书封面。

最后但同样重要的是，我要对 A. A. 施密特（A. A. Schmidt）博士的友谊以及持续的支持和关注表示特别感谢。

作者简介

尤里·A. 罗津科夫（Yuri A. Rezunkov，1950 年生）是俄罗斯索斯诺维堡光电仪器工程科学研究所的首席科学家，主要研究方向为激光物理、激光光学以及激光辐射与物质的相互作用。

1974 年，毕业于列宁格勒理工学院（现圣彼得堡工业大学），获得空气动力学和热力学学位；1977 年，获得博士学位，并加入阿穆尔国家光学研究所索斯诺维堡博尔分院。

尤里·A. 罗津科夫发表了多篇不同学科的论文，包括：高功率激光辐射在地球大气中的传播、激光防雷系统发展、利用相位共轭技术补偿大气湍流引起的激光束波前畸变，以及高能皮秒 CO_2 激光器研制等。他的论文重点关注激光推进理论和应用技术的发展。他的理学博士论文题目是《基于 CHO 基聚合物激光烧蚀推进》，并在 2006 年成功通过答辩。

目前，尤里·A. 罗津科夫博士从事激光对光电设备影响的研究。

缩略语

ABL	机载激光器
ABLP	吸气式激光推进
AFRPL	空军推进研究实验室
ASLPE	宇航激光推进发动机
BWA	光束波前分析仪
CJE	化学喷气发动机
COIL	化学氧碘激光器
CW	连续波
EJE	电热喷气发动机
FIW	快速电离波
GEO	地球同步轨道
HPLP	高功率激光推进
HWFA	波前外差分析仪
IGW	内部引力波
ISBEP	束能推进国际论坛
LAP	激光烧蚀推进
LChP	激光化学推进
LEO	近地轨道
LISP	激光脉冲空间推进
LOTV	激光轨道转移飞行器
LPD	激光推进装置
LPE	激光推进发动机

LSD　　　　　　　　激光维持爆震波

LSR　　　　　　　　激光维持辐射波

LTD　　　　　　　　光船飞行器

LTE　　　　　　　　局域热平衡或激光热发动机

LTP　　　　　　　　激光热推进

MO　　　　　　　　主振荡器

MOPA　　　　　　　主振荡器–功率放大器

OCD　　　　　　　　光学连续放电

PCM　　　　　　　　相位共轭镜面

PMMA　　　　　　　聚甲基丙乙烯酸甲酯（有机玻璃）

POM　　　　　　　　聚甲醛

PRR　　　　　　　　脉冲重复频率

RP　　　　　　　　　重复脉冲

RW　　　　　　　　　辐射波

SDI　　　　　　　　战略防御倡议

SLM　　　　　　　　空间光调制器

SMV　　　　　　　　空间小型飞行器

SSL　　　　　　　　固态激光器

目　录

第1章　激光推进研究历程概述

摘　要　本章分析了 20 世纪 70 年代激光推进的基本成就。现代激光推进技术的发展始于 21 世纪初，关注面向激光推进实际应用的激光技术。这些应用的典型例子是高效激光推进发动机和高功率激光推进（HPLP）系统。

对先进推进技术的要求是能够显著降低发射和空间飞行任务的成本。激光推进是基于从外部激光器向飞行器传输光束能量。自 20 世纪 70 年代早期以来，已经开展了各种各样激光推进概念的理论和实验研究。在 20 世纪 80 年代，战略防御倡议（SDI）催生了光船概念的出现。在这一思想引领下，美国空军和美国国家航空航天局（NASA）开发了一种激光技术模型，用于将小型有效载荷发射到近地轨道（LEO）。该技术的近期目标是在不久的将来验证其基本发射能力。大推力和高比冲（＞1 000 s）被认为是激光推进的优点。此外，由于没有运动部件和更简单的推进剂供给系统，激光推进发动机更加简单和可靠。然而，这项技术也受到很多限制，如可用激光功率、激光束穿过地球大气引起的吸收和畸变，以及激光推进发动机的激光功率传输等难题。

关键词　激光推进；激光推进发动机；战略防御倡议（SDI）；坎特罗伯茨"4P 原则"；耦合系数；激光推进动力学；无限比冲；光船概念；激光轨道转移飞行器；束能推进

1.1　引言

1924 年，20 世纪著名的苏联科学先驱齐奥尔科夫斯基（K. E. Tsiolkovsky，1857—1935）在他的著作[1]中指出，火箭技术在人类行星际旅行和发射宇宙飞船到近地轨道方面存在某些不足。问题之一是需要在火箭上贮存大量的推进剂，而这些推进剂超过有效载荷大约三倍。他推断出以下内容：

最后，也就是第三种方法，也是最诱人的获得速度的方法，从地球向飞行器传输能量，飞行器本身不提供物质（即炸药或燃料形式）能量，而是在地球上以平行短波形式向飞行器发射电磁光束。

齐奥尔科夫斯基并没有将这一想法发展成"光束能源推进"的概念，但他的科学远见给其他研究人员提供了启示，即有必要开发一种具有远程功率源的喷气飞行器进行飞行。1957 年，苏联发射了第一颗人造地球卫星，正式开始了对近地空间的探索。美国和苏联几乎同时发明了第一台激光器[2]。不久之后，在 1962 年，两位苏联物理学家 G. A. 阿斯卡良（G. A. Askaryan）和 E. M. 莫罗兹（E. M. Moroz）利用激光脉冲效应开展了蒸发固体材料产生反冲冲量的研究，他们得出的结论是：集中在固体表面小面积上的强能量束流能够使材料产生剧烈蒸发，导致材料表面压力下降，从而在材料蒸发过程中产生强烈的反冲脉冲。在红宝石激光器[3]聚焦光束的蒸发实验中观测到，反冲压力可能比光束压力大几个数量级。

他们提出利用反冲脉冲来加速小粒子，并模拟了微尘埃对物体表面的作用。

1972 年，亚瑟·坎特罗维茨（Arthur Kantrowitz）教授发表了题为《利用地基激光推进进入轨道》的论文[4-5]，并提出使用高功率激光将小型卫星发射到太空，而不是制造大型的、能源效率低下的化学火箭。这样的卫星将横跨在激光束的顶端，激光束聚焦于"推进剂"区域。当一束高功率激光束（甚至是松散的）聚焦在固体物质上时，这种物质几乎在瞬间蒸发和电离。也就是说，释放的能量比火箭发动机氢燃烧释放的能量要高得多。因此，激光驱动飞行器仍将以火箭原理飞行，但激光推进的排气能量和结构质量优势将是氢氧火箭发动机无法比拟的。

由激光驱动的运载火箭将由非常轻的聚焦镜和一些相对少量（节能）的固体推进剂组成，其余将是有效载荷！激光推进的工作原理是由亚瑟·坎特罗维茨教授提出的，他将其命名为"4P 原则"。1989 年[5]，他提出了实现高功率激光推进的四项基本激光工程技术：

1）平均激光功率必须增加几个数量级；

2）需要探寻激光在大气的传输问题；

3）需要研制大尺度的反射镜；

4）需要开发高效能量转化和推力矢量控制技术，将激光能量高效地转换为速度达 10^4 m/s（比冲为 1 000 s）的喷气动能，并使推力矢量独立于激光束轴。

本章的主题是回顾和总结从 20 世纪 70 年代以来基于高功率激光器的激光推进系统研究历程。

1.2　激光推进研制的主要阶段

激光推进的主要特点是，所有产生推力的机制都是由远程功率源（如激光器）完成的。这些机理包括：1）固体材料的激光烧蚀；2）激光脉冲能量在气体介质中瞬间释放诱发激光爆轰波；3）化学聚合物的内能释放等。

20 世纪 70 年代对激光推进的初步研究可以概括为探索高功率激光推进在不远的将来的应用前景；20 世纪 80 年代，人们开始寻求技术和科学手段来制造有效激光推进，包括创新优化发动机设计；20 世纪 90 年代致力于近地空间激光推进的概念研发。自 2000 年以来，采取商业化方式，研究将激光推进应用于发射到近地轨道的飞行器，以及在轨飞行的卫星。

在过去 40 年里，该领域经历了不同的经费资助阶段。特别是在 1970—1980 年期间[6]，NASA 为激光推进项目提供了积极的财政支持。后面将进一步讨论在这些支持下获得的一些主要科学和工程研究结果。

20 世纪 70 年代，人们进行了以下激光推进主题研究：

1）通过吸收激光功率产生激光推进电流的机理。有必要弄清诸如工作介质（推进剂）的有效加热和激光能量转化为推力等问题。

2）用来聚焦激光束以击穿气态介质的光学镜面。当时，还不知道哪种类型的激光最适合用于激光推进，由此产生了用连续波（CW）和重复脉冲（RP）激光辐射将光束聚光器与射流喷管组成一个独立整体的想法。

3）推进剂类型及其热物性参数的选择对激光推进发动机实现稳定推力具有很大的影响。

这些研究的主要目的是验证高功率激光推进的可靠性，以判断它是否可以替代使用化学喷气发动机的传统火箭发射系统。

安东尼·皮尔里教授[7]在该领域进行了长期研究，他对 RP CO$_2$ 激光功率实现激光推进理论做出了贡献。1972 年，安东尼·皮尔里教授[8]提出了被称为激光推进耦合系数 C_m 的参数，即推力（N）与激光功率（W）的比值，该系数表征了激光功率效应下的推力效率。安东尼·皮尔里教授研究的推进机制是位于镜面焦点的气体推进剂被高功率激光辐射激励而产生强激波。注意，在这种情况下，喷出气流的比冲为 $I_{sp} \approx 10^3$ s。

耦合系数和比冲参数定义了激光推进的总效率 η，$\eta = g \cdot I_{sp} C_m / 2$，其中 g 为重力。

对于激光反射问题，安东尼·皮尔里教授提出了使用旋转抛物面形式的激光束聚光器来聚焦入射激光束，并激发星载推进剂实现激光击穿介质（见图 1-1）。我们将在第 2 章中更详细地讨论这种类型的激光推进，以定义激光功率和推力特性之间的主要关系。

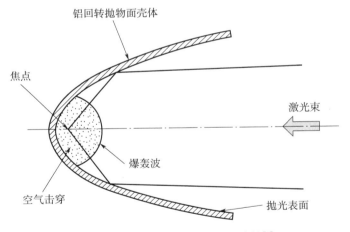

图 1-1 旋转抛物面激光推进喷管[8]

苏联学者在 1976 年和 1977 年发表了关于激光推进原理和理论的论文。激光推进的理论和实验研究工作主要由 A. M. 普罗霍罗夫院士主持，相关论文发表在苏联期刊《量子电子学》和《物理科学进展》上[9-10]。

普罗霍罗夫和他的合著者通过 RP 激光击穿气态推进剂和激光烧蚀固体材料的研究，对激光推进的气体动力学过程进行了详细的理论分析。这些研究的结果用于开发自相似的解决方案，以实现激光功率转化到推力的最大能量转换效率。这些科学家首次进行了在大气中发射小型激光驱动物体的验证实验。

1977 年，安东尼·皮尔里教授和吉拉德·A. 西蒙斯（Girard A. Simons）[8] 各自首次提出了激光推进空间飞行器飞行的气体动力学理论模型。他们还得到了描述抛物面喷管内激波产生和传播的气体动力学方程的自相似解。

所有这些关于激光推进的理论（由普罗霍罗夫和皮尔里提出）都将在第 2 章中进行更详细的讨论，因为所得到的结果对于理解激光功率注入有限体积气体推进剂从而形成激光推进的爆震机制来说是非常重要的。

在研究最开始的 10 年里（1972—1982），空军推进研究实验室（AFRPL）在激光推进领域也进行了重要的研究工作[6]。根据该实验室的研究，可以得出三个重要的实用结论：首先，激光功率越大，产生的推力就越大；其次，由外部提供功率源和击穿物质，可以实现"无限比冲"，但这一结论是基于飞行器本身不携带工作介质的假设；第三，成功的激光推进技术可以形成其他非常规技术，如激光能量在空间范围内传输。这些建议都是以高功率激光器（当时为吉瓦量级）的快速发展为前提的。

基于图 1-2，提出以下激光推进装置（LPD）类型：

1）由激光烧蚀固体物质诱发的激光维持爆震波（LSD）；

2）伴随着声学耦合气流的脉冲冲击波；

3）在腔室内激光维持的加热气体燃烧波。

在第 1.2～1.5 节中会讨论应用于激光推进的激光-物质相互作用的详细过程。

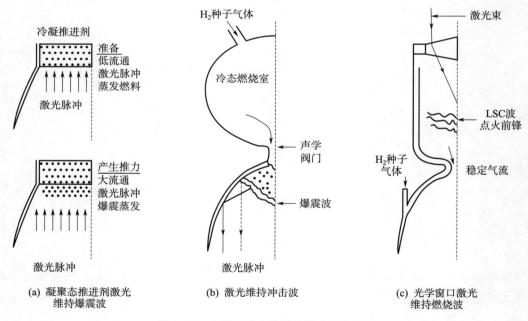

(a) 凝聚态推进剂激光　　　(b) 激光维持冲击波　　　(c) 光学窗口激光
　　 维持爆震波　　　　　　　　　　　　　　　　　　　维持燃烧波

图 1-2　应用于激光推进的激光击穿物质

20 世纪 80 年代，美国提出了"战略防御倡议"（SDI），俗称"星球大战"（Star Wars）计划，旨在保护美国免受战略核武器（洲际弹道导弹和潜射弹道导弹）的攻击[10]。

该计划的内容为：建立陆基、空基和天基高功率激光器，包括光学自适应系统，以补偿地球大气层造成的激光束畸变，开发用于激光能量空间距离传输的大口径望远镜等。该项目实施效果之一，就是为发展基于高功率激光器的激光推进概念提供了有利条件。

当时，制造高功率激光器中的许多工程和技术难题似乎很快就会得到解决，包括天基激光器和激光光学系统。基于化学或自由电子激光器的设计，似乎有可能生产出功率达吉瓦的激光器。利用线性和非线性自适应光学也克服了高功率辐射在地球大气中的传播问题。当时最先进的光学技术也被用于开发由子孔径组成的相控阵光学望远镜。

莱克·迈拉博（Leik Myrabo）教授与迪安·印格（Dean Ing）合著并于 1985 年出版的《飞行的未来》（The Future of Flight）中介绍了当时的一些 HPLP 研究结果[11]。该书阐述了作者对波束能量推进未来发展的观点，包括应用射频和激光辐射产生推力的观点。作者还讨论了解决 HPLP 问题的方法，这些问题是坎特罗维茨早些时候提出的。本书列出了涉及相关主题的详细论文和书籍清单。遗憾的是，当时苏联关于激光推进的科学出版物很少。

迈拉博的研究[11-12]表明，载人飞行到达近地轨道需要功率 100 MW 的激光器。如前言中所述，到目前为止，现有的激光器功率也就几兆瓦（MW）；不过它依旧被认为是一种重要的推进方案。此外，迈拉博还提出了两种激光推进方式：第一种是激光能量被气体推进剂吸收，将能量转化为气体的热能，然后热能转化为排气射流的动能；第二种是激光能量转化为部分电离气体的平动能量，再由磁流体（MHD）发生器转化为脉冲电能，最后转化为射流动能。所有这些过程都在特殊设计的"燃烧室"中进行。

"燃烧室"中激光能量-物质相互作用的主要物理过程如下：1) 激光功率完全转化为气体推进剂的内能（气体温度），获得高效的激光推进；2) 气体温度不超过气体分子的电离温度，激光功率被完全吸收。正如迈拉博所假设的那样，当激光功率以激光维持燃烧波模式与气态推进剂相互作用时，这些条件是可以满足的（见文献［13］和图 1-3）。

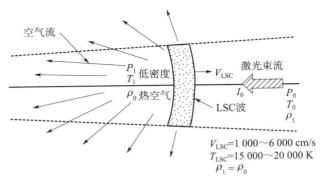

图 1-3　激光束与物质相互作用诱发激光维持燃烧波模式的原理示意图

然而，为了激发激光爆震波，必须触发以下过程的其中一个[13]：

1) 激光击穿一定体积的气体。

2) 电火花击穿气体。

3）分子吸收激光功率。

4）激光击穿固体材料。

自 20 世纪 80 年代，人们就开始讨论激光推进载人飞行器，其设计基础是基于以下工程方法：

1）当飞行器从地球大气层被发射到 LEO 时，激光推进发动机必须在吸气和加速两种模式下工作；并且在着陆时，为飞行器再入大气层提供刹车减速动力。

2）飞行器平台设计必须允许星载接收光学设备将激光功率传输给激光推进发动机。

3）利用专用光电设备调节带有星载接收光学设备的激光功率源。

这些想法是基于轨道机动飞行器的发展，而航天器轨道机动所需的能量将由空间激光器提供。文献［12］假设激光器系统拥有 12～48 束独立的激光束，每束都有 100 MW 的功率，用该激光系统发射具有激光推进的航天飞机。12 束激光推进系统可以满足一名乘员的载人飞行。48 束激光系统的总功率为 4.8 GW，可以将 23 t 的有效载荷送入轨道。

超声速激光推进飞行器是研制可重复使用的空间飞行器的主要途径之一。激光推进超声速模态的实现，被认为是 NASA[12] 早期研制传统冲压发动机的基础。

图 1-4 所示的高超声速吸气式发动机可以作为实现这种方法的一个实例[12]。该发动机的设计包括一个带有中心体的进气道，其引导高速来流进入燃烧室。如果气流的马赫数变化过大，马赫锥[13] 就会接触到发动机进气道唇口。环形进气道的长度必须满足燃油高效超声速爆轰燃烧的条件。

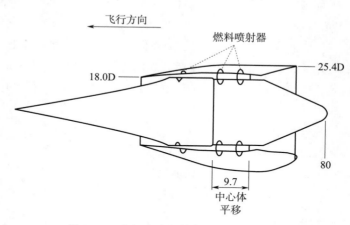

图 1-4　高超声速吸气式冲压发动机模式

迈拉博研制的超声速激光推进发动机版本如图 1-5 所示[14]。该发动机装置拥有以抛物面（塞式喷管）形式与主光学镜面相结合的对称结构和扩张喷管形式的后体。主镜面的圆柱形焦点位于环形通道的表面，入射激光束集中在通道表面上，并将靠近通道表面的空气击穿。为此设计了两个版本的发动机：

1）内部产生推力模式的发动机装置，在空气击穿区域产生准稳态激光维持爆震波，从而导致来流获得额外加速［图 1-5（a）］。

2）基于靠近中心体顶端的来流实现激光击穿的发动机，该处产生的激波可以作为一个"推力器"［图 1 - 5（b）］。

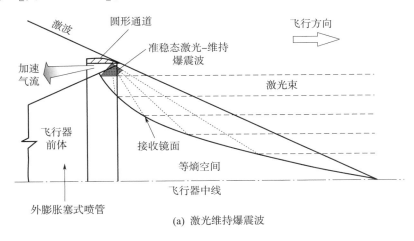

(a) 激光维持爆震波

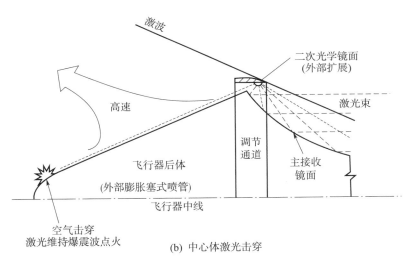

(b) 中心体激光击穿

图 1 - 5　第一种超声速激光推进装置

由于一些原因，这两种版本的超声速激光推进发动机的应用都没有实现。这些装置的推力效率没有达到理论分析结果，因此需要时间来重新激发该领域的研究兴趣（第 5 章介绍了超声速激光推进理论和进一步的研究）。

20 世纪 80 年代的研究表明：

1）建造 HPLP 系统依赖于高功率激光器（吉瓦功率量级）和自适应光学技术的发展。

2）最有前途的激光推进机制是利用推进剂击穿效应而产生的激光维持爆震波[15-16]。

激光推进飞行器最杰出的设计是光船技术验证模型（Lightcraft Technology Demonstrator），该模型在 20 世纪 90 年代末[17]使用 20 kW CO_2 激光器在大气中进行了实验测试。请注意，劳伦斯利弗莫尔国家实验室（National Lawrence Livermore Laboratory）研制的聚光器矩阵，简化了激光推进发动机中爆震波的产生[18]。

　　当时，苏联在激光推进方面也取得了一些令人印象深刻的成果。值得注意的是，激光推进实验是由 R. A. 柳科宁（R. A. Liukonen）博士完成的，在实验室条件[19]下使用 100 kW 功率的 CO_2 激光器来推进质量 1 kg 的光船模型。这些结果将在第 2 章中做进一步的分析。

　　20 世纪 90 年代，激光推进的研究重点从卫星发射转向空间应用任务[19-20]。造成这种变化的原因有几个：首先，"星球大战"计划在那时已经结束，这导致了对高功率激光开发研究的减少。其次，当时有关激光推进发射系统效率的研究表明，发射 1 kg 有效载荷的飞行器需要 1 MW 的激光功率。因此，必须开发高功率激光系统来发射重型卫星。激光推进空间应用研究表明，最佳发动机的比冲必须在 750～2 500 s 之间，才能将飞行器从 LEO 送入 GEO。同时，这一时期提出了激光轨道转移飞行器（LOTV）概念，通过使用地基或天基激光器执行定期的轨道任务[11,19,21]（见图 1-6）。

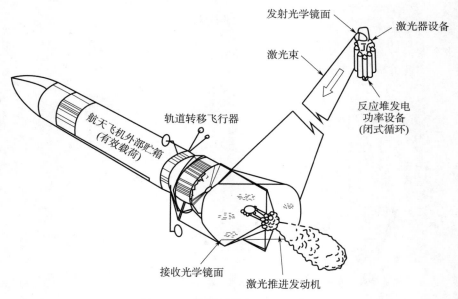

图 1-6　激光轨道转移飞行器[11]

　　例如，开发激光能源网络计划（日本）[19]是为了执行空间 LOTV 任务，因此研制用高功率激光器[21]向地球表面传输激光功率的空间站。

　　激光在空间 LOTV 任务中的应用还存在一定的局限性，这是由于激光束发散对远距离空间传输的敏感性造成的。激光束因衍射效应而发散，迫使 LOTV 必须采用大口径接收望远镜来收集发射的激光功率。例如，对于激光波长 $\lambda = 1.06~\mu m$、口径为 10 m 的地面发射望远镜，在距离为 300 000 km 的地方，必须安装主镜直径为 100 m 的接收望远镜才能完全收集激光功率。这样，即使使用现代光学加工技术，收集望远镜的质量也将达到 40 t。

　　20 世纪 90 年代进行的激光推进研究结果明确了地基激光器用于 LOTV 轨道任务存在以下限制，例如：

1）需要研制孔径为 12 m 的主镜自适应望远镜。

2）需要设计功率 10 MW 的激光系统，连续和持续不断地长时间工作（约 10 天）。

美国以下几个项目试图解决这些限制[15]：

1）覆盖全球的天基能源系统（SELENE）。

2）大孔径自适应望远镜，即相控阵镜，可扩展大口径（PAMELA）。

3）相应的实验设备，被称为国家先进光学任务计划（NAOMI）。

在 SDI 项目结束后，NASA 研制了一个真实的 LTD 模型[6]。LTD 是一个单级空天激光推进飞行器，可由高功率激光发射（见图 1-7）。按照计划，LTD 模型可以携带光电设备，用于控制空间飞行器的轨道高度和方向。LTD 必须在 200～2 000 km 的高度发射。LTD 工作模型质量 120 kg，最大截面直径 1 m。预计需要 25～250 MW 的激光功率来发射。

2000 年，在新墨西哥州的白沙导弹靶场进行了小型 LTD 发射的第一次开放大气环境下飞行实验[17]。该模型质量为 100 g，利用功率 10 kW 的 RP CO_2 激光器将其发射至 70 m 的高度。

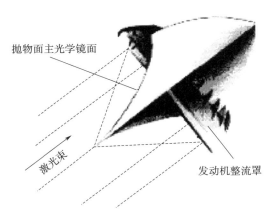

抛物面主光学镜面

激光束

发动机整流罩

图 1-7　光船模型示意图

从 2000 年到现在，基于高功率激光器的激光推进系统的研究发展主要有两个趋势。激光推进系统主要用于将卫星发射到地球轨道和空间飞行器的轨道间任务。激光推进系统（LPS）通常由两个基本组件组成：1）激光源和望远镜系统，用于将激光能量转到空间飞行器上；2）空间飞行器与激光推进发动机[21-22]。所有这些组成部分都是在 21 世纪初束能源推进国际论坛（ISBEP）框架内审议的。由于组织问题，该研讨会后来终止了，但激光推进的概念随着一些新的想法而继续存在。例如，俄罗斯商人尤里·米尔纳（Yuri Milner）最近资助了"突破摄星"项目，其最终目标是使用激光帆[23]，让一颗质量为 1 g 的小型飞行器（纳米卫星）飞行到半人马座阿尔法星系。据推测，由于采用超高功率激光（50～70 GW），飞行器将在 20 年内到达半人马座阿尔法星系。该项目得到了史蒂芬·霍金教授的支持。"突破摄星"项目是基于三个激光工程系统的前瞻性研究，这些系统构成了本次空间任务的主要技术研究内容。首先是空间微型飞行器中所有纳米元素的微电子学技术，包括相机、电源、导航和通信设备。但是，飞行器的总干重不能超过1 g。第二个技术涉及激光帆，例如，帆的尺寸为 10 m²，质量只有几克。帆的厚度只相当于几百个原子，同时还要保持材料所有必要的热特性。第三个技术是开发功率 50～70 GW 的激光器，以将空间微型飞行器的速度加速到光速的三分之一。只有这样的速度才能让飞行器快速到达阿尔法星系。该项目的研发人员建议使用一种相位自适应技术来同步几个激光器（大约 1 000 个低功率的激光器）来产生所需的功率。"突破摄星"中一些工程系统也适用于 HPLP 项目。

　　未来空间探索最具发展前景的途径之一是可重复使用空基发射系统的发展，例如基于可重复使用火箭发动机的航天飞机（美国）、暴风雪航天飞机（苏联）和猎鹰-9 系列运载火箭（美国），见图 1-8。然而，用这些系统将 1 kg 有效载荷发射到地球轨道的成本高达数万美元；此外，大部分系统质量（超过 80%）都是火箭推进剂。

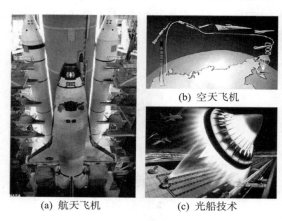

(b) 空天飞机

(a) 航天飞机　　　　　　(c) 光船技术

图 1-8　最具发展前景和经济效益的三种典型运载火箭

　　高超声速空气动力学和相应的空气动力学技术的进步推动了单级入轨高超声速空天飞机的发展，如 X-30（美国）、Hotol（英国）和 Igla（俄罗斯）。根据文献［24］所作的分析，空天运输系统可以将卫星的发射成本降低到 300 美元/kg。然而，该系统的研发人员遇到了一些技术上的挑战，因为必须减少发射时的巨大燃料消耗。这显著降低了空天飞机的有效载荷质量。

　　基于光船的激光推进系统仍被考虑用于近地空间探索的原因是，该系统可以在吸气和加速两种模式下工作。在吸气模式下，利用大气中的空气作为氧化剂产生推力；在火箭模式下，利用贮存在飞行器内的液氮等辅助推进剂。光船的主要优点之一是，它是一个单级入轨飞行器，没有分离的火箭级。此外，光船运输系统可以经济地发射大批量航天器，例如，每年可发射超过 1 000 个航天器。

　　需要注意的是，激光推进是束能推进概念的一部分，束能推进是基于利用辐射功率产生推力（图 1-9）[11]。从这个角度来看，迈拉博教授在 2009 年开发的国际轻型飞行器技术（Lightcraft Technologies International）项目（LTI-20）是基于射频辐射功率产生推力的新型空天运输系统的一个重要实例[25]。在轻型飞行器发展演变过程中，迈拉博为这

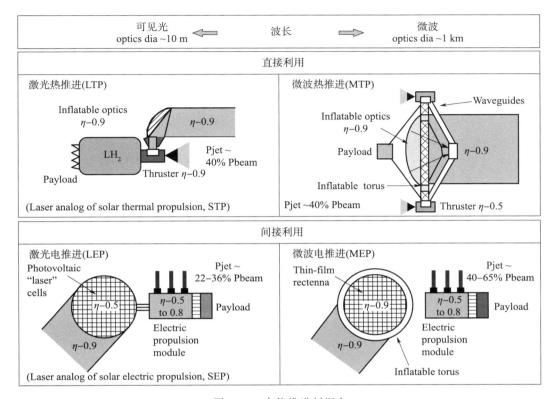

图 1-9　束能推进剂概念

一最具革命性的航天器开发了许多技术和工程解决方案，包括束能传输基础设施、紧急维修和维护、指挥系统、磁流体（MHD）推进系统和脉冲爆震发动机（PDE）及其理论。以一种不同寻常的方式向公众发布未来飞行技术，这项综合研究揭示了下一代商业航空的技术可能性。这项研究的细节描述得非常准确，也很容易理解，它解释了轻型飞行器用空间太阳能发电站发射的微波和激光能量飞行，并展示了它最终将如何取代今天的商用喷气式飞机。

与 LTI-20 的概念相反，本书的基本主题是对激光推进的物理现象和相关技术进行分析和讨论，HPLP 系统作为一种新的、可重复使用的空天运输系统，其发展涉及下列工程系统：

1）高效激光推进发动机，可在亚声速、超声速吸气模式以及外层空间的火箭模式下工作。

2）具有星载光学系统和激光推进发动机的激光空间小型飞行器，允许独立于光束空间位置执行轨道机动任务。

3）具有自适应激光系统的高功率激光器，通过地球大气层向带有激光推进的空间飞行器提供高效的激光功率。

对于 HPLP 的发展，需要从系统工程角度考虑高功率激光、运载火箭工程、空间卫星等技术的进步以及激光辐射与各种推进剂的相互作用、等离子体物理、冲击波物理等。

1.3　激光推进基本物理过程

对激光推进工作过程进行了大量的研究工作[26]，由于需要考虑高功率激光辐射与推进剂各种物理状态（气态、固态、液态与等离子体）相互作用的物理和技术现象，导致不同形式的 LPD 相互矛盾。这里采用了一种通用的方法来创建这些研究的过程和结构。首先就是检验激光推进能量效率的定义过程。下面章节的内容均基于一些最重要的激光推进研究工作。

1.3.1　激光推进现象通用分类

高功率激光辐射产生推力的基本机制分类如下。

1）产生推力时首先考虑的现象之一是由激光脉冲引起位于抛物面镜面聚焦区域的气体介质（推进剂）爆炸分解，同时抛物面镜面还可作为喷管。苏联科学家邦金和普罗霍罗夫在 1976 年发表的论文中阐述了激光推进的爆炸理论基础[5]。毫不夸张地说，绝大多数关于激光推进技术的研究都是在这一时期进行的。

首先假设在喷管中使用大气作为推进剂，在激波离开喷管后，由于回流作用空气再返回喷管。这种激光脉冲与气体的相互作用可以用来加速地球大气层中的飞行器，实现吸气式激光推进。

在迈拉博的指导下，光船飞行模型[17]在外部大气中完成了首次吸气推进实验。LTD被设计作为单级入轨火箭将小卫星发射到 LEO，在大气环境中可以实现亚声速和超声速两种工作模式。光船的多功能性设计来自于所有飞行过程都运用激光推进的爆炸机制。光船自身贮存辅助液体推进剂（氮）就可以实现火箭模式产生推力。但在飞行过程中，由于激光辐射与推进剂相互作用条件在不断改变，因此每个阶段的推力效率都不高。

2）在真空条件下激光推进火箭模式的理论模型最早是由皮尔里提出的[7]。假设，空间飞行器自身贮存推进剂，并通过位于锥形喷管顶部的针状小孔喷入喷管内。该理论基于强激波的产生，即激光维持爆震波，以及激波与喷管内超声速气流的相互作用。

皮尔里推导出超声速气体动力学方程的半相似解，该方程描述了在不同激光辐射功率下 LDW 与气流的相互作用，以及强爆震波引起的气体消耗。该理论将推力定义为激光脉冲能量、脉冲重复频率和喷管临界面积的函数，并假设传输到飞行器的激光功率完全转化为推力（第 2 章将揭示最后一个假设是一个近似值）。

3）本书对基于气体推进剂加热的激光推进和基于传统设计的既有燃烧室又有喷管的喷气发动机进行了大量研究。在这种激光推进中，激光辐射通过一个光学窗口注入腔室内，该窗口将腔室内体积与周围的大气分开。通常，像氩气或氢气这样的气体被用作推进剂。为了加速加热气体，采用拉瓦尔喷管作为发动机的喷管。

由连续波（CW）激光产生的激光推进类型被称为激光热推进（LTP），它是基于发动机内连续气体放电点火而工作的。激光辐射与气体相互作用条件下的连续放电理论是由雷泽[13]首次提出的。喀山工业大学（Kazan Technical University）[27]的 A. 萨塔罗夫（A. Sattarov）教授对 LTP 进行了更加全面的研究，他研制了一个全尺寸 LTP 发动机模型，将气体推进剂旋流喷射进发动机的燃烧室。

4）激光烧蚀推进（LAP）在激光推进分类中占有特殊的地位。它是通过高功率激光辐射使固体材料表面蒸发而产生推力的推进方式。阿瑟·坎特罗维茨博士是在 1972 年首次提出使用这种激光推进方式将卫星发射到地球轨道的研究人员。

LAP 一个明显的优势是通过蒸发难熔材料来实现空间激光推进高比冲的可能性。首个 LAP 理论是普罗霍罗夫在 1976 年提出的[5]。俄罗斯科学院物理研究所（Physical Institute of Russian Academia of Sciences，FIAN）[28]的几位科学家对 LAP 理论的进一步发展作出了重大贡献。他们考虑了固体材料在不同气体环境的烧蚀中存在的各种气动过程，这些过程定义了推力效率。

值得注意的是，硬质材料烧蚀理论和烧蚀过程是作为一种广泛技术应用的方法而发展起来的。尽管激光烧蚀是广泛应用于新材料、复合材料、合金等生产技术的激光物理学的课题之一，但对激光烧蚀产生推力的实际应用研究较少。尽管如此，仍有少数的出版物发表了 LAP 的理论和实验研究成果。

克劳德·菲普斯（Claude Phipps）的研究可视为这一方向的详细研究之一[29-31]，其对激光烧蚀硬质材料产生推力实验进行了大量分析，并推导了比冲与激光辐射强度、激光脉冲长度、辐射波长的关系。

LAP 包括三个基本过程：

a）由于蒸发材料（产生推力的蒸发机理）的压力作用，激光直接烧蚀固体推进剂就可产生推力。

b）在激光烧蚀的同时，由激光击穿蒸发材料表面附近的蒸气引发辅助激波从而产生推力。

c）结构材料的激光烧蚀。第 3 章介绍激光烧蚀推进的最新理论和实验。

5）文献［32］提出了初创激光推进技术，它是在不同的气体（物质蒸气）中由多个弱激波合并成一个低频、准稳态强激波。在高重复频率脉冲（高达 5 kHz）激光作用下，激光击穿（光学气体放电）亚声速气流产生一系列低强度的激波。遗憾的是，作者的实验证明了高推力的不稳定性。第 5 章将对这些实验结果进行详细讨论。

6）利用辅助含能材料作为推进剂可以有效地提高激光推进的效率。激光功率激发一些具有辅助能量激增的化学反应。文献［33］中进行的几个激光化学推进（LChP）实验可以被认为是产生推力的重要证据。该实验使用功率 100 kW 的 RP CO_2 激光器和附加推进剂，如聚甲基丙乙烯酸甲酯聚合物（有机玻璃）。然而，论文作者并没有提出任何引起推力提高的理论。

1.4 节将详细讨论激光化学推进。

1.3.2　激光推进发动机基本推力性能

为了描述自带燃料的传统喷气发动机推力特性，使用一个称为推力成本的参数 C_T，它是燃烧室产生的功率 W 与产生的推力 T 的比值，即 $C_T = W/T$。然而，对于激光推进，用于激光推进发动机（LPE）的推进剂在化学上是中性的，推力成本的概念在这种情况下不适用。为了描述 LPE 推力，耦合系数 C_m 定义为推力与激光功率 P 的比值 $C_m = T/P$ [N/W] [7]。

用比冲 I_{sp} 来表征激光推进产生推力时推进剂消耗的效率，比冲被定义为推力与推进剂单位质量流量 m 的比值，即 $I_{sp} = T/(\dot{m} \times g) = v/g$ [s]，其中 v 是平均气体喷射排气速度，g 是重力加速度。比冲越高，推进剂消耗量越少。

这两个参数决定了 LPE 效率 η

$$\eta = C_m \cdot I_{sp} \cdot g/2 \tag{1-1}$$

描述激光推进的基本参数及其大小如表 1-1 所示，它们都是理论估算值。

表 1-1 激光推进发动机推力参数（P 是指激光推进发动机输入辐射功率）

参数	名称	定义	数值/单位
C_m	耦合系数	$C_m = T/P$	$(10 \sim 10^3) \times 10^{-5}$ N/W
I_{sp}	比冲	$I_{sp} = v/g$	$(10 \sim 10^3)$ s
Q^*	推进剂烧蚀比热	$Q^* = P/\dot{m}$	J/g
T	推力	/	N
η	效率	$\eta = C_m \cdot I_{sp} \cdot g/2$	< 0.4
$\dot{m}$	推进剂质量耗量	/	g/s

需要注意，所有参数都不是相互完全独立的，它们之间遵循以下关系

$$\begin{cases} C_m = \dfrac{2\eta}{I_{sp} \cdot g} \\[2mm] Q^* = \dfrac{I_{sp}^2 \cdot g^2}{2\eta} \\[2mm] T = \dfrac{2\eta \cdot P}{I_{sp} \cdot g} \\[2mm] \dot{m} = \dfrac{2\eta \cdot P}{I_{sp}^2 \cdot g^2} = \dfrac{T}{I_{sp} \cdot g} \end{cases} \tag{1-2}$$

图 1-10 显示了 LPE 与其他喷气发动机的推力特性对比。

从图 1-10 中可以看出，从推力特性来看，LPE 特性处于电热气喷发动机和化学喷气发动机之间的"桥梁"位置。具有比冲 10^3 s 和推力 10^3 N 的高效 LPE 可用于 LOTV 的轨道间任务（见第 4 章）。

此外，本书的一个重要主题涉及能帮助发展高效 LPE 的物理机制。除了经过测试的几种 LPE 外，世界各地还采用 RP 和连续 CO_2 激光器进行了吸气式激光推进的实验研究，实验结果见表 1-2。

实验结果表明，激光功率和喷气发动机结构设计对激光推进的性能影响非常明显。例如，文献 [10] 给出激光推进数据，$C_m = (50 \sim 60) \times 10^{-5}$ N/W，而文献 [17，32] 结果

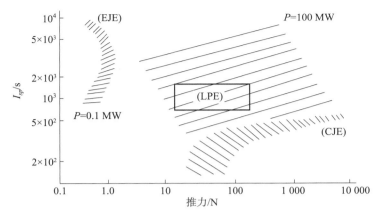

图 1-10　激光推进发动机与其他喷气发动机参数对比

LPE—激光推进发动机；CJE—化学喷气发动机；EJE—电热气喷发动机

则明显不同，$C_m = (10 \sim 30) \times 10^{-5}$ N/W 。在使用电子束连续 CO_2 激光器的相关文献 [34] 中，$C_m = (20 \sim 30) \times 10^{-5}$ N/W ，与文献 [17，32] 的结果基本相同。

表 1-2　吸气式激光推进发动机性能参数

参数	单位	文献[10]	文献[17]	文献[32]
耦合系数 C_m	N/W	50×10^{-5}	12.6×10^{-5}	30×10^{-5}
重复频率 f	Hz	100	10	100
脉冲能量 E	J	0.25	10^3 或 650	4×10^3
脉宽 τ	μs	2.5	30	40
平均功率 P	W	25	10^4	10^5
推力 T	N	5×10^3	1.15	10
加速度 a	m/s²	/	2.3	/
比推力 T/P	N/W	2×10^{-4}	1.15×10^{-4}	3×10^{-4}
模型质量 m	kg	0.05	0.05	1.0
发动机喷管设计	/	抛物面，锥形	离轴抛物面	钟型
聚光器	/	抛物面	离轴抛物面	抛物面矩阵

如果给发动机射流喷管增加一个辅助的圆柱形延伸段，可使耦合系数 C_m 显著增加，如参考文献 [34] 所示。在这种情况下，激波与喷管壁面相互作用进一步提高了推力。皮尔里在他的空间条件激光推进理论中也使用了类似的方法[7]。

对于吸气式激光推进，通过改变激光束与推进剂相互作用区的喷管几何形状，可以显著提高耦合系数。文献 [33] 中 MLD-2 引擎模型得到的结果就是一个实例，由多个小型抛物面镜面矩阵组成光束聚光器，这样在距镜面一定距离处多个小激波就会合并成强激波（见图 1-11）。在实验中，利用 100 kW 激光耦合，耦合系数达到 $C_m = 30 \times 10^{-5}$ N/W 。

矩阵聚光器应用于激光推进的首个专利是由乔丁·卡雷（Jordin Kare）博士于 1992

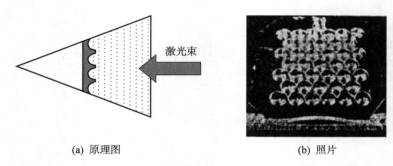

(a) 原理图　　　　　　　　　　　(b) 照片

图 1-11　矩阵聚光器激光推进原理图和照片

年 10 月发布的[35]；然而，柳科宁更早于 1992 年 7 月发表了 MLD-2 的论文[33]。

激光与固体的相互作用区域限定在容腔内，这种对 LAP 来说被称为"封闭"激光烧蚀的方式可以大幅度提高耦合系数 C_m，同时这种限制可以带来额外的反冲效应[36-37]。例如，一种基于非透明固体基材的多层（结构）光学透明材料受到了研究，这种多层结构可以形成受限 LAP。在脉冲 Ne：YAG 激光器（脉宽为 85 ns，峰值功率为 14 MW/cm²）的实验中，获得了高耦合系数 $C_m = 49 \times 10^{-5}$ N/W[33]。图 1-12 说明了耦合系数 C_m 与多层靶面脉冲能量密度的关系，单脉冲为 $C_{m(1)} = 386\,q^{-0.929}$，双脉冲为 $C_{m(2)} = 152\,q^{-0.580}$。

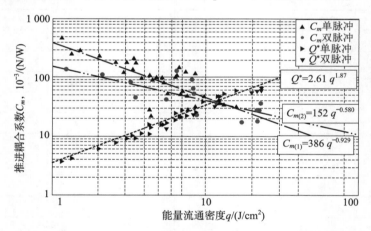

图 1-12　耦合系数 C_m 与靶材表面激光脉冲能量密度的关系[37]

另一种提高激光推进 C_m 效率的方法是将含能材料的聚合物作为附加推进剂，如聚甲醛树脂[34]。在实验中，将顶端带有甲醛树脂的细针放置在抛物面镜的焦点处，这样甲醛树脂就会被聚焦的激光束照亮。实验结果表明，与没有放置甲醛树脂相比，耦合系数 $C_{m(2)}$（因子 2）显著增大。该实验完成人提出，由于甲醛树脂蒸气与大气中的氧气发生额外的化学反应，推进剂的内能得到释放，导致推进效率升高。

基于本章对激光推进技术的简要回顾，当前发展起来的激光推进技术可以根据其内在的物理过程分为五类：

1）吸气式激光推进（ABLP）。其特征是推进效率与喷管参数和激光脉冲特性有关[10,16-17]。将 ABLP 发动机的耦合系数定义为局部爆炸理论中 R/R_0 参数的函数，其中 R 为发动机喷管特征尺寸，R_0 为爆炸理论中的动态半径。理论和实验研究结果表明，当 R 与 R_0 满足一定关系时，最大耦合系数可达 $C_m = 60 \times 10^{-5}$ N/W。

2）激光烧蚀推进。主要基于固体靶材在高功率激光辐射下的蒸发效应，LAP 耦合系数能够达到 $C_m = (10 \sim 20) \times 10^{-5}$ N/W[31]。

3）基于多层结构推进剂的 LAP。其最大耦合系数达 $C_m = 10^{-2}$ N/W[37]。这种技术被称为受限激光烧蚀推进（CLAP）。

4）激光化学推进。该技术综合激光爆震能量和含能材料（推进剂）的内能来产生推力。例如，将甲醛树脂聚合物放在以大气为推进剂的激光发动机喷管内时，耦合系数达到 $C_m = 70 \times 10^{-5}$ N/W。

5）基于连续激光辐射下气体连续放电点火的激光热推进（LThP）。此技术也得到了广泛的研究。

推进技术的分类见表 1 - 3。在第一列中介绍了已研制 LPE 的相应类型；第二列给出了每一种激光推进技术的基本物理过程；第三列给出了提出该理论并开展首次实验的主要研究人员。

表 1 - 3 的最后一行给出了一些解决激光推进效率提升问题的综合推进机制。其中一种技术是基于烧蚀射流与喷管内超声速流的相互作用。如果将该技术应用于激光推进的超声速模式，将是提高推力的有效方法（见第 5 章）。

表中只介绍了一些典型激光推进技术，在后面章节将进一步论述，并给出更完整的参考文献。

表 1 - 3　激光推进类型

推进类型	基本物理过程	主要研究人员
吸气式激光推进（ABLP）	RP 激光辐射吸气式激光推进发动机	邦金、普罗霍罗夫，1977
	真空环境激光脉冲喷气发动机	皮尔里，1977
	多激波筒并亚声速激光喷气发动机	蒂先科、阿波罗诺夫，2006
激光烧蚀推进（LAP）	固体和液体材料烧蚀	坎特罗维茨，1972 菲普斯，2000 辛科，2009
激光热推进（LThP）	喷入燃烧室内的气体推进剂连续点火	小村崎，2002 萨塔罗夫，2010
激光化学推进（LChP）	激光推进综合机制	柳科宁，1992 博恩，2002
烧蚀射流超声速激光推进		雷尊科夫、施密特，2014

1.4　激光推进通用概念

在 20 世纪 70—80 年代，激光推进被认为是一种备选的火箭系统，它可以降低将卫星发射到地球轨道的成本，并创建一个能源有效的空间运载火箭发射场。1972 年，亚瑟·坎特罗维茨教授提出利用 LAP 将卫星发射到太空。他写道：

一个巨大提升推力的机会是将地面激光器的能量传输到处于上升轨道的飞行器上。激光可以很容易地使任何物质汽化，并将能量转移到蒸气中，这比推进剂的化学能要大得多。蒸发物质产生射流推动飞行器飞行，推进射流的动能大部分是从激光吸收的能量，而作为能量源的激光仍然留在地面上。

与此同时，也提出了一些利用地基和天基高功率激光来实现飞行器轨道转移任务的概念，包括特殊设计的空间飞行器，即所谓的 LOTV。所有这些概念被认为是对新型空间运输系统科学发展趋势的一种预测。

对于这两个技术领域的应用，激光推进对能源的需求是决定激光功率的主要因素之一。对能量新需求估算需要能量成本参数 C_e，它定义为将单位质量的有效载荷从初始轨道运送到最终轨道所消耗的总能量。

下面讨论将卫星发射至 LEO 和 GEO 时对激光推进的性能要求，确定以最小能量成本完成任务时对激光推进性能的要求。

1.4.1　激光推进发射空间飞行器进入近地轨道

根据坎特罗维茨提出的设想，本小节讨论采用 LAP 将飞行器发射到 LEO。假定在自由空间中施加给飞行器的冲量等于排气喷射功率，则可定义 LAP 参数之间的关系为[39]

$$C_m \cdot Q^* = I_{sp} \cdot g \qquad (1-3)$$

式中　$Q^* = E/\dot{m}$ [J·s/g]，为比烧蚀能量；

　　　E——激光脉冲能；

　　　$\dot{m}$——激光辐射固体表面质量烧蚀率。

质量烧蚀率 $\dot{m}$ 与激光脉冲能、辐射波长和固体推进剂的热物理特性和光学特性有关（见第 3 章）。

通过改变激光烧蚀推进的 C_m、Q^*、g 和 I_{sp} 参数，利用激光烧蚀推进将飞行器发射至 LEO 可以降低能量成本。以下为优化原则：

1）通过降低激光辐射总能量 E 与送入轨道有效载荷质量 m_{pl} 的比值，即 $C_e = E/m_{pl}$，可使发射的能量成本降至最低。

2）入轨飞行器有效载荷 m_{pl} 最大值不依赖于能量消耗 E 和航天器的初始质量 M_0。

3）相对于初始质量，飞行器发射有效载荷质量可实现最大化，即 m_{pl}/M_0。

通过有效载荷与飞行器总质量的比值可以确定激光推进的真空推力[38]：

$$\frac{m_{pl}}{M_0} = \Gamma \exp\left[-\left(\frac{\Delta V + g \cdot t_1}{v}\right)\right] \qquad (1-4)$$

式中　Γ——修正系数，它不超过 1.02；

　　　ΔV——飞行器速度增量；

　　　t_1——飞行器总飞行时间；

v——平均排气速度。

根据这一数学关系，当喷气排气速度 $v \rightarrow \infty$ 时，即 $I_{sp} \rightarrow \infty$，就可得到进入近地轨道有效载荷质量的最大值及其最大相对质量 m_{pl}/M_0。因此，能源成本可以用下列形式表示

$$C_e = \frac{v}{C_m}\left[\exp\left(\frac{\Delta V + g \cdot t_1}{v}\right) - 1\right] \tag{1-5}$$

图 1-13 说明当以飞行器速度增量为参量时，在真空条件下发射飞行器的总能量成本与激光推进比冲之间的关系。图中，顶轴为推进耦合系数 C_m，底轴为激光推进比冲 I_{sp}。飞行器速度为有限值。由图可知，当激光推进的耦合系数为 $C_m = (10 \sim 40) \times 10^{-5}$ N/W 时，随着比冲 $I_{sp} = 1\,100 \sim 600$ s 的变化达到最佳能量成本。在假设 LAP 的效率 $\eta = 1.0$ 的基础上，式（1-4）给出了推进特性与有效载荷和飞行器总质量比值 m_{pl}/M_0 之间的关系。

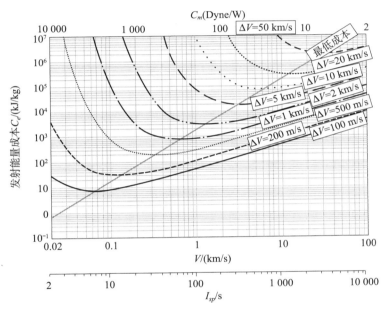

图 1-13　激光推进特性与卫星发射能量成本之间的关系

如图 1-13 所示，飞行器进入 LEO 的最佳发射方式取决于耦合系数和 LAP 比冲。排气速度的需求增量决定了这两个参数之间的最佳值，飞行器达到 LEO 所需速度增量为 7.5 km/s，此时如果 $I_{sp} \approx 550$ s 和 $C_m = 4.0 \times 10^{-5}$ N/W 即可以实现该速度增量。在这种情况下，能量成本最低为 60 MJ/kg。对使用高效 LAP 发射的类似飞行器的最后一项研究表明，每千克有效载荷入轨所需的最小激光束能量是 80 MJ/kg[31]。

1.4.2　激光推进用于 LEO 卫星轨道修正

利用激光推进可以解决的实际问题之一是卫星的近地轨道修正问题[40]。激光推进轨道用于轨道修正可以最大限度地延长卫星的运行时间，消除其再入地球大气层的风险，并极有可能使其重返运行轨道。

通常有两种轨道修正方案。

第一种方案，激光推进系统产生小推力，使卫星以螺旋轨道上升，在卫星升轨期间推进系统持续工作。卫星获得速度增量 ΔV，从而使其切向速度分量与运行轨道所需的速度相吻合。

第二种方案，激光推进在短时间工作，为飞行器提供速度增量 ΔV_1，使其进入椭圆轨道。当飞行器到达运行轨道时，激光推进修正系统再次工作，根据其当时的运行轨道速度要求，对飞行器施加相应速度增量 ΔV_2 的加速或减速脉冲。

飞行器轨道修正方案的选择取决于激光推进系统的工作特性。通过螺旋轨道进行卫星高度修正需要激光推进系统长时间工作，因为卫星必须绕地球飞行多圈，特别是在轨道提升初始阶段。此外，由于飞行器的在轨飞行速度很高，为给飞行器提供连续的激光功率，需要在飞行轨道上重新布置多套激光器。以椭圆轨道进行修正可以在短时间内完成，飞行器变轨路径最短。此外，在地球大气层中，只需要在航天器的轨道布置两套激光系统。

用于卫星轨道修正的激光推进工作特性可以通过类似发射飞行器进入 LEO 的方法来估算。为了更准确地估算，对于自由空间环境工作的激光推进应遵循以下原则：

1）卫星轨道修正时或者卫星有效载荷质量与卫星总质量比值 m_{pl}/M_{st} 最大时，推进剂（燃料）消耗最小，与飞行器轨道机动的能量成本无关。

2）飞行器进行机动任务时能量成本 C_e 最低。

表 1-4 给出了低轨飞行器沿椭圆轨道运动方式从 200 km 或 280 km 初始轨道升至 300 km 运行轨道的修正机动参数。

表 1-4　两种不同初始轨道的卫星轨道修正

轨道修正步骤		参数	
		速度增量 $\Delta V/(\mathrm{m/s})$	机动周期/s
200 km 轨道	卫星从运行轨道降低	N/A	158.68 days
	第一次轨道修正	29.30	≤49.78
	无动力飞行	N/A	2 464.85 s (41.08 min)
	第二次轨道修正	30.11	≤76.07
280 km 轨道	卫星从运行轨道降低	N/A	65 days
	第一次轨道修正	21.86	≤69.55
	无动力飞行	N/A	1 537.6 s (25.63 min)
	第二次轨道修正	19.23	≤76.07

利用表中列出的数据，可以确定激光推进和激光特性的技术要求，以最低能量成本和最小推进剂消耗完成卫星轨道修正。为此，利用如下著名的火箭方程[40]

$$\Delta V_1 = -I_{sp} \cdot g \cdot \frac{M_{st1}}{M_0}$$

$$\Delta V_2 = -I_{sp} \cdot g \cdot \frac{M_{st2}}{M_{KA1}}$$

(1-6)

式中 t_1，t_2——激光推进发动机第一次和第二次工作时间；

M_{st1}、M_{st2}——每次轨道修正任务完成后飞行器质量。

M_{st1} 和 M_{st2} 由下式确定

$$\begin{cases} M_{st1} = M_0 - \dot{m} \cdot t_1 \\ M_{st2} = M_{st1} - \dot{m} \cdot t_2 = M_0 - \dot{m} \cdot (t_1 + t_2) \end{cases} \quad (1-7)$$

将方程（1-6）中第一个公式代入第二个公式，可以推导出另一个方程式

$$\exp\left(\frac{\Delta V_1 - \Delta V_2}{I_{sp} \cdot g}\right) = \frac{M_0 \cdot [M_0 - \dot{m} \cdot (t_1 + t_2)]}{(M_0 - \dot{m} \cdot t_1)^2} \quad (1-8)$$

令 $A = \exp\left(\dfrac{\Delta V_1 - \Delta V_2}{I_{sp} \cdot g}\right)$，就可得到

$$\frac{A \cdot t_1^2}{M_0} \cdot \dot{m}^2 - [2A \cdot t_1 - (t_1 + t_2)] \cdot \dot{m} + (A-1) \cdot M_0 = 0 \quad (1-9)$$

或者简化为

$$f(\dot{m}) = a \cdot \dot{m}^2 + b \cdot \dot{m} + c = 0 \quad (1-10)$$

式（1-10）中系数可表述为

$$a = \frac{A \cdot t_1^2}{M_0}, b = [2A \cdot t_1 - (t_1 + t_2)], c = M_0 \cdot (A-1) \quad (1-11)$$

由式（1-10）可以看出，在系数 a、b、c 一定的情况下，推进剂消耗有明确的最小值，该最小值依次与 I_{sp}、t_1、t_2 等参数有关。可以用下列公式来确定推进剂消耗量的最小值

$$\frac{\mathrm{d}f}{\mathrm{d}\dot{m}} = 2a \cdot \dot{m} + b = 0 \quad (1-12)$$

这样质量消耗对应下式

$$\dot{m} = \frac{b}{2a} \quad (1-13)$$

给定参数，即 I_{sp}、t_1 和 t_2。

图 1-14 给出了 t_1 和 t_2 时间推进剂消耗量与激光推进比冲的依赖关系。结果表明，当 $I_{sp} > 1\ 000\ \text{s}$ 时，激光推进在最经济模式下工作。

图 1-15 给出了星载推进剂和飞行器入轨相对有效载荷质量 m_{pl}/M_{st} 与激光推进比冲之间的关系。计算表明，当飞行器质量为 100 kg 时，比冲应为 $I_{sp} > 1\ 000\ \text{s}$。

为了提供卫星全天候进行轨道修正的工作条件，假设其使用机载激光器。这种情况下，在卫星寿命周期内执行轨道修正的能量消耗将成为一个关键参数，它将决定将卫星从一个轨道转移到另一个轨道所需的激光功率和星载推进剂质量。能量成本与激光推进比冲的关系如图 1-16 所示，图中给出了两种情况如：1）当激光推进效率 40%（虚线）；2）使用化学激光推进最高效率 80%（实线）。在比冲较小时，两条曲线均有明显的最小值。但是，在这种情况下，如果比冲很小，推进剂的消耗量就会很大（见图 1-16）。

通过对星载激光推进发动机执行卫星轨道修正任务的实例分析，有必要进行激光推进

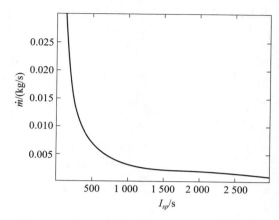

图 1 - 14　推进剂质量流量 $\dot{m}$ 与比冲 I_{sp} 的关系

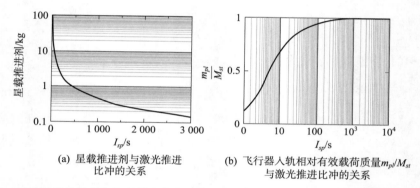

(a) 星载推进剂与激光推进　　　(b) 飞行器入轨相对有效载荷质量 m_{pl}/M_{st}
　　比冲的关系　　　　　　　　　与激光推进比冲的关系

图 1 - 15　星载推进剂和飞行器入轨相对有效载荷质量 m_{pl}/M_{st} 与激光推进比冲的关系

和激光辐射特性的综合优化。在激光推进效率为 70% 的情况下，激光推进性能需要达到比冲 $I_{sp}=1\,000$ s 和耦合系数 $C_m=10^{-3}$ N/W，机载激光器功率需要几十千瓦。这项任务将在第 5 章进行详细讨论。

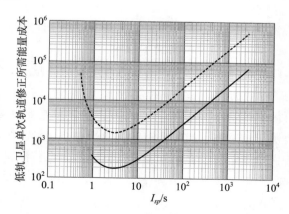

图 1 - 16　能量成本与激光推进比冲 I_{sp} 的关系

虚线—激光推进效率 40%；实线—激光推进效率 80%

1.4.3　激光推进用于空间飞行器轨道转移任务

除了机载激光推进发动机可用于飞行器的轨道转移任务外，还可以考虑基于霍曼椭圆转移轨道（Hohmann elliptical transfer orbit）和飞行器以螺旋轨道飞行两种任务场景。下面我们讨论飞行器从 LEO 到 GEO 的情况[38]。

飞行器在 LEO 上的轨道速度与轨道半径 R_{LEO} 的关系如下：

$$V_{LEO} = \sqrt{\frac{g \cdot R_E^2}{R_{LEO}}} \, , (7.8 \text{ km/s}) \tag{1-14}$$

其中，R_E 为地球半径。位于 GEO 轨道上的飞行器速度定义为

$$V_{GEO} = \sqrt[3]{\frac{g \cdot R_E^2 \cdot T_E^2}{4\pi^2}} \, , (3.08 \text{ km/s}) \tag{1-15}$$

其中，T_E 为地球自转周期。

为了通过霍曼轨道将飞行器转移到 GEO，激光推进发动机必须在几百秒内将飞行器的近地点速度加速到大约等于 $V_{per} \approx 10.1$ km/s。这样飞行器将以速度 $V_{apog} \approx 1.6$ km/s 到达其转移轨道的远地点。在此轨道点，LPE 必须将飞行器再加速到 GEO 对应的 $V_{GEO} \approx 3.08$ km/s，以保证飞行器进入 GEO。

对航天器轨道任务的详细计算表明，如果激光推进的比冲为 1 200 s，要将质量 1 kg 的有效载荷发射到地球轨道，则必须使用输出功率为 1 MW 的激光器。如果发射 5 t 的有效载荷，那么激光器功率将需要 5 GW。需要指出的是，目前现实中还没有考虑研制 GW 功率的激光器。

不过，激光推进可以应用于在低推力（100 N 或更低）模式下飞行器的轨道转移任务。为此，如文献［41］列举了几款传统低推力火箭发动机用于空间飞行器轨道转移的实例。典型上面级发动机见表 1-5。

表 1-5　低推力上面级 GEO 变轨任务运载火箭特征参数

低推力上面级	单位	宇宙神-半人马座火箭	土星火箭（两级火箭）
初始质量	kg	3 500	8 000
发动机质量	kg	1 500	1 600
推进剂质量	kg	500	900
比功率	kW/kg	0.04	0.18
喷气速度	km/s	40	50
比冲	s	4 100	5 100
推进剂质量流量	g/s	0.07	0.20
推力	N	2.4	9.4
初始加速度	m/s²	0.69×10^{-3}	1.17×10^{-3}
转移周期	天	90	50
有效载荷质量	kg	1 500	5 500

在低推力（约 10 N）作用下，大型空间飞行器的轨道机动需要花费几十天的周期。在这种情况下，轨道机动的能量成本与飞行时间成比例地增长。为了估算激光推进执行单位质量有效载荷轨道转移任务的效率，也使用了诸如能量成本 C_e 这样的参数，它由以下任务确定：

1）变质量 LOTV 的基本轨道特性，即转移周期、机动速度、有效载荷质量等。

2）安装在 LOTV 上激光推进发动机的最佳性能。

3）LOTV 机动任务能量成本为接收望远镜直径和激光推进发动机比冲的函数。

对于机载激光器，由于衍射作用导致激光束发散，用于收集激光功率的接收望远镜和将激光辐射定向到激光推进发动机的反射镜光学孔径有限，使得激光推进用于 LOTV 轨道转移任务受到限制。同时，望远镜主镜的质量随孔径成平方比例地增长，这也限制了激光推进的应用。例如，现代望远镜镜面的质量分布为 $1 \sim 5 \ \mathrm{kg/m^2}$[42]，而直径为 60 m 镜面的质量为 12 t。因此，主镜直径的减小会引起收集辐射功率降低，从而导致推进总效率下降。

为了说明激光推进的能力，我们列出 LOTV 系统的参数如表 1-6 所示。假设使用高功率 Nd：YAG 激光器，工作波长为 $0.53 \ \mu\mathrm{m}$ 和 $1.06 \ \mu\mathrm{m}$。激光波长的选择对激光束的发散性有显著影响。

表 1-6　LOTV 主演设计指标

项目	单位	参数
推进效率 η	/	0.4
比冲 I_{sp}	s	500～2 500
激光器功率 P	kW	500
辐射波长 λ	$\mu\mathrm{m}$	1.06；0.53
LOTV 初始质量 M_0	t	9
发射望远镜直径 d_{tr}	m	1.5
接收望远镜直径 d_{rc}	m	5～40
LOTV 初始轨道高度 H_0	km	300

由于激光束发散效应，接收望远镜全部激光功率的轨道高度由式 $r_{\mathrm{difr}} = \dfrac{d_{\mathrm{nm}} \cdot d_{\mathrm{nk}}}{\lambda} + R_{\mathrm{E}}$ 决定。当飞行器高于此高轨道时，即当 $r > r_{\mathrm{difr}}$ 时，收集到的那部分激光功率为[43]

$$H_{\mathrm{difr}} = 1 - J_0^2 \left[\frac{\pi}{2} \cdot \frac{d_{\mathrm{tr}} \cdot d_{\mathrm{rc}}}{\lambda(r - R_{\mathrm{E}})} \right] - J_1^2 \left[\frac{\pi}{2} \cdot \frac{d_{\mathrm{tr}} \cdot d_{\mathrm{rc}}}{\lambda(r - R_{\mathrm{E}})} \right] \tag{1-16}$$

其中，J_0 和 J_1 为贝塞尔函数。

为了更准确地估算，将飞行器总质量分成两个部分，即第 1 部分飞行器质量 M_{st} 包括有效载荷质量 m_{pl} 和推进剂质量 m_{pr}，$M_{st} = m_{pl} + m_{pr}$；第 2 部分包括接收望远镜质量 m_{mr}。这意味着 $M_0 = M_{st} + M_{mr}$。这里，$M_{mr} = \rho_{mr} \cdot S_{mr}$，其中 ρ_{mr} 是镜面分布质量；S_{mr} 是镜面面积。由上述定义可以看出，参数 M_{st} 在 LOTV 轨道任务期间随时间不断减小。

图 1-17 显示了激光推进比冲[44]不同时，发射到 GEO 的 LOTV 转移周期与接收望远镜镜面直径的关系。

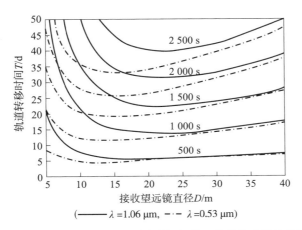

图 1-17　LOTV 从 LEO 转移至 GEO 所需时间与激光推进发动机接收镜面直径的关系

从图 1-17 可以看出，LOTV 转移周期取决于望远镜镜面直径及其质量，以及激光推进发动机的比冲。而这种决定性随着比冲的变化而变化不大。

为了确定比冲最优值，将轨道转移方案的能量成本 C_e 作为相同参数的函数，相应的计算结果见图 1-18 和图 1-19。在这种情况下，随比冲 I_{sp} 的变化能量成本 $C_e(D_{LOTV})$ 最小值随之改变。

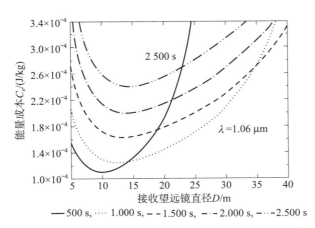

图 1-18　LOTV 从 LEO 转移至 GEO 能量成本 C_e 与接收镜面直径的关系 （$\lambda = 1.06\ \mu m$）

例如，激光推进比冲 $I_{sp} = 1\ 000$ s，当激光辐射波长 $\lambda = 0.53\ \mu m$ 时，$C_e = 1.1 \times 10^8$ J/kg；而激光辐射波长 $\lambda = 1.06\ \mu m$ 时，$C_e = 1.6 \times 10^8$ J/kg。例如，使用大力神运载火箭的惯性上面级和宇宙神运载火箭半人马座上面级等上面级执行飞行器轨道转移任务时，其能量成本分别为 $C_e = 5.0 \times 10^7$ J/kg 和 $C_e = 2.0 \times 10^8$ J/kg。

根据对轨道转移策略的附加要求，可以更准确地定义 LOTV 的参数指标。例如，如

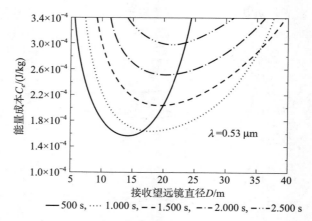

图 1-19　LOTV 从 LEO 转移至 GEO 能量成本 C_e 与接收镜面直径的关系 （$\lambda = 0.53\ \mu m$）

果要求推进剂质量不超过有效载荷质量，当比冲为 1 000 s 时，接收望远镜的最佳直径为 $D_{LOTV} \approx 17$ m；如果要求推进系统能量成本最小，则接收望远镜的最佳直径为 $D_{LOTV} \approx 19$ m。当比冲为 1 500 s 时，对应上述要求的接收望远镜的最佳直径将分别为 $D_{LOTV} \approx 20$ m 和 $D_{LOTV} = 28$ m。

1.5　高功率激光推进原创概念

文献［20］介绍了大量研制高功率激光推进的原创性方法，包括：1）激光在地球大气中的功率传输；2）激光推进产生推力；3）激光为 LOTV 轨道任务和月球飞行任务提供推力等主题。LPE 的推进剂质量流量和比冲等关键参数用于研制激光推进系统，类似的方法也被考虑用于将小型飞行器发射到近地轨道[45]。

从这个意义上说，参考 20 世纪 80 年代研究过的激光推进应用的项目也是非常有价值的。

1.5.1　"4P" 飞行器

高功率激光推进最初研制方案之一是以四个关键原则（4P）为基础制定的，简要表述为：有效载荷、推进剂、光子和周期[4]。激光烧蚀推进是推力产生的一项基本技术。所以，双激光脉冲必须能烧蚀固体材料，并在烧蚀蒸气中激励爆震波。第一个脉冲必须烧蚀靶材表面，第二个脉冲必须在靠近靶材表面处击穿蒸气产生一个激波。

除有效载荷外，飞行器看起来像一个锥体，锥体底部持续面对入射激光束。由于烧蚀后的蒸气射流总是垂直于激光辐照面的方向，因此平面底锥可以提供一个永久的推力方向。

除推进剂外，飞行器也可存贮其他各种辅助物质，如水（H_2O）、氨（NH_3）、乙烷（C_2H_6）、碳（C）、二氧化碳（CO_2）和锂（Li）等。通过对高功率激光辐射激励等离子体中各种化学反应的研究，第一时间选出最有效的激光推进推进剂。

基于"4P 原则"估算了激光推进系统的基本特性，其结果如表 1 - 7 所示[4]。

表 1 - 7　"4P"激光推进系统效率

激光器	激光功率/激光器功耗	20%（CO_2 和自在电子激光器） 25%（固态激光器）
激光功率发射	传输激光功率/激光功率	80%（在衍射方法下）
LPE 效率	喷气功率/传输激光功率	40%（激光推进燃烧–激波机理的理论极限）
轨道效率	有效载荷入轨能量/$\int m_1 < V_1^2 < dt/2$	20%（假设）
激光火箭效率	有效载荷入轨能量/激光功率	6.4（CO_2 激光器）
总效率	有效载荷入轨能量/激光电功率消耗	1.28%

从表中可以看出，基于"4P"原理设计的激光推进系统总效率很低，仅为 1.28%。需要注意的是，当飞行器在大气中飞行时，如果利用大气中的空气作为推进剂，可以提高系统的发射效率。此外，在"4P"原理中，没有涉及高功率激光辐射通过地球大气层传输到飞行器上的问题，这也会影响系统效率。第 7 章讨论高功率激光辐射穿过地球大气层的问题和自适应激光系统研制的基本内容。

1.5.2　光船技术演示验证计划（LTD）

用于将卫星发射到近地轨道的光船技术演示验证计划（LTD）是为了设计最先进的激光推进飞行器[17,24]。从 1985 年到 1989 年[6]，这种激光推进技术最初在战略防御倡仪（SDI）框架内资助了 4 年。在 SDI 项目结束后不久，LTD 项目被转变为学术研究项目。在以后的发展过程中，激光推进也遇到了在地球大气层中以超声速飞行时存在的一些问题。超声速激光推进问题将在第 5 章讨论。

使用地基激光器光船还有一个问题，这就是必须将激光照射在飞行器尾部来产生推力，这是光船自身设计引起的。在这种情况下，发射飞行轨迹看起来非常复杂，需要使用特殊的技术（和算法）来推动飞行器。

1.5.3　激光脉冲空间推进——LISP

激光推进的实际应用之一被认为是激光脉冲空间推进（LISP）项目，其目的是清除空间卫星长期探测期间在近地轨道上积累的空间碎片[46-50]。LISP 基于激光烧蚀推进效应，而这种效应是由高能激光脉冲照射空间碎片目标时产生烧蚀（见表 1 - 8）。

表 1 - 8　20 世纪 90 年代研发的 LISP

项目	猎户座[46]	文献[47]	文献[48]	文献[49]	文献[50]
功能描述	近地空间清除	近地空间清除	近地空间清除	近地空间清除	空间站防护
运行距离/km	1 000	10	300	1 000	10
系统安置	地基	天基	地基	地基	天基
激光主要指标					

续表

项目	猎户座[46]	文献[47]	文献[48]	文献[49]	文献[50]
激光类型	Nd 激光器	KrF 激光器	CO_2 激光器	CF_3J 光解离激光器	Nd 激光器
激光功率/kW	20	/	100	/	/
辐射波长/μm	0.530	0.249	10.6	1.315	1.06
脉冲能量/kJ	20	10	1～3	250 以上	～2
重复频率/Hz	1	/	100	/	/
脉冲长度	40 ns	50 ns	25 ms	50 ms	0.3 ms
发射望远镜					
直径/m	6	/	18	/	1
自适应望远镜元件数量	500	/	100	/	/
激光照明					
平均功率/W	200	/	/	/	/
辐射波长/μm	0.589	/	/	1.315	/
脉冲长度	150 ns	/	/	50 ms	/
重复频率/kHz	10	/	/	1 000	/
激光器数量	4	/	/	/	/
系统参数					
轨道速度增量 $\|\Delta V\|$/(m/s)	235	30	/	100	200
激光功率传输效率	25%				
空间碎片清除总时间/a	4 1 cm<d<100 cm	5～10	/	/	/

在表 1-8 中，采用机载激光器[47]的激光系统保护空间站免受轨道上空间碎片的影响。假定激光烧蚀空间碎片产生的推力将使其偏离空间站。通过估算，假设在半径为 10 km 的空间站防护区域内每小时出现一个碎片目标，则激光防护系统的激光功率必须为 10 kW。这种类型的激光保护系统计划将来安装在空间站上。

例如，通过对介电材料和金属物体[51-53]的测试，在脉宽为 0.3 ms 钕激光脉冲作用下可产生反冲冲量。实验的目的是获得反冲冲量与靶材材料和相对于目标表面激光束入射角之间的关系。图 1-20 显示了在激光作用下，激光烧蚀推进耦合系数与激光功率通量 q 的函数关系，以及光束入射角 φ 和周围气体压力 p_0 变化对耦合系数的影响。

考虑靶材目标的面积 S，重新计算如图 1-20 所示的数据，脉冲能量 J 与激光功率通量 q 的关系如下：

$$J/S = a_i(E_0/s)n_i \tag{1-17}$$

式中 α_i 和 n_i 为实验参数；具体数值为 $\alpha_i = 10^{-8} \sim 10^{-1}$，$n_i = 1 \sim 4$；$E_0$ 为传输到靶材上的激光脉冲能量。参数 α_i 和 n_i 的实验数据见表 1-9，可以估算激光脉冲强度达到

10^7 W/cm^2 时，不同气压条件下（如 1.0 Pa 和 10^5 Pa）固体靶材的反冲冲量。

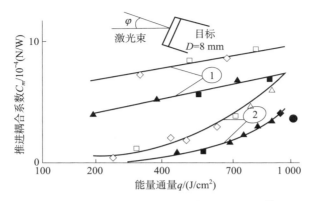

图 1-20 耦合系数与激光功率通量的关系①

●，○—$\varphi = 0$；△，▲—$\varphi = 30$；◇，◆—$\varphi = 45$；□，■—$\varphi = 60$

$p_0 = 1.0$ Pa 空心符号；$p_0 = 10^5$ Pa 黑色符号

表 1-9 式（1-17）推测的实验参数

材料	$p_0 = 1.0$ Pa		$p_0 = 10^5$ Pa	
	α_i	n_i	α_i	n_i
软木	8.3×10^{-1}	1.0	1.45×10^{-1}	1.2
石墨	1.75×10^{-1}	1.15	2.4×10^{-2}	1.4
橡胶	2.8×10^{-1}	1.17	2.9×10^{-2}	1.45
硬胶	3.8×10^{-2}	1.5	8.3×10^{-4}	2.0
钛	3.7×10^{-4}	2.0	4.5×10^{-5}	2.2
钢	1.1×10^{-5}	2.55	1.5×10^{-7}	3.1
铝	7.3×10^{-8}	3.25	7.8×10^{-8}	3.8

1.5.4　高功率激光推进系统基本概念设计

假设使用地基或机载激光器高功率研制 HPLP 系统。在这种情况下，必须设计开发为飞行器穿越地球大气层进行精确制导的专用光电设备。即使在现代激光工程和技术进步的当下，这也是一项复杂的任务。解决这个问题的关键点是，有必要将高功率激光输出光束引入轨道飞行器的参考光束引导角内（见第 7 章）。

我们认为，在激光辐射下，激光推进总效率将决定哪种激光器更适合于 HPLP 系统。迄今为止的激光推进实验表明[54]，CO_2 激光器是将航天器送入近地轨道的较好的能量源。首先，CO_2 激光工程系统已经完全研制成功，制造 10 MW CO_2 激光器没有技术问题，而且 CO_2 激光器也可以长时间稳定输出。其次，CO_2 激光辐射在地球大气中传播时功率损耗低。第三，激光推进的大量实验（见第 2 章）证明了各种激光推进发动机具有高效率。

① 原图不清。

但由于 CO_2 激光器的辐射波长较大（10.6 μm），导致其辐射光束发散较大，限制了激光传输距离。

因此，较短波长（1.06 μm）的固态激光器（SSL）被认为可以更有效地使用。此外，有几个项目验证了 100 kW 固态激光器可用于空间飞行器[55]的轨道任务，包括半导体泵浦激光器和碟片激光器（又称圆盘激光器）。大功率 SSL 的研发通常受到其主动光学元件散热问题的限制，解决这一问题将导致激光器设备的总质量和整体尺寸显著增加。

另一种可以考虑的激光器是化学 HF 和 DF 激光器，其工作波长范围分别为 2.7～3.0 μm 和 3.7～4.3 μm，输出功率高达兆瓦量级。同期研制的高功率激光器还有一款波长为 1.315 μm 的碘激光器（化学氧碘激光器 COIL），其功率可达几兆瓦。COIL 于 2010 年进行了真实大气条件下的测试实验[56]。

自由电子激光器在 20 世纪 80 年代也被考虑用于激光推进，该系统的辐射波长为 3 μm，平均功率可达 100 kW。

激光推进在近地空间应用前提是必须满足两个主要条件，即：1）在地球同步轨道上至少布置 3 个大型光学反射镜，使激光辐射具备覆盖所有近地轨道的技术能力；2）发展长焦衍射光学设备，使反射镜的分布质量减小到 0.1～0.2 kg/m^2。HPLP 系统中这些光学元件推荐用于地基高功率激光器。但在这种情况下，地球大气层将使传输到空间飞行器上的激光功率受到极大限制。首先，大气层限制了激光波长的光谱范围。其次，由于大气的折射效应和湍流大气引起的激光束波前相位畸变，使得激光束的发散度增大。为了解决这些问题，必须研制激光线性和非线性自适应光学系统[57]（见第 7 章）。

HPLP 系统可用几种光电设备来表述，具体包括（见图 1-21）：

1）基于"主振荡器-功率放大器"构型的高功率激光器（激光功率源）。

2）激光束控制系统，包括补偿激光束波前畸变的自适应光学系统。

3）接收-发射望远镜系统，为激光推进飞行器提供精确光束传输。

4）最后，带有激光功率接收望远镜和激光推进发动机的空间飞行器，为飞行器机动变轨提供动力。

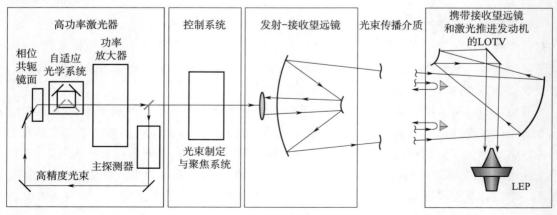

图 1-21　HPLP 系统基本概念

参 考 文 献

［1］ Tsiolkovsky，K. E. Proceedings on rocket engineering. OboronGiz，Moscow，1947.

［2］ Durrani，M. The Laser at 50 ［J］. Phys. World. 23，16 – 62，2010.

［3］ Askarian，G. A.，Moroz，E. M. Recoil impulse generated at laser – induced evaporation of soli dtargets—light – ablated pressure ［J］. Exper. Techn. Phys. (Rus.). 43，2725，1962.

［4］ Kantrowitz，A. Propulsion to orbit by ground – based lasers，pp. 74 – 76. Astron & Aeron，1972.

［5］ Bunkin，F. V.，Prokhorov，A. M. Laser power source application to produce a thrust ［J］. Adv. Phys. Sci. (Rus.). 119，425 – 446，1976.

［6］ Myrabo，L. Advanced beamed and field propulsion concepts final report. Principal investigator. Department of Mechanical Engineering，Rensselaer Polytechnic Institute，Troy，New York，1983.

［7］ Pirri，A. N.，Weiss，R. F. Laser propulsion ［C］. AIAA Pap. No 72 – 719. Boston，MA，1972.

［8］ Pirri，A. N.，Simons，G. A. The fluid mechanics of pulsed laser propulsion ［J］. AIAA J. 15，16，1977.

［9］ Barchukov，A. I.，et al. Laser air – breathing engine. Lett. J. TEPh. 23，273 – 240，1976.

［10］ Ageev，V. P.，et al. Laser air – breathing jet engine ［J］. Quant. Electron. (Rus.). 4，2501 – 2513，1977.

［11］ Myrabo，L. N.，Ing，D. The future of flight. A Bean Book，New York，1985.

［12］ Myrabo，L. N. A concept for light – powered flight ［C］. AIAA Pap. 82 – 1214，1982.

［13］ Zeldovich，Y. B.，Raizer，Y. P. Physics of shock waves and high – temperature gas – dynamic processes. Nauka，Moscow，1966.

［14］ Myrabo，L. N. Laser propelled vehicle. US Patent 6，488，233. 3，Dec，2002.

［15］ Rather，J. D. G. Ground to space laser power beaming：mission，technologies，and economic advantages ［C］. Beamed Energy Propulsion. AIP Conf. Proc. 664，37 – 48，2003. https：//doi. org/ 10. 1063/1. 1582094

［16］ Jones，L. W. A brief history of laser propulsion at the Marshall Space Flight Center ［C］. Beamed Energy Propulsion. AIP Conf. Proc. 664，61 – 78，2003. https：//doi. org/10. 1063/1. 1582096

［17］ Myrabo，L. N. Brief history of the Lightcraft Technology Demonstrator (LTD) project ［C］. Beamed Energy Propulsion. AIP Conf. Proc. 664，49 – 60 (2003). https：//doi. org/10. 1063/1. 1582095

［18］ Kare，J. T.：Laser Launch—the second wave ［C］. Beamed Energy Propulsion. AIP Conf. Proc. 664，22 – 36，2003. https：//doi. org/10. 1063/1. 1582093

［19］ Niino，M.，et al. LE – NET and multi – purpose laser propulsion system ［C］. AIAA Pap. No. 2176，2002. https：//doi. org/10. 2514/6. 2002 – 2176

［20］ Kare，J. T. Vehicle and system concepts for laser orbital maneuvering and interplanetary propulsion ［C］. Beamed Energy Propulsion. AIP Conf. Proc. 664，662 – 673，2003. https：//doi. org/

10. 1063/1. 1582151

[21]　Nakai，S. Progress of power lasers and its application to space ［C］. Beamed Energy Propulsion. AIP Conf. Proc. 702, 3 – 22 (2003). https：//doi. org/10. 1063/1. 1582151

[22]　Rezunkov，Y. A. Laser propulsion for LOTV space missions ［C］. Beamed Energy Propulsion. AIP Conf. Proc. 702, 228 – 241, 2003. https：//doi. org/10. 1063/1. 1721003

[23]　Lubin，P. A roadmap to interstellar flight. UC Santa Barbara submitted JBIS. April，2015. lubin@ deepspace. ucsb. edu

[24]　Koroteev，A. S. New phase of space – rocket technology development. Proc. Mosc. FTI. 3，40 – 44，2011.

[25]　Myrabo，L. N. ，Lewis，J. S. Lightcraft ［M］. Flight handbook. (Hypersonic flight transport for an era beyond oil). Apogee Books，2009.

[26]　Orbit – raising and maneuvering propulsion：research status and needs. Caveny，L. H. (ed.) Progr. Austron. & Aeron. 89，1986.

[27]　Dreglin，A. F. ，et al. Experimental and theoretical study of laser propulsion engine developed onthe basis of CW optical discharge. News Univers. ：Aeron. Techn. No 4，2010.

[28]　Danilychev，V. D. ，Zvorykin，V. D. Experimental study of radiative gas – dynamical processes generated under the high power laser pulses. Proc. FIAN (Rus.). 142, 117 – 171，1983.

[29]　Laser ablation and its applications ［M］. Phipps，C. R. (ed.). Ser. ：Springer Series in Optical Sciences，p. 129，2007.

[30]　Sinko，J. E. ，Phipps，C. R. Modeling CO_2 laser ablation impulse of polymers in vapor and plasma regimes. Appl. Phys. Lett. 95, 105 – 131, 2009. https：//doi. org/10. 1063/1. 3234382

[31]　Phipps，C. R. ，et al. Review：laser – ablation propulsion. J. Prop. Pow. 26，609 – 637, 2010. https：//doi. org/10. 2514/1. 43733

[32]　Apollonov，V. V. ，Tischenko，V. N. Laser propulsion on the basis of the effect of marching shock waves ［J］. Quan. Electron. (Rus.). 36，673 – 683，2006.

[33]　Liukonen，R. A. Efficiency of energy transfer into a recoil impulse for laser propulsion engine. Lett. JTP (Rus.). 18，81 – 85，1992.

[34]　Schall，W. O. ，et al. Lightcraft Experiments in Germany. High – Power Laser Ablation III. Proc. SPIE. 4065，472 – 481，2000. https：//doi. org/10. 1117/12. 407369

[35]　Kare，J. T. Reflector for efficient coupling of a laser beam to air or other fluids ［P］. US Patent5，152，135，6 Oct. 1992

[36]　Fabbro，R. ，et al. Physical Study of Laser – Produced Plasma in Confined Geometry ［J］. App. Phys. 68，775 – 784，1990. https：//doi. org/10. 1063/1. 346783

[37]　Yabe，T. ，et al. Laser – driven vehicles—from inner – space to outer – space. High – Power Laser Ablation. Proc. SPIE. 4760，1 – 12，2002. https：//doi. org/10. 1007/s00339 – 003 – 2125 – 5

[38]　Phipps，C. R. ，et al. Transfers from Earth to LEO and LEO to Interplanetary Space using Lasers. Acta Astron. 146，92 – 102，2018. https：//doi. org/10. 1016/j. actaastro. 2018. 02. 018

[39]　Phipps，C. R. ，Reilly，J. P. ，Campbell，J. W. Optimum parameters for laser launching objects into low Earth orbit. Las. Powr. Beam. 18，661 – 695，2000. https：//doi. org/10. 1017/S0263034600184101

［40］ Bronstein，A. Laser propulsion system for space vehicles ［J］. Prop. Pow. 14，61 - 268，1998..https：//doi. org/10. 2514/2. 5377

［41］ Garrison，P.，Stoky，G. F. Space rocket engines of the future ［J］. Prop. Pow. 4，520 - 525，1988.

［42］ Next generation of Space Telescopes. Web - site：ngst. gsfc. nasa. gov

［43］ Born，M.，Wolf，E. Principles of optics. Nauka，Moscow，1973.

［44］ Rezunkov，Y. A.，Pakhomov，A. V. Perspective in - space laser propulsion demonstrator mission ［C］. Beamed Energy Propulsion. AIP Conf. Proc. 702，205 - 215，2003. https：//doi. org/ 10. 1063/1. 1721001

［45］ Kare，J. T. Executive summary of the SDIO/DAPRA Workshop on Laser Propulsion. Proc. LLNL，CONF - 860778，1986.

［46］ Phipps，C. R.，et al. Clearing of near - Earth space debris using 20 kW，530 nm，Earth - based，repetitively pulsed laser. Las. Part. Beam. 14，1 - 44，1996. https：//doi. org/10. 1017/ S0263034600009733

［47］ Kuznetzov，L. I.，Yarygin，V. N. Laser - rocket technique to clean near - Earth space against space debris ［J］. Quant. Electron. （Rus.）. 21，600 - 602，1994.

［48］   Belousova，I. M.，et al. On the effective transportation of laser radiation through the atmosphere. Proc. SPIE. 2771，252 - 262，1995. https：//doi. org/10. 1117/12. 238073

［49］ Basov，N. G.，et al. Laser system for observation and removal of space debris. Proc. SPIE. 3574，437 - 439，1998. https：//doi. org/10. 1117/12. 334467

［50］ Kuznetzov，L. I.，Savichev，V. Y.，Tikhonov，N. N. Laser protection system for space stations against small - size debris ［J］. Quant. Electron. （Rus.）. 25，372 - 376，1998.

［51］ Kuznetzov，L. I. Recoil impulse produced at illuminating of solid targets in the mode of developed evaporation ［J］. Quant. Electron. （Rus.）. 20，1191 - 1195，1993.

［52］ Phipps，C. R.，Michaelis，M. M. LISP：laser impulse space propulsion. Las. Par. Beam. 12，23 - 54，1994. https：//doi. org/10. 1017/S0263034600007217

［53］ Phipps，C. R.，et al. Removing orbital debris with pulsed lasers. AIP Conf. Proc. 1464，1283 - 1300，2012. https：//doi. org/10. 1063/1. 4739901

［54］ Bulaev，V. D.，et al. Experimental laser facility based on the high - power repetitively - pulsed E - beam sustained CO_2 laser：Beamed Energy Propulsion. AIP Conf. Proc. 766，361 - 372，2004. https：//doi. org/10. 1063/1. 1925157

［55］ Sherstobitov，V. E.，Leshchev，A. A.，Soms，L. N. Nonlinear optics techniques of laser beam control for laser propulsion application. Beamed Energy Propulsion. AIP Conf. Proc. 664，620 - 633，2002. https：//doi. org/10. 1063/1. 1582148

［56］ Bilimana，K. W.，Horwitz，B. A.，Shattucka，P. L. Airborne laser system common path/common mode design approach. Proc. SPIE. 3706，196 - 203，1999. https：//doi. org/10. 1117/12. 356958

［57］ Higgs，C.，et al. Atmospheric compensation and tracking using active illumination. LincolnLab. J. 11，5 - 26，1998.

第 2 章　吸气式和火箭式激光推进基本气动理论

摘　要　对于吸气式和火箭式激光推进，激光辐射与气体和等离子体相互作用被认为是定义激光推进效率的主要理论和实验过程之一。气体被激光击穿放电作为激光功率输入到点火等离子体中的起点，应用半经验等离子体模型，可以测定等离子体电离率和热力学函数特性与气体初始密度和温度的关系。该模型可以得到等离子体热力学函数，估算脉冲峰值功率下激光推进效率。

基于局域爆炸理论，利用已获得的激光激发等离子体的实验数据可以测定激光注入等离子体中的功率效率。在此情形下，假定激波从等离子体区向外传播时携带在放电区能量释放的比功率信息。

关键词　吸气式推进；火箭式推进；等离子体点火"爆炸"机理；气态推进剂激光击穿；"脉冲喷气"推力模式；局域爆炸理论；激光推进器；光束阵列聚光器；钟型运载器；激光推进气体动力学；多重电离等离子体；平衡等离子体；等离子体电离率；雷泽理论；玻尔兹曼分布函数；非平衡等离子体；萨哈方程；逆韧致辐射效应；非等熵流；抛物线喷管；脉冲推力

2.1　引言

本章涉及的可用于激光推进发动机的激光推进基本气体动力学理论已经经过验证，这种大家共知的激光推进理论可以达到两个目的：1) 解释 20 世纪 70 年代开始时激光推进初期研究阶段的主要结果；2) 在耦合系数 $C_m \approx 10^{-3}$ N/W 和激光效率为 70% 时，确定激光推进工程样机高效产生推力的合理方法。实现第二个目的需要真正理解激光辐射与物质作用的气体动力学过程，以及在激光脉冲峰值功率作用下的等离子体点火过程。需要注意的是，我们要考虑重复脉冲（RP）和连续波（CW）两种激光辐射产生模式。

RP 激光推进发动机（RP LPE）被认为是基于等离子体点火"爆炸"机理工作的。1) 对于吸气式推进，高功率激光脉冲作用在推进剂上，激光击穿气态推进剂产生推力；2) 对于火箭式推进，高功率激光脉冲作用在推进剂上，激光烧蚀固体材料表面产生推力。对于 1) 的情形，由于激光辐射与等离子体的相互作用，激光功率输入到气体工质。烧蚀固体材料蒸气也可形成等离子体，激光推进的推力产生是两种机理的组合作用结果。根据尤·雷泽教授提出的理论，激光推进中激光辐射与等离子体的相互作用过程见 2.3 节。

RP LPE 工作时不需要推进剂热能释放的独立爆炸室。RP LPE 气态推进剂直接喷入发动机喷管，而喷管同时也是激光束聚光镜。激光激发击穿气体工质，在聚光镜焦点处产生强激波，当激波在喷管内部运动时，喷管内压力升高，从而产生附加推力。

激光烧蚀推进是由于固体靶材吸收激光功率引起固体材料跳过液相而快速气化产生的。如果聚光器与喷管采用同一结构，激光烧蚀推进可以实现高性能。由于脉冲峰值功率非常大，它能够直接电离推进剂材料蒸气产生等离子体（见第 3 章），因此推力产生过程非常复杂。

为确定激光推进的应用前景，我们需要考虑确定激光推进工作效率的几个基本物理现象。首先要考虑的是下面经过验证的工作过程：

1）激光辐射与等离子体的相互作用；

2）激光辐射与等离子体相互作用伴随的气体动力学现象；

3）激光推进发动机对吸气式气体动力学的影响。

为了更清晰地说明这些现象，我们列出了发射轨道卫星的工作流程。图 2-1 是激光推进运载器从地面到空间飞行过程经历的三个连续阶段的示意图。

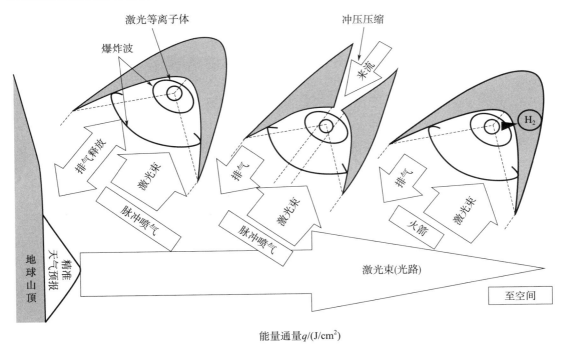

能量通量q/(J/cm^2)

图 2-1 运载器发射至 LEO 过程中激光推进推力产生的基本方式[1]

在第一阶段，由于在聚光镜焦点受限体积内的气态工质吸收激光脉冲功率，推力产生模式是"脉冲喷气"。第二阶段被称作"吸气"模式，空气来流在运载器喷气发动机入口处被压缩，经过压缩的空气到达聚光镜焦点处，由于激光激发电离空气引起激光功率释放。最后第三阶段，被称为"火箭"模式，当运载器飞离上层大气层进入空间时，利用贮存在运载器上的推进剂产生推力。

需要注意的是，第二阶段又包括运载器亚声速和超声速飞行模式，当发动机入口气流达到超声速时是超声速模式。在运载器飞行的第三阶段，喷管内部都是超声速流动。

因此，对于未来激光推进应用，亚声速和超声速模式产生推力是一个极其关键的因素。

本章致力于解决以下问题：1）在运载器发射至空间三个阶段的空气动力学模型；2）工作介质（推进剂）的激光等离子体点火；3）等离子体中激光能量的释放过程，以此定义每一种推力产生模式的推力效率。

2.2　激光推进气体动力学理论

2.2.1　脉冲喷气激光推进性能

由于大气层内的空气可以作为脉冲喷气和冲压工作模式产生推力的推进剂，激光推进爆炸机理对于在地球大气层内飞行的运载器（飞机）特别具有吸引力[2,3]。

脉冲喷气激光推进最重要的理论是由普罗霍罗夫在文献［2］中首先提出的，它发表于 20 世纪 70 年代。普罗霍罗夫的理论是基于局域爆炸理论，当激光功率瞬时注入到密闭容积内的气体时，由于气体的热能转化为激波，从而加速喷管内的气体工质产生推力。

我们来讨论爆炸的基本原理及其效果。为了描述气体中的爆炸过程，有必要测定加热气体的热物理特性和在热气体空间中传播的激波的物理特性。因此进行以下假设：

1）击穿气体的体积远小于喷管体积，激波的传输距离超过击穿气体区域；

2）相比于激光释放在气体中的能量，加热气体的内能可以忽略。

这样激波后的一些参数如密度 ρ、压强 p、速度 v 可由下列关系式得到

$$\rho_1 = \frac{\gamma+1}{\gamma-1}\rho_0 \; ; \rho_1 = \frac{2}{\gamma+1}\rho_0 \cdot D^2 \; ; U_1 = \frac{2}{\gamma+1}D \qquad (2-1)$$

式中 $D = \dfrac{\mathrm{d}r}{\mathrm{d}t}$，激波前峰传播速度；下标 0 表示波前气体参数，下标 1 表示波后气体参数；$r = \rho_0\left(\dfrac{E}{\rho_0}\right)^{1/5} \cdot t^{2/5}$，$r$ 是激波的球面半径，对于在顶角为 Ω 的锥形空间内传播的激波，$r \approx \left[\left(\dfrac{E}{\rho_0}\right)\cdot 2\Omega I\right]^{1/3} \cdot t^{2/3}$；$E$ 是爆炸能量；r^x 为假定的推进剂质量源半径。激波后运动气体容积用同一时刻 t 的半径 R 描述[2]。

$$I = \int_0^r U_1 \cdot \rho \cdot r^2 \cdot \Omega \, \mathrm{d}r = \int_0^t p_1 r^2 \Omega \, \mathrm{d}t \qquad (2-2)$$

式中，积分的上限是激波能量全部损耗所用的时间，相当于 $R_\Delta(t_B) = t_B \times u_c$。这里 u_c 是气体流出喷管截面的最大速度；t_B 是相应激波耗散时间间隔。如果分析气流特性的区域比击穿气体区域大 2～3 倍，击穿气体区域可以当作一个点来处理。

假设激光功率瞬间完成在气体中的能量转换，局域爆炸理论可进一步简化。通过改变能量释放间隔 τ，激光脉冲宽度 τ_0，实验中获得的冲量耦合系数 C_m 可以在较大范围内变化，变化范围从 10^{-4} 到 10^{-2}，由此可以认为激光击穿是在局部瞬时完成的。这意味着如果激光脉冲能量 $E = 1$ kJ，时间比 $\tau/\tau_0 < 10^{-2}$，激光功率释放时间 $\tau < 10^{-5}$；而当激光脉冲能量 $E = 100$ J 时，激光功率释放时间 $\tau < 3 \times 10^{-6}$ s。

脉冲喷气推进的爆炸理论遵循初始激波作用在喷管产生的反冲冲量估算方法。喷管可以是不同的几何形状，如锥形、抛物面形、离轴抛物面等。对于锥形喷管，理论给出反冲冲量与激光脉冲能量和压力接收器（喷管）几何特征之间的关系（见图 2 - 2）[3]：

$$I(R) = 2\pi \sin^2\theta \frac{R_\Omega^3 \cdot \rho_0}{c_0} \int_0^{R/R_\Omega} x \, J_\rho^{(1)}(x) \mathrm{d}x \tag{2 - 3}$$

$$= \pi \sin^2\theta \frac{R_\Omega^3 \cdot \rho_0}{c_0} \left(\frac{R}{R_\Omega}\right)^2 J^{(1)}\left(\frac{R}{R_\Omega}\right)$$

$$I(R)/E = \frac{4\pi}{c_0}(1+\cos\theta) \int_0^{R/R_\Omega} x \, J_\rho^{(1)}(x) \mathrm{d}x \tag{2 - 4}$$

$$= \frac{2\pi}{c_0}(1+\cos\theta) \left(\frac{R}{R_\Omega}\right)^2 J^{(1)}\left(\frac{R}{R_\Omega}\right)$$

式中　$J^{(1)}$——以 (R/R_Ω) 为变量的一阶贝塞尔函数；

θ——锥形顶角的半角。

由式（2 - 3）和式（2 - 4），爆炸推进的反冲冲量和耦合系数将依赖两个参量 (R/R_Ω) 和 θ。具体来说参数 (R/R_Ω) 是给定的。在式（2 - 4）中，在 $\frac{R}{R_\Omega} \approx 0.3$ 时，$\left(\frac{R}{R_\Omega}\right)^2 J^{(1)}\left(\frac{R}{R_\Omega}\right)$ 有最大值，此时最大耦合系数 C_m 为 5.7×10^{-4} N/W。

为理论估算抛物面形喷管的耦合系数，需要假定激光是在抛物面焦点处击穿气体的，喷管出口角为沿顶部的立体角 Ω。由于激波在抛物面喷管的传播，激波后的气体得到加速。此时喷气速度冲量为

$$I_{jnx} = 2\pi(1+\cos\theta)R_1^2 I^{(1)}(R_1) \tag{2 - 5}$$

采用与锥形压力接收器（喷管）类似的方法，对于抛物面喷管，沿轴向长度为 $L = \frac{D^2}{16R}$，抛物面形喷管的耦合系数可表示为

$$\begin{cases} I/E = \frac{4\pi}{c_0}\left[(R_1/R_\Omega)^2 - (R/R_\Omega)^2\right] J_\rho^{(1)}(R_1/R_\Omega) \\ R_1 = R\left[1 + \left(\frac{4R}{D}\right)^{-2}\right] \end{cases} \tag{2 - 6}$$

由式（2 - 6）可知，延长抛物面喷管的长度，顶角角度接近零（$\theta \to 0$）时，耦合系数值将与锥形喷管相当。

根据爆炸理论，由于气态推进剂工质工作在局域爆炸状态[4,5]，脉冲喷气激光推进发动机的耦合系数将无法超过 6.0×10^{-4} N/W。改变发动机推力产生条件，耦合系数 C_m 偏离理论最优值，将导致推力效率降低。

大量脉冲喷气激光推进实验研究[3]表明，局域爆炸理论耦合系数 C_m 是一个复杂的参数函数。R_0 被称作"动力学"半径，在某个特定 $\frac{R}{R_0}$ 比值下可以得到最大 C_m，其中 R 为喷管（光束聚光器）的特征几何参数（见图 2 - 3）。对于宽范围变化激光脉冲功率，锥形

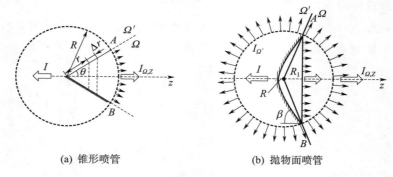

(a) 锥形喷管　　　　　　(b) 抛物面喷管

图 2-2　两种喷气喷管的压力分布模型

或旋转抛物面喷管的最大耦合系数 C_m 为（4.0～5.0）×10^{-4} N/W。耦合系数 C_m 如图2-3所示，图中：

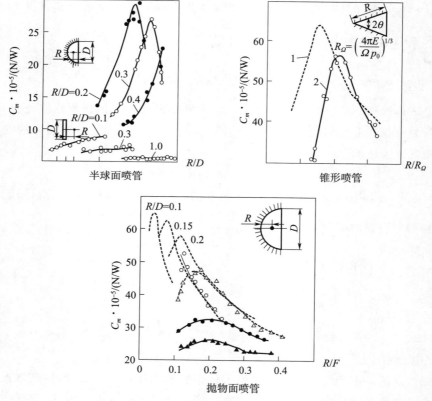

图中虚线是理论计算耦合系数，图中点是实验数据

图 2-3　C_m 与动力学半径函数 $\dfrac{R}{R_0}$ 或 $\dfrac{R}{R_\Omega}$ 的关系

$$R_\Omega = \left(\frac{4\pi}{\Omega} \times \frac{E}{p_0}\right)^{1/3}, R_0 = \left(\frac{E}{p_0}\right)^{1/3} \qquad (2-7)$$

式中　E——吸收脉冲能量；

　　Ω——锥形喷管顶角；

　　p_0——初始气体压强 = $(10^4 \sim 10^5 \text{ Pa})$。

抛物面喷管 $\left(\dfrac{R}{R_0}\right)_{opt} = 0.3[1+(4R/D)^{-2}]^{-1}$。

　　事实上在宽激光功率范围内的实验表明，耦合系数 C_m 还没有超过 5.0×10^{-4} N/W，限制耦合系数 C_m 的原因主要有两个：1）脉冲能量在放电气体中能量释放的不确定性导致实验估算的误差，影响等离子体点火吸收激光功率（该因素将在下一节讨论）；2）高激光脉冲峰值功率不利于局域爆炸，这导致推力产生过程非常复杂。

　　采用长脉冲宽度（约 10 μm）电子束维持 CO_2 激光器作为功率源[6-10]，其他研究人员同样得到了激光脉冲能量与耦合系数的关系。对于抛物面喷管 LPE（见图 2-4），耦合系数 C_m 为 $(2.0\sim3.0)\times10^{-4}$ N/W。当喷管出口连接直径相同的圆柱形直管时，获得的耦合系数 C_m 最高值为 3.0×10^{-4} N/W。因此，通过增加激波与喷管壁面的距离，可以提高脉冲喷气激光推进的耦合系数。但是实验得到的总推力效率仍没有超过 25%，还是比较低的。

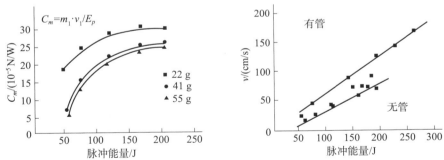

图 2-4　耦合系数 C_m 和载火箭速度是钟型光船飞行器升降光脉冲功率的函数

　　高功率 CO_2 激光器可以方便输出高脉冲能量（平均输出功率高），因此通常将其作为一种有效的工具。工业用连续波 CO_2 激光器的功率或重复频率 CO_2 激光器的平均功率达到 100 kW。高功率 CO_2 激光器用于激光推进是经过验证的。文献 [11] 指出 CO_2 激光器在激光推进领域具有广泛的应用潜力。

激光器参数　　　　　　　　　　LPE 性能

＊脉冲能量达到 280 J　　　　　＊推进剂为空气

＊脉冲宽度 10 μs　　　　　　＊总效率 η＝25％

＊PPR 达到 100 Hz

＊激光功率 8 kW

采用高功率 CO_2 激光器开展激光推进实验研究表明，改进压力接收器几何结构的设计，可以显著提高激光推进的效率。典型的实验案例是文献［12，13］提到的 MLD－2（激光运动器模型），它采用小口径抛物面镜面阵列作为激光束的聚光镜（如图 2－5 所示）。实验采用功率为 100 kW 的 CO_2 激光器，脉冲宽度为 40 μs。

在距离阵列光束聚光器截面一定距离处产生一个准平面激波，聚光器的脉冲辐射能量达到 3～5 J/cm² 。实验中采用激光长期运行条件下，获得的最高耦合系数 C_m 为 3.0× 10^{-4} N/W。

激光器参数　　　　　　　　　　LPE 性能

＊脉冲能量达到 4 kJ　　　　　＊推进剂为空气

＊脉冲宽度 40 μs　　　　　　＊总效率 η＝40％

＊PPR 达到 100 Hz（在 1 kJ 脉冲能量下）

从上面可以看出，对于脉冲喷气激光推进，通过爆炸机理将激光功率注入气态推进剂的最大耦合系数可达 6.0× 10^{-4} N/W。在此情况下，通过在抛物面喷管或类似结构的聚焦区产生的强激波加速气体产生推力。

下面来评估一下这种类型激光推进发动机用于 HPLP 子系统的可能性，见文献［2，3］。

受到大气层密度的限制，吸气式激光推进在地球大气层工作的最大高度可延伸到 20 km。假设运载器采用发射机望远镜口径为 1 m、折射率接近最小极限的 CO_2 激光器，可以实现激光束在运载器飞行期间保持恒定的直径。最后选用直径 1 m 的抛物面喷管作为运载器的出口喷管。

此外，根据普罗霍罗夫的理论，采用几何参数 R/D ＝0.15、爆炸动力学 R/R_0 ＝0.105 的抛物面喷管，预期最大耦合系数 C_m 为 5.0×10^{-4} N/W。脉冲能量为 E ＝300 kJ，脉冲宽度几十 μs 的激光产生的辐射无法超过大气环境下空气的击穿限值（不低于 -10^6 W/cm²）。

如果发动机喷管内的空气能及时更新，脉冲喷气激光发动机将在重复频率 ν 下以线性模式工作。激波把反冲动量全部传递给喷管，喷管内的空气不断置换从而产生推力。理论计算表明，作用时间为 $\Delta t = 1.5\tau_0$ ，其中 τ_0 为脉冲宽度，这样脉冲重复频率为 $\nu_{max} = 1/\Delta t =$ 160 Hz。这种情况下，在大气环境下喷管内部空气置换最大速度达到声速，就可得到最高脉冲重复频率为 600 Hz。因此，如果能够产生 100 MW 的激光功率，激光推进发动机将产生 50 kN 的推力！设计如此高功率的激光器，需要研发一些新技术。此外还需要运载器新技术，以防止高热流烧蚀激光推进发动机的喷管壁面[14,15]。

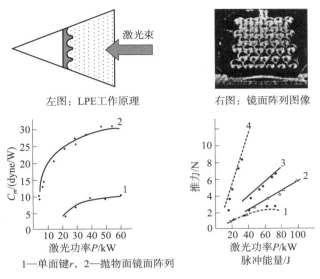

左图：LPE工作原理　　　　　右图：镜面阵列图像

1—单面键 r，2—抛物面镜面阵列

图 2-5　抛物面镜面阵列 LPE 实验特性

通常情况下，随着高度的升高，大气环境压力降低，脉冲喷气激光推进的推力效率将随着运载器飞行高度的增加而降低。图 2-6 阐明了抛物面喷管 LPE 发动机耦合系数的实验结果，耦合系数是 CO_2 激光脉冲能量和环境气压的函数[6]。可以看到当气压小于 30 kPa 时（300 mbar，对应海拔高度为 9 km），耦合系数 C_m 急剧变化。

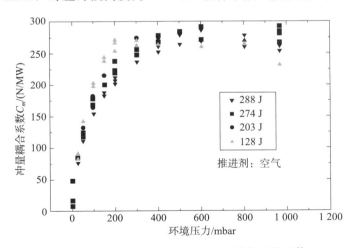

图 2-6　耦合系数是脉冲能量和环境气压的函数

为了理清耦合系数这种急剧降低的情况，需要详细了解激光脉冲与等离子体的相互作用（见 2.4 节）。

当运载器在大气层中飞行时，实现脉冲喷气推进是一个难题。对于 CO_2 激光器推动钟型运载器，已经进行了详细的实验研究，验证了运载器飞行轨迹空间稳定对抛物面喷管内部激光击穿位置的影响[6,7]。基于实验研究结果的运载器飞行模拟表明，简单光学设备无法补偿运载器稳定飞行激光束焦点的角度和横向位移偏差。此外，即使运载器的面倾斜可以得到瞬时补偿，但任何垂直于飞行轨迹平面的横向位移补偿都将同步引起新的横向和角向运动，这是无法补偿的。

　　高功率激光辐射下大气层内运载器飞行稳定性难题和后续相关问题参见文献［16，17］，并在第 7 章进行深入的讨论。

2.2.2　激光推进火箭在空间的工作情况

　　由运载器自身携带的气态推进剂喷入喷管，使激光推进火箭气体动力学得到广泛认识，根据推进剂的消耗速率，测定了重复频率（RP）模式激光推进的推进性能[18]。

　　1972—1978 年，安东尼·皮尔里教授进行了大量采用 RP CO$_2$ 激光器的 RP 火箭激光推进研究。他首先提出了一个简单的空间环境条件下 RP 激光辐射产生推力的理论[19]。该理论描述了当气态推进剂通过喷管顶端小孔喷入喷管时，抛物面喷管内的气体动力学现象。在该理论的基础上，假设当激波在喷管内传播时，激光功率转化为气体的动能产生推力（如图 2 - 7 所示）。采用相同方法可以测量推进性能，也可以根据需要的推力，提出激光性能需求。

　　利用该理论也可推导出，火箭模式 RP 激光推进的比冲取决于推进剂分子量的四次方根。这也是空间用激光推进运载器选用大分子量推进剂的原因。

　　下面论述皮尔里教授描述的基本理论，以及空间激光推进运载器的几个参量。

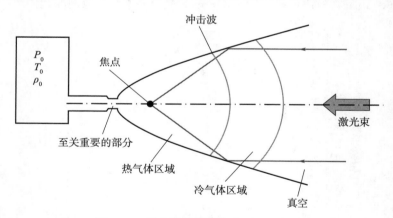

图 2 - 7　脉冲喷气激光推进原理示意图

2.2.2.1　空间激光推进推进剂的选择

　　真空条件下激光推进面临的首要问题就是选择合适的推进剂。氢气、氦气和空气都可作为推进剂，它们也得到了广泛研究[20-22]。

　　氢气　采用氢气作为推进剂的一个主要缺点是液态条件下密度太小，这需要运载器利用大型气囊贮存推进剂。探究氢气的化学弊端是在超声速流动模式下氢气无法被完全离解，这也意味着它无法完全复合，其导致的结果是喷气比冲急剧降低。

氦气　氦气与氢气一样分子量小，它可以得到喷气高比冲，但和氢气一样面临运载器气体推进剂贮存难题。不得不采用低温制冷方法使其达到液氦状态，这将使箭载气体贮存系统非常复杂。

空气　大气层内的空气通常作为以地基激光器为功率源的激光推进运载器的推进剂。但是，作为空间运载器，气态推进剂的使用还需要考虑其他方面。大气层内空气是由氮气、氧气和其他成分组成的混合物，在液态贮存时热物理特性不同，这使空间条件下空气的贮存非常复杂。此外空气是电负性气体，这使得等离子体产生和激光功率注入等离子体过程变得复杂。

氮气　与空气相比，氮气没有上面提到的电负性，由于液氮贮存低温工程系统已经成熟，真空条件贮存相对容易。

2.2.2.2　喷气喷管的设计测定

如 2.2.1 节提到的，喷管的几何形状决定了激光功率转化为气体动能的效率。通常脉冲喷气和火箭模式激光推进发动机采用轴向抛物面喷管，回转离轴抛物面喷管等其他形式几何型面建议用作光船飞行器喷管[22]。

根据皮尔里的理论[19]，我们来分析两型抛物面喷管推力产生机理。假设在喷管焦点区脉冲激光能量瞬间释放到推进剂中，如果激光束到达喷管，我们可忽略具体传输路径。对于两型喷管，当其中一个聚光器被封闭时，我们可以采用一个通用方法来描述喷管型面（如图 2-8 所示）。这种“统一”基本情形之一是每一种喷管出口截面处的气流边界条件一样，其结果是不仅喷管出口截面一样，而且喷管边缘的切线也相同。

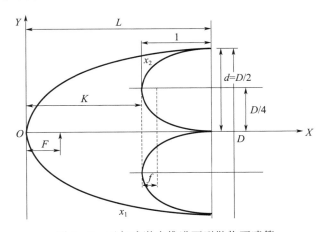

图 2-8　吸气式激光推进两型抛物面喷管

每种抛物面喷管特性都可以用下面参数来表征，沿轴喷管长度（L 和 l 分别是轴向和离轴抛物面喷管长度），出口截面特征尺寸（D 和 d），以及抛物面焦点（F 和 f）。

轴向抛物面喷管关系式为

$$x_1 = \frac{1}{4F}y^2 \qquad\qquad (2-8)$$

相应的离轴抛物面喷管关系式为

$$x_2 = \frac{D^2}{16f} + \frac{1}{f}\left(y - \frac{D}{4}\right)^2 \qquad (2-9)$$

如果满足 $D/F = d/f$ ，喷管边界的流动情况也相同。

为确定每种喷管的气体质量消耗，我们设定几个跟质量消耗有关的喷管几何参数。对于离轴抛物面喷管，沿 X 轴喷管截面变化的截面面积 $s = \pi D\rho$ ，其中 ρ 为喷管半径（如图 2-9 所示）。气态推进剂在喷管顶端的环缝处喷入喷管。

这样可以按以下假设质量源来估算推进剂质量消耗

$$\dot{m} = \rho^* u^* \pi D L^* \theta \qquad (2-10)$$

其中 θ 为离轴抛物线的顶角。

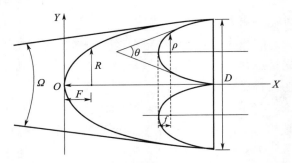

图 2-9　带有推进剂质量源的抛物面喷管原理示意图

对于轴对称抛物面喷管，质量源位于抛物面顶端，气态推进剂通过小孔喷入喷管，这种情况下，推进剂质量消耗为

$$\dot{m} = \rho^* u^* \pi d^{*2} \Omega \qquad (2-11)$$

式中　ρ^*、u^*——假设质量源在临界截面处的气体密度和速度。

考虑到每种喷管的几何形状，可以推导出以下关系

$$\rho^* u^* \frac{\pi D}{2} h^* = \rho^* u^* \frac{\pi D^{*2}}{4}$$

$$h^* = \frac{2\pi (D^*)^2}{4\pi D} = \frac{D^{*2}}{2D} = \rho^* \theta \qquad (2-12)$$

式中　h^*——沿 ρ 坐标方向的缝隙宽度。

经过喷管的推进剂质量耗量可表示为 $h^* = \dfrac{D^{*2}}{4D}$ 。这种情况下可通过改变缝隙的几何参数进行简化。

我们在文献 [19] 中找到一个两型喷管气体流动的自相似解法，利用的是真空环境下激光功率与推力的关系。基于三个基本守恒定理，用气动方程描述无黏气体流动。

1）质量守恒方程：

$$\frac{\partial \rho}{\partial t} + \text{div}(\rho \boldsymbol{u}) = 0 \qquad (2-13)$$

2）动量守恒方程或牛顿定理：

$$\rho \, \frac{\partial u}{\partial t} = \rho \cdot \boldsymbol{F} + \mathrm{div}\boldsymbol{\pi} = 0 \tag{2-14}$$

3）能量守恒方程：

$$\frac{\partial}{\partial t}\left(\rho \cdot \varepsilon + \frac{\rho \cdot u^2}{2}\right) = -\mathrm{div}\left[\rho \cdot \boldsymbol{u} \cdot \left(\varepsilon + \frac{u^2}{2}\right) + \rho \cdot \boldsymbol{u}\right] + \rho \cdot Q \tag{2-15}$$

式中　ε——气体内能；

　　　Q——热能源的功率；

　　　ρ——气体密度；

　　　$\boldsymbol{u}$——气流速度；

　　　$\boldsymbol{F}$——矢量体积力；

　　　$\boldsymbol{\pi}$——张量。

为简化上述方程，进行以下假设：

1）一维流动，流动特性只与长度坐标关联，参数为喷管截面处的平均值；

2）气流为绝热流动，气流与外部空间无热交换；

3）不考虑体积力。

对于脉冲喷气激光推进，引入比冲和耦合系数参数，对于 RP 吸气式推进，引入平均推力、质量消耗和激光功率。类比可得

$$I_{sp} = \frac{\bar{T}}{\bar{M} \cdot g} \tag{2-16}$$

式中　g——重力加速度。

$$C_m = \frac{\bar{T}}{\bar{P}} = \frac{2 \cdot F^2(\theta) \cdot e_R}{g \cdot I_{sp}} \tag{2-17}$$

式中　$F(\theta)$——由喷管形状变化引起比冲减小的特征因子，一般无损失情况下假定 $F(\theta) = 1$，θ 为喷管出口角度。

附属参数 e_R 是考虑由喷管出口截面上气流速度分布非均匀引起的推力损失，可用平均质量流速表示

$$\bar{u}_e = \frac{1}{M} \cdot \int_0^M u_e \, \mathrm{d}m \tag{2-18}$$

式中　M——推进剂总消耗。

与传统火箭发动机相比，RP 吸气式推进推力效率可表示为[19]

$$e_R = \left[\int_0^1 \left(\frac{u_e}{\bar{u}_e}\right)^2 d\left(\frac{m}{M}\right)\right]^{-1} \tag{2-19}$$

根据式（2-19），比冲公式可定义为

$$I_{sp} = \frac{(2 \cdot e_R)^{1/2}}{g} \cdot \left(\frac{\bar{P}}{\bar{M}}\right)^{1/2} \cdot F(\theta) \tag{2-20}$$

这样 RP LPE 的比冲可通过激光功率与推进剂质量耗量率之比确定。同时，质量耗量

$\dot{m}$ 受推进剂质量源的限制，与抛物面顶端小孔的流量特性有关。

轴对称抛物面喷管的比冲为

$$I_{sp} = \frac{(2 \cdot e_R)^{1/2}}{g} \cdot \left(\frac{E}{\rho^* \cdot u^* \cdot d^{*2} \cdot (t_p - t_C)} \right)^{1/2} \cdot F(\theta) \qquad (2-21)$$

式中　E——激光脉冲能量；

$(t_p - t_C)$——相对脉宽[3]，离轴抛物面喷管的比冲为

$$I_{sp} = \frac{(2 \cdot e_R)^{1/2}}{g} \cdot \left(\frac{E}{\rho^* \cdot u^* \cdot h^* \cdot L \cdot (t_p - t_C)} \right)^{1/2} \cdot F(\theta) \qquad (2-22)$$

上述公式可以估算真空环境吸气式激光推进在 RP 模式下的主要特性。例如，当运载器携带的推进剂有限时，上述公式可以计算 LOTV 轨道机动（见第 1 章）的激光推进性能。

为更为详细地说明，LOTV 采用氮气为推进剂，LOTV 任务期间气体消耗依赖于喷气比冲。如第 1 章所述，最佳比冲必须为 $I_{sp} = 1\,000$ s，因此，在耦合系数 $C_m = 2.0 \times 10^{-4}$ N/W，激光功率在 200 kW 到 1MW 变化时，可以确保获得 20～200 N 的推力。如果假设激光推进的效率达 100%，这意味着推进效率减少将使所需激光功率增加。

众所周知，质量源喷孔临界截面处氮气的流动参数满足声速条件下气流参数，即，$\rho^* = 0.028$ kg/m³，$p^* = 2.083$ kPa，$T^* = 252.4$ K，$u_{max} = 808.3$ m/s，$u^* = 321.1$ m/s。

因此，我们可以按图解方法［图 2-10（a）和（b）］描述轴对称抛物面和离轴抛物面喷管两种不同箭载 LPE 的 LOTV 轨道任务。对于不同脉冲能量，采用相对脉宽 $t_p = 1/f$ 作为质量源临界截面直径的函数。图中两条斜虚线符合真空环境吸气式推进理论[23]。图中横坐标（底部线）为最小时间间隔，它是激光功率在喷管内释放产生激波冲击后质量源重新补充所需的时间。横坐标（顶部线）是抛物面喷管气流出口截面喷管长度，可看作连续值。图中纵坐标（垂直线）表示所需激光功率。

从图 2-10（a）可以看出，激光推进气体流量为 4.2 g/s 时，在特定模式工作下，可以得到 LPE（$I_{sp} = 1\,000$ s，$T = 40$ N）的推力特性。激光器的重复频率为 5 kHz，脉冲能量 40 J，相应的激光平均功率为 200 kW。在激光功率一定的情况下，脉冲能量增加，图中 LPE 工作范围和激光工作参数将沿垂直方向移动，此时推进剂质量流量与激光脉冲能量不匹配。沿图中水平线移动时，相应激光推进效率降低。这意味着如果 LPE 维持40% 的总效率，激光器的运行平均功率必须达到 500 kW，而不是 200 kW。

图 2-10（b）表示随着圆柱形缝隙宽度变化，激光脉冲允许的时间间隔 t_p 范围相同，如图 2-10（a）工作条件，这里定义了激光脉冲能量 E 与激光脉冲时间间隔 t_p 的关系，它受喷管的气动工作状态影响。从图中可以看出，对于缝隙宽度为 1 mm（喷管设计的技术极限）的离轴抛物面喷管，在激光脉冲能量为 10 J，平均功率为 500 kW 时，脉冲间隔为 $t_p = 5.0 \times 10^{-6}$ s 就可产生需要的推力。

众所众知，克努森数（Knudsen number）是定义真空条件下激光推进连续流气体动力学的准则，要想气体推进剂保持连续流状态，克努森数最大为 0.01。选定喷管出口截面气流参数，保证在出口截面下游 0.5 m 处气流仍维持连续流状态。

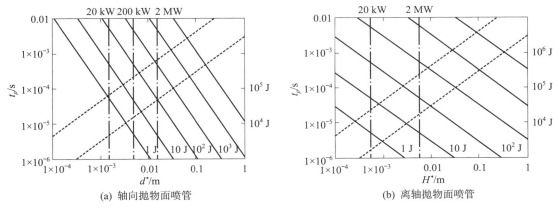

(a) 轴向抛物面喷管　　　　　　　　　　(b) 离轴抛物面喷管

图 2 - 10　不同脉冲能量下相对脉宽 $t_p = 1/f$ 作为所需临界截面尺寸的函数

对于 LOTV 的应用[24]，在有限的推进剂质量流量下，脉冲能量 40 J，重复频率 5 kHz 的激光器非常适合获得 1 000 s 的比冲。这些由日本研究人员提出的 LOTV 概念的高功率激光运行参数还不够充分。

需要注意的是，前面所述的脉冲喷气和火箭激光推进理论都是基于脉冲功率全部转化为局域爆炸能量的假设。遗憾的是，由于存在客观原因，这样的假设无法完全满足。这里的问题是由于脉冲激光辐射与运载器喷管内聚焦区等离子体点火相互作用的物理过程引起的。因此，需要更深入地了解这些物理过程，并定义推力与激光特性和等离子体特性之间的关系。

2.3　激光推进系统气体介质激光等离子体点火物理

决定脉冲喷气和火箭模式激光推进推力效率的基本要素之一是脉冲激光等离子体点火，它是激光击穿气体或固体材料蒸气的过程。激光辐射与等离子体的相互作用过程影响激光功率吸收和推力产生。激光功率在等离子体中的释放依赖多个因素，包括等离子体中自由电子密度、激光辐射波长、辐射场强和激光脉宽。

如果激光辐射场强不超过 10^{12} W/cm^2，描述激光击穿物质过程的等离子体点火通常采用弱电离等离子体模型。等离子体点火是气体（蒸气）成分的函数时，等离子体模型决定了辐射场强的阈值，并可用于描述等离子体中的物理化学过程[25]。

需要注意的是，当激光辐射场强超过多光子的电离阈值时，原子或分子的电离过程是一样的。而且在气体中也观测到了原子或分子的多级电离过程，但点火强度的阈值取决于激光脉冲波长和辐射场强。实验表明点火阈值是双重电离阈值的很多倍，如氩气、氢气和氦气的电离电势 I 在 10～80 eV，对应辐射场强为 5.0×10^{13}～5.0×10^{14} W/cm^2，三重辐射场强阈值为 $(2.0 \sim 3.0) \times 10^{14}$ W/cm^2。更多的结果见文献 [26]，采用辐射场强为 10^{12} W/cm^2 的 Nd：YAG 脉冲激光器，大气压环境下空气等离子体的温度可达 50 eV。这意味着等离子体不再能看作弱电离等离子体。但同时与原子内部存在的电场相比，由辐射

场强为 $I = 10^{12} \sim 10^{14}$ W/cm² 击穿气体产生的电场来看仍然可认为是弱电离的。这样，就不用考虑激光辐射与物质相互作用过程中存在的一些非线性问题。

经过上面的讨论，如果激光推进采用激光辐射场强为 $10^{12} \sim 10^{14}$ W/cm²，多级电离气体等离子体模型可以准确预测激光在等离子体中的沉积功率。

下面我们用钕激光器击穿大气中的氮气进行等离子体点火，采用高温等离子体基本模型就可以测定激光推进中激光功率转化为等离子体温度的效率。

2.3.1 气体介质中脉冲激光等离子体点火多级电离模型

将等离子体多级电离模型应用于脉冲喷气激光推进，建议气体中激光辐射场强要达到 10^{14} W/cm²。例如，采用脉冲宽度为 10 ns 的钕激光器击穿空气就可以产生这样的等离子体。

为了确定等离子体的基本特性，包括等离子体电离率及其初始密度 n 和温度 T_e 热力学参数，它需要求解 m 质量方程（m 是原子电荷）得到一组 n 和 T_e 参数[25]。但求解这些方程是一项耗时费力的过程，在实际操作中，假设气体分子为多级电离，可采用简化方法得到宽等离子体温度范围的等离子体热力学参数。气体介质等离子体点火简化理论是由俄罗斯科学家尤·雷泽教授 1974 年研究获得的[25]，他的方法仅需求解方程中的等离子体离子密度。尽管方法简单，但对于解决大多数实际问题有足够的精度，且该方法可方便地用于混合气体。即使对于弱电离等离子体，雷泽方法的截断误差率也不超过 25%，这对于多级电离等离子体来说是非常小的。

雷泽方法的主要假设包括：等离子体中的任何原子和离子都被认为是带有一个电荷的离子，对应于初始原子电子数密度，即 $Z = n_e/n$，其中 n_e 和 n 分别是 1 cm³ 内电子和原子浓度。等效电荷 Z 具有分数大小，且电荷密度大小等于 n，这也是初始原子密度。这两个假设是该方法的基础。

首先原子的电离电势 $I(z)$ 和离子密度 $n(z)$ 认为是离子电荷 z 的连续函数，结合离子数密度，通过离子电荷离散电离电势的线性差值得到 $I(z)$ 函数，离子电荷不等于 1，可由下式得到

$$n(z+1) = n(z) + \mathrm{d}n/\mathrm{d}z, \Delta z = 1 \qquad (2-23)$$

其次，假设 Z 等效电荷恰好等于 Z_{max}，离子密度 $n(z)$ 函数达到最大值。如果函数达到峰值最大点，该假设具有很好的精度。

采用该方法分析等离子体点火，它需要关联电离平衡方程中不同条件下离子密度、温度、离子电势等。

气体电离的基本过程是通过原子和分子与电子碰撞以及光电离导致电离，同时等离子体复合是通过三粒子碰撞复合和两粒子光致复合过程进行复合[27]。电子碰撞实现电离有两个途径：1）原子直接电离或分子到激发态；2）原子的电子受到激发，随后原子电离。

与雷泽的理论一致，碰撞电离仅是电子的动能 $\varepsilon_e = mv^2/2$ 超过原子或分子的电离电势 I 引起电子雪崩，且在第一电离能范围内电子平均温度 T_e 满足 $T_e \ll I$ 条件。假设当能量

等于 $I + T_e$ 时，原子即刻发生电子电离。如果能量接近原子电离阈值，电离碰撞截面 σ_e 与电子温度呈线性关系，即 $\sigma_e \approx C(\varepsilon_e - I) = C \times T_e$，这里 C 为直接电离常数。由于电子与原子碰撞导致的电离速率可表示为

$$Z_e^i = n \cdot n_e \cdot \alpha_e = n \cdot n_e \cdot \sigma_e \cdot \nu_{eav}(I/T_e + 2)\exp(-I/T_e) \tag{2-24}$$

式中　$\nu_{eav} = (8T_e/\pi m_e)^{1/2}$ 为电子平均热运动速度；

　　　α_e ——电离常数；

　　　σ_e ——电子碰撞电离截面。

以此类推，从原子基态直接光致电离率为

$$Z_\nu^i = n \cdot \alpha_\nu = n \cdot (8\pi/c^2) \cdot (I/h)^2 \cdot (T_e/h) \cdot \sigma_\nu \cdot \exp(-I/T_e) \tag{2-25}$$

式中　c ——光速；

　　　h ——普朗克常数；

　　　σ_ν ——原子光致电离截面。

类似推导复合率关系式

$$Z_e^r = n_i \cdot n_e \cdot b_e = n_i \cdot n_e \cdot \sigma_e \cdot (I/T_e + 2)(g_a/g_i)(h^3/2\pi^2 \cdot m_e^2 \cdot T_e) \tag{2-26}$$

$$Z_\nu^r = n_i \cdot n_e \cdot b_\nu = n_i \cdot n_e \cdot \sigma_\nu (g_a/2g_i)(I^2/m_e \cdot c^2 \cdot T_e) \tag{2-27}$$

式中，n_i 为离子数密度；b_e 为和 b_ν 为复合系数；g_a 和 g_i 为原子和离子的静态质量；m_e 为电子质量。由上式可以看出，碰撞与光致电离比以及复合率可表示为

$$\begin{cases} Z_e^i/Z_\nu^r = n_e \cdot \alpha_e/\alpha_\nu \\ \qquad = n_e \cdot \sigma_e \cdot (I/T_e + 2)(g_a/g_i)(h^3/2\pi^2 \cdot m_e^2 \cdot T_e) \\ Z_e^r/Z_\nu^r = b_e/b_\nu = n_e (c^2 \cdot h^3/(8m_e \cdot \pi^3))^{1/2}(I/T_e + 2)/I^2 \cdot I^{1/2} \cdot \sigma_e/\sigma_\nu \end{cases}$$
$$\tag{2-28}$$

在通常情况下，等离子体电离平衡方程可表示为

$$\frac{n_{z+1}}{n_z} = \frac{Z_e^i + Z_\nu^i}{Z_e^r + Z_\nu^r} \tag{2-29}$$

如果等离子体电离与复合速率一样，那等离子体处于完全热力学平衡状态。同时等离子体需要有足够高的密度以覆盖不同的能量损失。因此，表征等离子体扩展的参数是等离子体光学深度，它等于 $\tau = d \times \mu_\omega$，这里 d 是等离子体区特征尺寸，μ_ω 波长为 ω 激光辐射吸收系数。如果等离子体光学深度超过各种激光辐射波长，那么可认为等离子体是厚的。在这种情况下，就可得到更为全面的等离子体描述，包括有限数量的热力学参数，如温度、压力、等离子体组分浓度。众所周知，等离子体每种组分的分布于其激发态一致，服从玻尔兹曼定理。等离子体电离平衡方程可由方程（2-28）导出，相应的速率常数可用式（2-21）～式（2-25）。因此，可以推导出等离子体中每一种离子组分的萨哈方程（Saha's Equation）[26]

$$n_e \cdot \frac{n_{z+1}}{n_z} = A \times T^{3/2} \cdot \frac{u_{z+1}}{u_z} \cdot \exp(-I_{z+1}/T) \tag{2-30}$$

式中 $A = 2 \times (2\pi \times m_e/h^2) = 6 \times 10^{21}\,\mathrm{cm}^{-3} \times eVVh^{-3/2}$，$T$ 单位为 eV，下标为离子数密度、电离电势离散值和给定离子电荷的统计值。

文献 [18] 采用等离子体荧光光谱方法测定了等离子体电离率，光谱波长范围为 (0.50～0.52) μm。选择该波长范围是由于在 (0.1～1.0)×10⁵ Pa 气压下空气和氮气等离子体组分的荧光谱线，脉冲激光的波长为 1.06 μm 或 10.6 μm，实验中主要测量 NII 的谱线。

对于非平衡等离子体，可采用下面关系式，主要涉及等离子体荧光的三条谱线 (n，m 和 l)，即

$$(I_n \lambda_n^3 / g_{nl}) \exp(-E_n / T_e)[\chi(E_l / T_e) - \chi(E_m / T_e)] = (I_l \lambda_l^3 / g_{ll}) \exp(-E_l / T_e) \times$$
$$[\chi(E_n / T_e) - \chi(E_m / T_e)] + (I_m \lambda_m^3 / g_{ml}) \exp(-E_m / T_e)[\chi(E_l / T_e) - \chi(E_n / T_e)]$$

$$(2-31)$$

式中　I_i ——测量记录的辐射场强；

$\quad\quad E_i$ ——原子高能级；

$\quad\quad g_{i1}$ ——低能级统计加权；

$\quad\quad g_{i2}$ ——高能级统计加权；

$\quad\quad \lambda_i$ ——波长；

$\quad\quad T_e$ ——电子温度；

$\quad\quad \chi(x) = (4/3\pi^{1/2})\int e^{-x} x^{3/2} dx$ 和 $\chi^1(x) = (1/8.86)\int e^{-x} x^{3.3} dx$，库伦对数常数和温度对数函数。

函数的特定表达式代表非平衡等离子体，即电离或复合等离子体。如果 $\chi < 4$，这些函数将明显不一样，但如果 $\chi > 10$，这些函数的差异将被忽略。如果等离子体处于平衡态，该方程将统一形式。

但是，通过对大量的脉冲激光激发氮气等离子体荧光光谱实验研究表明，该方程无法转化为统一形式。从萨哈方程对探测到的等离子体的描述来看，它无法应用于非平衡态等离子体的分析。然而，萨哈方程可用于描述特定条件下激发等离子体。

第一种情况是光学厚等离子体，如果等离子体中粒子和光子的平均自由程小于温度和压力梯度的尺度，即为光学厚等离子体。这种情况的等离子体定义为局域热力学平衡等离子体（LTE）[28]。LTE 等离子体对应的很小的辐射损失，等离子体整体处于同一温度。LTE 等离子体的电子数密度可通过格里姆关系式（Griem's formula）得到[28]：

$$n_e = 9.0 \times 10^{17} (E_2 / I)^3 \cdot (T/I)^{1/2} \qquad (2-32)$$

式中　E_2 ——第一激发态能级能量。

文献 [27] 所述，在空气分子完全电离的情况下，空气等离子体可以看作 LTE 等离子体。

第二种情况是部分 LTE 等离子体，当处于上层能级的密度高于 n^* 的带电粒子符合玻尔兹曼分布函数，即部分 LTE 等离子体。因为通过辐射跃迁带电粒子都超过第一能级，不再考虑低能级粒子。为了达到平衡态等离子体，需要等离子体频繁碰撞。部分 LTE 等离子体的电子数密度可以通过下式估算[28]：

$$n_e \geqslant 7.0 \times 10^{18} \cdot (Z^6 / n_g) \cdot (T/I)^{1/2} \qquad (2-33)$$

式中　　n_g——包括部分 LTE 的平衡态低能级基本量子数。

可利用萨哈-玻尔兹曼（Saha - Boltzmann）联立方程计算电离率和等离子体热力学电势：

$$\frac{n_z \cdot n_e}{n_{z-1}} = \frac{A \cdot g_z}{g_{z-1}} \cdot \exp \frac{E_{n*} \cdot I_{z-1}}{k \cdot T_e} \tag{2-34}$$

等离子体状态可以用参数 T_e、n_e 及其与之关联的函数来表征。

第三种情况是如果等离子体发光辐射损失非常强，这意味着碰撞过程处于不平衡状态，存在相应的逆过程。这种情况下，等离子体温度不能表征等离子体特性。超过原子激发态能级的能量分布不满足对应的玻尔兹曼方程，也无法应用萨哈方程。但是，假设电子速度服从麦克斯韦分布定理，那么电子温度 T_e 也适用于麦克斯韦分布。原子和离子可以遵从其他分布，其速度不符合麦克斯韦分布。这种情况下，就存在与 LTE 不同的其他电离平衡方程。如果碰撞电离与原子和离子的辐射复合相平衡，电荷量为 z 的离子数密度与电荷量为 $z+1$ 的离子数密度比可以采用埃尔佛特方程（Elvert formula）定义[28]

$$\frac{n_{z+1}}{n_z} = 10^8 \cdot \frac{\xi_z}{n_g} \cdot \frac{T_e}{I_z^3} \cdot \exp\left(-\frac{I_z}{T_e}\right) \tag{2-35}$$

式中　　ξ_z——价电子层内电子数；

　　　　n_g——电荷数为 z 的基态离子的基本光子数。

在这种电离平衡等离子体中，等离子体电离率与壳层内的电子数无关。这种平衡态等离子体非常依赖于气压和等离子体温度。这种平衡等离子体的特征是低气压高温等离子体。

让我们用雷泽的方法求解萨哈方程，该方法与方程（2-33）一样都是连续函数 $I(z+1)$ 和 $n(z)$，可以得到不同组分形式的萨哈方程

$$n_e \cdot \left[1 + \frac{1}{n(z)} \cdot \frac{\mathrm{d}n}{\mathrm{d}z}\right] = n_e \cdot \left[1 + \frac{\mathrm{d}\ln(n)}{\mathrm{d}z}\right] = A \cdot T^{3/2} \cdot \exp\left(-\frac{I(z+1)}{T_e}\right) \tag{2-36}$$

离子 Z 的电离电势表示为 I，并考虑 $n_e = n \times Z$，且导数 $\frac{\mathrm{d}n}{\mathrm{d}z} = 0$ 时为最大值。合并等价离子电荷和电离电势，就可以得到相应的电荷数

$$Z = \frac{A \cdot T^{3/2}}{n} \cdot \exp\left(-\frac{I}{T_e}\right) \tag{2-37}$$

为了将电荷电势比转化为等效电荷方程中气体初始密度和温度的函数，需要消除表示电离电势指数中的不确定性。如对于等效电离电势是 Z 离子，文献 [28] 给出了电势的近似和详细计算结果，它是 $Z+1/2$，即 $I = I \cdot (Z+1/2)$。该准则对于仅有几个离子电荷的等离子体非常重要。因此，等效电荷超简化方程呈如下形式

$$I\left(Z + \frac{1}{2}\right) = T \cdot \ln\left[\frac{A \cdot T^{3/2}}{Z \cdot n}\right] \tag{2-38}$$

利用类推方法，将雷泽方法应用于埃尔佛特方程来描述电离平衡等离子体（2-34）。为此需要得到一些辅助连续函数，如 $\xi(z)$ 和 $n_g(z)$，再加上电离电势 $I(z)$ 和电离密度函数 $n(z)$，它们一起构成了多种多样子离散量的线性插值。这样构建这些函数就不再困

难，可以用联立不同离子数密度关系式的方法，就像 $n(z+1)=n(z)+\mathrm{d}n/\mathrm{d}z$ 和 $\Delta z=1$ 这种情况。采用连续量取代离散函数，并利用递进比值，就可以得到另一种形式的埃尔佛特方程

$$1+\frac{1}{n(z)}\cdot\frac{\mathrm{d}n}{\mathrm{d}z}=1+\frac{\mathrm{d}\ln(n)}{\mathrm{d}z}=10^8\cdot\frac{\xi(z)}{n_g(z)}\cdot\frac{T_e}{I(z)^3}\cdot\exp\left(-\frac{I(z)}{T_e}\right) \tag{2-39}$$

再进一步假设等效电荷与一个原子的平均电子数一致，即 $Z=n_e/n$ ，当分布函数达到最大值时，电荷数等于 $Z_{\max}$ 。此外，代表电离电势的等效电荷 I ，考虑到 $\frac{\mathrm{d}n}{\mathrm{d}z}=0$ 时 $n(z)$ 达到最大值，我们利用等效电离电势就可得到以下比值

$$10^8\cdot\frac{\xi(Z)}{n_g(Z)}\cdot\frac{T_e}{I^3}\cdot\exp\left(-\frac{I}{T_e}\right)=1 \tag{2-40}$$

采用对数比值，就可得到

$$I(Z+1/2)=T_e\cdot\ln\left[10^8\cdot\frac{\xi(Z)}{n_g(Z)}\cdot\frac{T_e}{I(Z+1/2)^3}\right] \tag{2-41}$$

这种情况下跟方程（2-39）相比，平衡态等离子体方程求解不依赖于气体的初始密度。

现在，我们将雷泽方法应用于埃尔佛特方程。因此为了估算函数的峰值宽度，就必须测定离子电荷分布 $n(z)$ 。整合埃尔佛特方程用于任何等效电离电势，可以推导出以下方程

$$\frac{n_{z+k}}{n_z}=\exp\left(-\sum_{i=1}^{k}\frac{I_{z+i}-I}{T_e}\right) \tag{2-42}$$

$$\frac{n_{z-k}}{n_z}=\exp\left(-\sum_{i=1}^{k}\frac{I-I_{z-i}}{T_e}\right) \tag{2-43}$$

采用 $n(z)$ 和 $I(z)$ 连读函数，以及 $I(z$ 的泰勒级数（Taylorserious:）： $I(z)=I(Z)+\mathrm{d}I/\mathrm{d}Z$ ， $n(z)$ 的高斯函数（Gauss functions）为： $n(z)=n_{\max}\cdot\exp\{-[(z-Z)/\Delta]^2\}$ ，其中函数峰值半宽为 $\Delta=[2T_e/(\mathrm{d}I/\mathrm{d}z]^{1/2}$ 。

图 2-11 阐明了分布函数峰值 $n(z$ 半宽与等离子体温度的关系，对于大气压为 100 kPa 和低气压 10 kPa 氮气等离子体，萨哈方程结果为实线，埃尔佛特方程结果为虚线。可以看到，在（11～13）eV 较低等离子体温度和等离子体温度超过 60 eV 范围内，峰值半宽超过了 1；需要注意明的是在 $\Delta<1$ 条件下，等离子体温度在较宽范围内与埃尔佛特方程得到的结果相吻合。

将雷泽方法应用于激光点火等离子体，结果表明等离子体分布函数存在一个窄峰，在很宽等离子体温度范围内都没有超过 1。这意味着平均电子温度超过了气体分子的第一电离能，存在大量二价和三价离子。

图 2-12 阐明了同一温度和压力下氮气电离电位变化，平衡态等离子体结果为实线，埃尔佛特等离子体结果为虚线。

由图 2-13 可以看出，氮气等离子体的电子数密度为 $n_e=Z\times n_0$ ，即使平衡态等离子

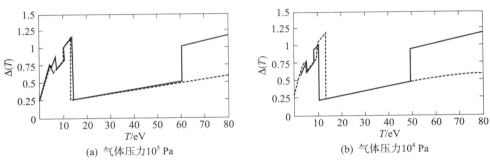

图 2-11　离子电荷数密度 $\Delta(T)$ 半宽与等离子体温度关系

实线—平衡态等离子体；虚线—埃尔佛特等离子体

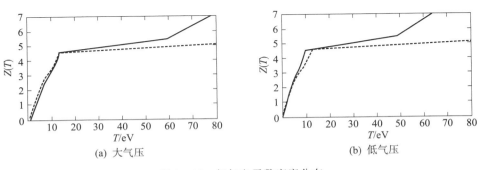

图 2-12　氮气电子数密度分布

实线—平衡态等离子体；虚线—埃尔佛特等离子体

体温度达到 80 eV 也没有达到钕脉冲激光临界值（$10^{21}\,cm^{-3}$）。然而，这种情况对于波长 1.06 μm 的钕激光辐射，预计折射率在等离子体中会有足够大的变化。

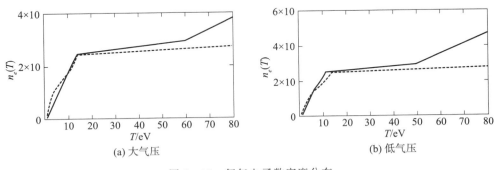

图 2-13　氮气电子数密度分布

实线—平衡态等离子体；虚线—埃尔佛特等离子体

　　由文献［29］可知，对于钕激光点火大气环境氮气等离子体，其显著特点是激光辐射吸收不仅要考虑逆韧致辐射效应，而且还有氮气分子的多光子电离（图 2-14）。这些吸收过程的相对吸收系数比例可利用（$e^{h\nu/kT}-1$）：1 进行估算。如果激光辐射量子能量 $h\nu$ 超过

0.7kT，光致电离将主导逆韧致辐射效应。值得注意的是，钕激光器的辐射量子能量是 1.13 eV。

　　为估算在气体第一电离电势范围内等离子体对钕激光的吸收功率，激光器功率 $h\nu > 0.7kT$，可以用比贝尔曼-诺曼（Biberman - Norman）公式，它不仅包括逆韧致辐射效应，还包括激发态原子的光致电离，即[30]

$$\mu_\omega = \frac{0.14\xi(\omega)p^2\chi_e^2\exp(h\Delta\nu/kT)(\exp(h\nu/kT-1))}{(T/10^4)^{5/2}(h\nu_{eV})^3} \qquad (2-44)$$

式中　$\chi_e = p_e/p$——电子摩尔分数；

　　　　$p_e = n_e/kT$——电子压力；

　　　　p——总压；

　　　　g_1、g_0——离子和原子的统计权重；

　　　　$\Delta\nu$——茵格雷斯-忒勒公式计算得到的等离子体发光连续光谱基态底部边界的衰减。

$$h\Delta\nu/kT = 0.68(T/10^4)^{-1.27} \qquad (2-45)$$

式中　$\xi(\omega)$——对应波长下不同种类气体的比贝尔曼-诺曼因子，对于波长 1.06 μm 的氮气，$\xi(\omega) = 0.6$。

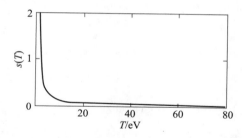

图 2-14　氮气钕激光辐射多光子电离和电子碰撞电离之比

　　对于高温等离子体，辐射吸收系数的计算通过受激发射效应修正逆韧致辐射来确定[27]，即

$$\mu_\omega = \frac{3.1 \cdot 10^{-31} Z^3 n_0^2 g}{(T)^{3/2}(h\nu_{eV})^2} \qquad (2-46)$$

式中　g——甘特因子（Gaunt factor），$g \approx 0.55\ln\dfrac{2.4 \cdot 10^3 T}{Z^{4/3} n_0^{1/3}}$。

　　图 2-15 和图 2-16 阐明了钕激光辐射功率在等离子体中吸收系数与温度的关系，这些数据都是从 LTE 等离子体中得到的。

　　通过对钕脉冲激光（激光辐射）击穿大气压氮气产生等离子体简要分析发现，能量在氮分子第一电离电位范围内（1~2eV），光致电离过程在氮气三体复合中占主导地位，此时 $n_e < 10^{17}$ cm^{-3}，这种情况下与等离子体状态没有关系。也可采用相同方法进行等离子体电离过程估算，在等离子体温度为 15 eV，氮气压力为 10^5 Pa 时，电离率可达到 4。根据上述估算，要实现氮气多级电离效应，激光辐射场强应达到 10^{14} W/cm^2，甚至更高。

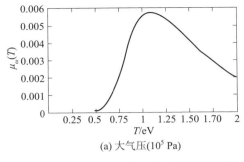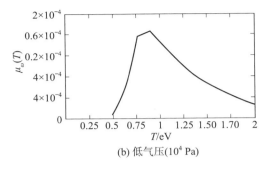

图 2 - 15　第一电离电位内钕激光激发氮气等离子体辐射吸收系数 $\mu_\omega(T)$

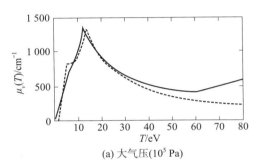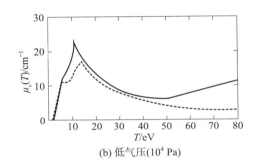

图 2 - 16　钕激光辐射氮气等离子体多光子电离吸收系数 $\mu_\omega(T)$ 与等离子体温度的关系

2.3.2　激光功率转化为等离子体温度的效率

现在利用上一节得到的结果，我们来分析脉冲激光功率转化为等离子体能量（温度）的效率，与文献 [13] 通过激光诱发击穿气体产生等离子体得到的实验数据进行对比。正如上面提到的，能量转换效率决定了脉冲喷气和火箭激光推进的推力。能量转换效率为击穿区域等离子体吸收的脉冲功率 E_{ab} 与传输到运载器喷管的激光脉冲功率 E_{lp} 的比值，即 $\eta = E_{ab}/E_{lp}$。

激光辐射与气态等离子体的专门实验见文献 [31]，文献中测定了转换效率。实验方法是记录点火压力波从激光焦点位置传播到距离焦点一定位置处探测器的时间间隔，实验中变量参数包括激光脉冲功率、气体种类和气体压力。根据标注的激光辐射波长，通过拍照可得到气体击穿区域空间形态，可以发现，高密度等离子体的辐射吸收效果在等离子体区呈现清晰的边界。

等离子体空间形态如图 2 - 17 和图 2 - 18 所示，图中显示了不同气压下空气和氮气的等离子体光影图像。暗影区是激光束点火等离子体，图中激光束聚焦是由右向左传输的。

图 2 - 17 显示了激光脉冲能量与等离子体大小的关系，即激光脉冲能量为 100 J 时，等离子体体积估计为 100 mm³。等离子体左侧区域看起来像聚焦激光束形成的锥角形状，而等离子体右侧看起来像圆柱体。这种效应表明激光辐射被焦点前面形成的等离子体挡住了。

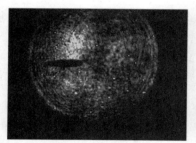 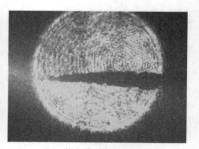

(a) 激光脉冲能量4 J　　　　　　　　(b) 激光脉冲能量100 J

图 2 - 17　氮气激光点火等离子体影像

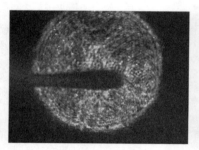 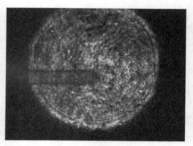

(a) 气压 $p=1.25\times10^4$ Pa　　　　　　(b) 气压 $p=5.0\times10^3$ Pa

图 2 - 18　低气压氮气激光点火等离子体影像（激光脉冲能量 45 J）

但在低气压情况下，等离子体改变了激光辐射的形状，等离子体是在焦点后产生的，且等离子体对激光辐射呈半透明，形状看起来像圆柱体，它的直径超过焦点区域的激光束束腰。这与激光辐射与等离子体相互作用的变化方式相似。由 2.3.1 节可知，在低气压条件下，气体多光子电离超过碰撞电离。

等离子体点火过程对激光功率转化为等离子体能量的效率（如图 2 - 19）具有较强影响。在低气压条件下（低于 2.0×10^4 Pa），随着气压的升高能量转换效率增加；随后保持一个恒定值，直到达到一个大气压（10^5 Pa）。当气压为一个大气压（10^5 Pa）时，激光脉冲功率在 20～100 J 范围变化，转换效率与激光脉冲功率没有关系，效率维持在 35%～40%。大气压下得到空气等离子体数据与此相同。

另外一个引人注意的事实是等离子体的辐射透过率，如果气压在 0.1～0.3 atm，辐射透过率为 5%；当气压低于 0.05 atm 时，透过率达到 80%。在大气压环境下，采用波长为 1.06 μm 的激光辐射击穿氮气产生等离子体，其吸收系数为 $\mu\approx20$ cm^{-1}。

采用上一节所述的多级电离等离子体模型对这些数据进行进一步解释，估算等离子体折射率和等离子体吸收系数、温度、电子数密度和激光释放功率的特性。

众所周知，通过介电电导率 $\varepsilon(\omega)$ 可以得到等离子体的光学性能，电导率与等离子体电离率、等离子体共振频率 ω_p、电子与等离子体其他粒子的碰撞频率 ν_{ei} 以及激光辐射光谱有关。根据实验研究满足以下情况，即 $\omega\gg\nu_{ei}$，$\omega\gg\omega_p$。如果不考虑离子对等离子体介电特性的影响，就可以得到高度电离等离子体情况下的等离子体介电常数

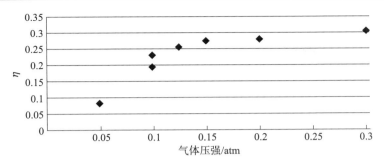

图 2-19　激光功率吸收系数 η 与氮气等离子体气压的关系（10^5 Pa）

$$\varepsilon = 1 - \frac{\omega_p^2}{\omega^2}\left(1 - i\,\frac{\nu_{ei}}{\omega}\right) \tag{2-47}$$

图 2-20 阐明了对于钕激光脉冲激发氮气产生的等离子体，等离子体相对介电常数的实部 ε' 和虚部 ε'' 是等离子体温度的函数。介电常数的实部小于 0.7，虚部为正，在很宽等离子体温度变化范围内远小于 1。

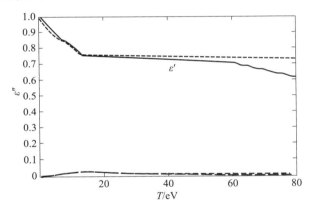

图 2-20　等离子体介电常数实部和虚部与等离子体温度的关系

采用已知的介电电导率数据，可以估算激光辐射被等离子体吸收的程度。众所周知，激光辐射在等离子体中的透射率 $T(z)$ 可通过等离子体吸收指数 μ_ω 和等离子体厚度 z 得到，$T(z) = I(z)/I(0) = \exp(-\mu_\omega z)$。在这些实验中，当激光脉冲能量在 5 J 到 80 J 变化时，等离子体体积的特征直径估算为 $z = (0.2 \sim 0.34)\text{cm}$。由图 2-20 中可以看到，如果等离子体温度超过 1.7 eV，激光辐射功率几乎全部被吸收。估算的等离子体温度与实验数据一致，等离子体发光温度为 2.0 eV。结果表明实验中观测到的等离子体光影形态是由于激光辐射被等离子体吸收的结果。

图 2-21 可以观察到清晰的等离子体边界，大气压下等离子体厚度为 0.4 mm，并且随着等离子体温度的增加厚度减小。氮气在低气压条件下，等离子体的透射比增加（见图 2-22），当气压 $p = 0.05$ atm 时，透射率 $T = 0.9$；气压 $p = 0.1$ atm 时，透射率 $T = 0.7 \sim 0.8$ 与已验证的等离子体模型一致，钕激光激发等离子体的电子密度达到 $(3 \sim 5) \times 10^{20}$ cm^{-3}。这意味着激光辐射在等离子体中的穿透深度称为等离子体集肤层。即 $\lambda_{sl} =$

$1/Im(k)$，其中 k 为等离子体波数。由图 2-23 可以看到，激光脉冲能量只在激光束照射方向的等离子体薄层内被吸收。集肤层厚度远小于激光束在等离子体中的穿透深度（1～2 cm）。

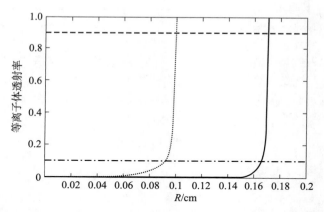

图 2-21　波长 1.06 μm 激光辐射在大气压氮气等离子体中透射率

实线—等离子体直径 0.34 cm；虚线—等离子体直径 0.2 cm

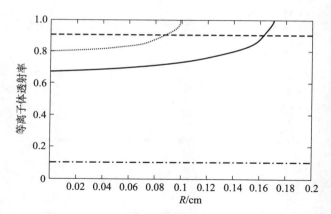

图 2-22　波长 1.06μm 激光辐射在低气压氮气等离子体中透射率

实线—等离子体直径 0.34 cm；虚线—等离子体直径 0.2 cm

多级电离等离子体模型可以设置等离子体热力学参数作为等离子体温度、初始气体密度的函数。同时，利用方程式 $\varepsilon_w = \varepsilon_{ei} + n \times Q(Z)$ 可以估算等离子体内能，其中 $\varepsilon_{ei} = \frac{3}{2}n(1+Z)T$ 电子和离子的平动热能，$n \times Q(Z)$ 是电子从原子或离子中分离的势能。函数 $Q(Z)$ 通过从 1 到 z 的一连串电离电势 I_z 预估值进行线性插值得到。

文献［27］给出了粒子的平动能决定了完全电离气体的热容。这意味着多级电离等离子体的热容可以通过计算部分电离等离子体中所有粒子的平动动能来确定，电子的比热能、离子的平动动能决定了激光功率转化为等离子体温度的效率。

诸如等离子体内能（实线），等离子体中电子和离子的平动动能（短横）等气态等离

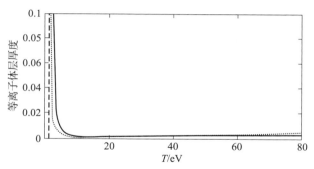

图 2 - 23　等离子体集肤层与等离子体温度的关系

实线—平衡态等离子体；虚线—电晕平衡等离子体

子体特性如图 2 - 24 所示，它阐明了不同压力下空气和氮气等离子体温度与等离子体特性的关系。图标中 300～500 J/cm³ 水平线是文献 [31] 实验得到的激光功率释放的比能量。可以看到，当钕激光脉冲能量密度为 200～500 J/cm² 时，等离子体温度增加到 7～10 eV。

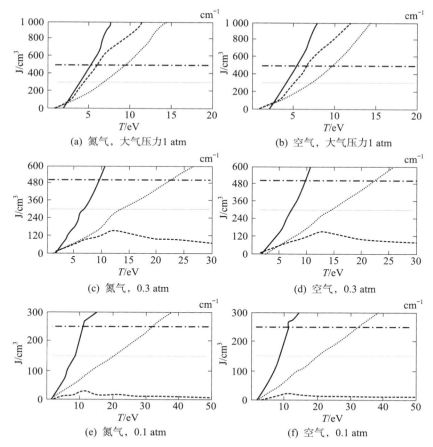

(a) 氮气，大气压力 1 atm

(b) 空气，大气压力 1 atm

(c) 氮气，0.3 atm

(d) 空气，0.3 atm

(e) 氮气，0.1 atm

(f) 空气，0.1 atm

图 2 - 24　等离子体比内能 $\varepsilon_w(T)$(J/cm³)、电子和离子平动动能 $\varepsilon_{ei}(T)$(J/cm³)

和激光功率吸收系数 μ（cm⁻¹）与等离子体温度的关系

——等离子体比内能；----电子和离子平动动能；……激光吸收导数

因此，如果等离子体温度达到 10 eV，等离子体电离率达到 4，电子数密度约（3～5）×
10^{20} cm^{-3}，接近临界密度 $n_e \approx 10^{21}$ cm^{-3}。等离子体激光辐射最大吸收系数为 $\mu \approx$
1 400 cm^{-1}，超过相应第一电离电势等离子体温度时吸收系数 $\mu \approx 0.006$ cm^{-1} 五个数量
级。所有数据都是注入到等离子体的激光比功率为（300～500 J/cm^3）时得到的。

对于激光脉冲击穿气体生成多级电离等离子体，与获得的实验数据相比，用等离子体
模型可以合理预测激光功率转化为等离子体温度的转换效率。在一般情况下，激光诱发击
穿气体等离子体是一种非稳态和非平衡热力学物理现象。但是，如果我们能完整记录脉冲
激光与等离子体相互作用过程中等离子体全寿命时刻（该周期为 30 ns 量级），而等离子体
气体动力学过程的尚未发生变形（大约需要 100 ns），那么等离子体就可认为处于平衡态。
如果所有能量转换持续过程小于 30 ns，且等离子体温度足够高，那上述观点就是正确的。

2.4　激光推进非稳态与非定熵气流数值计算

针对不同密度和环境压力条件，已经进行了大量激光推进发动机内部气流的数值计
算，并发表了大量脉冲喷气激光推进研究成果。这些工作的主要目标是计算不同形式发动
机产生推力的基本气体动力学过程。由于数值计算发现了激波的产生及其与发动机喷管相
互作用详细特性，因此数值计算作为有效的研究手段，得到了持续发展。此外，喷管内部
的气流具有非稳态和非定熵气体动力学特性。

本节针对喷管内不同压力环境，基于气流连续性假设提出了几个脉冲喷气 LPE 气体
动力学流动理论模型。

2.4.1　脉冲喷气激光推进理想气流模型和数值算法

如果喷管内的气压低于临界值，喷管内气流连续性假设将不再适用。临界压力参数为
克努森数 $Kn = \lambda/L$，它定义为气体分子平均自由程 λ 与给定气压的喷管特征尺寸 L 之比
（例如喷管直径）。如果流动满足连续流，其气流滑移不需要特殊的边界条件，这时特征克
努森数约等于 0.1。喷管内气体连续流变化如图 2-25 所示，它是环境气体密度和喷管特
征尺寸的函数。

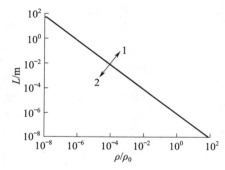

图 2-25　发动机外部气体密度变化与 LPE 内部气流连续流概念适用性

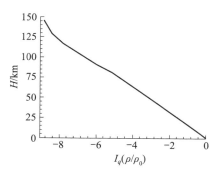

图 2-26 空气密度随海拔高度变化曲线

　　例如，如果 LPE 喷管特征尺寸为 $L \approx 10^{-1}$ m，环境气体密度 $\rho \geqslant 10^{-5} \rho_0$，其中 ρ_0 为标准工况下气体密度，那么脉冲喷气激光推进将满足连续流模型。对比图 2-25 中的曲线，大气层中空气密度随着海拔高度的增加而减小（见图 2-26），可以推测在海拔高度 80 km 时空气密度仍满足脉冲喷气激光推进适用连续流模型。

　　这里采用气体动力学模型的气流包括：1）理想气体；2）理想平衡等离子体；3）理想非平衡等离子体。对于情况 1）和 2），假设激光击穿气体产生的等离子体温度和激光功率转换为等离子体温度是已知的。但对于情况 3），等离子体吸收激光功率依赖于聚焦激光束的辐射场强以及等离子体的分子组分。同时考虑聚焦区是在有限尺寸内，等离子体点火过程限定在瞬时完成。这些过程也跟激光辐射波长、脉冲能量、气流热力性能以及聚焦镜面参数有关。本节我们选用抛物面喷管。

　　抛物面喷管内部为理想气体流动模型，文献 [32] 将其应用于确定脉冲喷气激光推进的推力效率，推力效率与产生的等离子体尺寸相关。在喷管镜面焦点处，激光能量转换为等离子体能量被认为是一个众所周知的时间函数，气体击穿体积可考虑：1）根据 2.2 节 "局域爆炸" 方法，在激光脉冲作用下形成固定体积等离子体；2）气体被击穿产生激波，并从击穿区域向外传播，等离子体体积与气体中激波占据的体积呈比例增加。

　　二维非稳态方程描述了喷管内气流的演化，可写成以下形式

$$\frac{\partial U}{\partial t} + \frac{\partial F_x(U)}{\partial x} + \frac{\partial F_y(U)}{\partial y} = Q \qquad (2-48)$$

式中　Q——与被等离子体吸收的激光功率通量对应的热功率，即

$$\boldsymbol{Q} = \begin{pmatrix} \rho \\ \rho u \\ \rho v \\ E \end{pmatrix}, F_x(U) = \begin{pmatrix} \rho u \\ \rho u^2 + p \\ \rho uv \\ (E+p)u \end{pmatrix}, F_y(U) = \begin{pmatrix} \rho v \\ \rho uv \\ \rho v^2 + p \\ (E+p)v \end{pmatrix}$$

用理想气体状态方程表述气体动力学方程方程组

$$p = p(\rho, T), E = \frac{1}{(\gamma+1)} \frac{p}{\rho} + \frac{(u^2 + v^2)}{2} \qquad (2-49)$$

式中　$\gamma = c_P / c_V$——绝热指数。

　　方程（2-48）可用基于非结构动态自适应网格的高计算精度戈东诺夫数值法求解[33]。该数值方法前期已经过大量验证，计算了大量涉及复杂激波流动的气体动力学问题。图2-27给出了将理想气体模型［情况（a）］应用于脉冲喷气激光推进求解方程（2-48）的一些数值计算案例。气态氢气通过喷管顶端的小孔喷入抛物面喷管内，气体流量为 5.5 g/s，激光脉冲的脉宽为 3 μs，脉冲能量为 8 J，喷管外部环境压力为 10 Pa。

　　图 2-27 显示了不同等离子体模型计算得到的激光脉冲停止后抛物面喷管内复杂流动形态。图 2-27（a）和（b）是恒定容积等离子体模型流场形态，图 2-27（c）和（d）是激波传播引起的自适应容积等离子体模型流场形态。图 2-27（a）和（c）是激光脉冲停止后延迟 3 μs 的流场形态，图 2-27（b）和（d）是激光脉冲停止后延迟 11 μs 的流场形态。

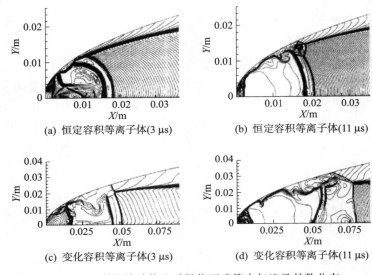

图 2-27　激光脉冲停止后抛物面喷管内气流马赫数分布

　　从图中可以看出，对于两种等离子体模型，由于激波与喷管的相互作用，流场结构非常复杂。同时，这两种模型都采用局域爆炸理论，喷管内的流场形态差异不大。

2.4.2　平衡态（热）等离子体模型

　　需要注意的是，由于等离子体和气体的温度都很高，绝热指数保持不变和气体位于激波后面的假设不完全正确。要想正确开展脉冲喷气激光推进气体流动数值计算，采用更高精度的等离子体模型非常重要。激光功率在受限等离子体尺寸中释放能量，必然伴随剧烈的等离子体温升，有必要将等离子体看作可变多组分介质。此外，多组分介质的热力学和动力学方程必须包含等离子体中存在的物理化学反应。

　　这种情况下，平衡等离子体方程组可以简化成通用方程[34]，方程组的简化基于"平均"介质概念，所有守恒方程组都可变换形式，代替方程组中不同的等离子体组分。"平均"方程组接近于激光脉冲作用下物理化学反应平衡假设的等离子体状态方程组，它包含用热力学函数描述不同介质组分之间的关系。大气环境空气作为脉冲喷气激光推进的推进剂时，Kraiko 在文献［35］中推导出了该方程组。

等离子体平均方程组数值计算可以清晰分析激光脉冲停止后抛物面喷管内的气动效应，图 2-28 给出了抛物面喷管内焦点区激光功率转换为等离子体的原理示意图。计算过程中，假设脉冲能量为 0.012 J，喷管出口直径为 20 mm，长度为 8.3 mm。

在初始条件下，大气压空气充满整个喷管。采用文献［32］发布的数据，气体-等离子体的尺寸估计为 $d_0 = 0.8$ mm，激光脉冲停止后计算得到的气体-等离子体温度为 $T_0 = 11\ 000$ K。

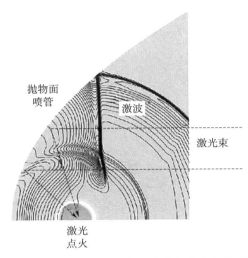

图 2-28　激光脉冲停止后抛物面喷管内激光推进流场结构

基于平衡等离子体模型的喷管内部激波的计算结果如图 2-29 所示，图中显示了激波脉冲停止后续时段喷管内的压力分布，图中流场结构和激波结构非常复杂。可以看到喷管壁面和初始等离子体作用产生强激波，同时图中显示等离子体介质的气体动力学形态远未达到平衡态（未被干扰），直到激光脉冲停止 24 μs 以后。

图 2-30 是喷管推力产生随时间的演化过程，推力计算有两种方法，即沿喷管壁面对气体压力分布进行积分［图 2-30（a）］和记录出口气流的所有冲量［图 2-30（b）］。图 2-30 显示了两种不同气流模型的推力计算结果，即绝热指数为 $\gamma = 1.4$ 的理想气体和绝热指数为 $\gamma = 1.1$ 的平衡态等离子体模型。需要指出的是，对于平衡态等离子体，假设气体分子的内部自由度处于高激发态。

由图 2-30（a）可以看出，假设冲量能被壁面处的压力探测器检测，激波达到喷管壁面时刻是推力冲量的起始点。推力过程随时间的变化特性并非是单调的。

当反射波从喷管出口传播到壁面上时，在某一时刻的瞬时推力有可能是负值。如果推力是被喷管出口处的探测器检测记录，推力的起始点就会滞后［图 2-30（b）］。这种现象说明当产生的激波到达喷管出口时，喷射气流的起始点滞后了。然而，如果对两种推力产生过程进行时间积分，得到的推力大小是一样的。

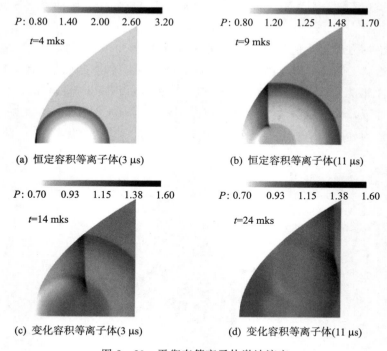

(a) 恒定容积等离子体(3 μs)　　　　(b) 恒定容积等离子体(11 μs)

(c) 变化容积等离子体(3 μs)　　　　(d) 变化容积等离子体(11 μs)

图 2-29　平衡态等离子体激波演变

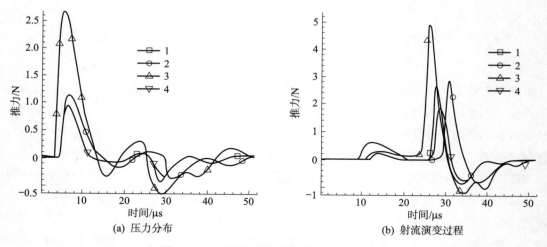

(a) 压力分布　　　　　　　　　(b) 射流演变过程

图 2-30　平衡态等离子体激波随时间演变

1—$\gamma = 1.4$，激光脉冲能量 $E = 0.025$ J；2—$\gamma = 1.1$，激光脉冲能量 $E = 0.009\,83$ J；
3—平衡态等离子体模型，激光脉冲能量 $E = 0.012$ J；4—平衡态等离子体模型，激光脉冲能量 $E = 0.025$ J

　　不过遗憾的是随着激光脉冲能量的增加，等离子体温度大幅上升，两种激光功率转换为等离子体的简化模型都无法恰当描述脉冲喷气激光推进的推力产生过程，这也不符合激光辐射与等离子体相互作用的物理特点[28]。这就是采用非平衡等离子体模型的原因，它可以处理高功率激光辐射下等离子体中存在的等离子体-化学反应，在这点上也同样具有吸引力。

2.4.3　脉冲喷气激光推进非平衡等离子体模型

非平衡等离子体模型包括分子内部自由度的激发状态和激光辐射下化学反应两种情形。在非平衡情况下，守恒方程组中需要添加每种等离子体组分的质量守恒方程、振动能量守恒方程和气体电子能量方程。Park[36] 提出了以下气体动力学方程组

$$
\begin{cases}
\dfrac{\partial \rho_s}{\partial t} + \nabla(\rho_s \vec{V}) = \dot{\omega}_s \\[2mm]
\dfrac{\partial \rho\, e_v}{\partial t} + \nabla(\rho\, e_v \vec{V} + \rho) = \displaystyle\sum_{s=\text{mol}} \rho_s \frac{e_{v,s}^*}{\langle \tau_s \rangle} + \sum_{s=\text{mol}} \dot{\omega}_s \widetilde{D}_s \\[2mm]
\dfrac{\partial \rho\, e_e}{\partial t} + \nabla(\rho\, e_e \vec{V} + p_e) = \vec{V} \cdot \nabla p_e + 2\rho_e \frac{3}{2} R(T - T_e) \sum_s \frac{v_{es}}{M_s} - \sum_s \dot{n}_{e,s} \widetilde{I}_s
\end{cases}
$$

$$(2-50)$$

式中　$\rho = \sum_s \rho_s$ ；

$p = \sum_s p_s$ ；

$p_s = \rho_s R T / M_s$, ρ_s ——等离子体每一种 s 组分的密度和分压；

$p_e = \rho_e R T_e / M_e$, T_e ——电子气压和电子温度；

T ——振动和转动温度；

$e = e_{tr} + e_v + e_e + \sum_s \rho_s h_s^0$ ——电子的平动、转动和振动总能量；

e_v ——电子振动能量；

e_e ——激发态电子总能量；

e_v^* ——平衡态振动能量。

上述方程组中还包含等离子体 $\widetilde{D}_s$ 中第 s 组分的焓值 h_s^0 , v_{es} 为电子-硬粒子碰撞频率，$\widetilde{I}_s$ 为电离电势，$\dot{n}_{e,s}$ 为等离子体组分在电离期间的电子增长率，$\dot{\omega}_s$ 为生成第 s 组分的质量比率，M_s 为第 s 组分的分子质量，$\langle \tau_s \rangle$ 振动弛豫时间常数。

为了封闭整个方程组（2-50），有必要设定等离子体中等离子体-化学反应式，作为显式热力学比值确定反应速率。例如，氮气作为推进剂，我们定义脉冲激光辐射下等离子体-化学反应式。这样氮气等离子体主要包括以下组分：

解离　$N_2 + M - N + N + M$，$(M = N, N_2, N^+, N_2^+, e)$

相关电离　$N + N - N_2^+ + e$

电荷交换　$N^+ + N_2 - N_2^+ + N$

电子碰撞电离　$N + e - N^+ + e + e$

文献 [36，37] 测定了这些反应的反应速度常数：

$$K_{f1} = 7 \cdot 10^{21} T_a^{-1.60} \exp\left(-\frac{113\,200}{T_a}\right) \qquad K_{f2} = 4.4 \cdot 10^7 T_a^{1.5} \exp\left(-\frac{67\,500}{T_a}\right)$$

$$K_{b1} = \frac{K_{f1}}{K_{e1}}, \quad T_a = \sqrt{T_a T} \qquad\qquad K_{b2} = \frac{K_{f2}}{K_{e2}}$$

$$K_{f3} = 10^{12} T_a^{0.5} \exp\left(-\frac{12\ 200}{T_a}\right) \qquad K_{f3} = 2.5 \cdot 10^{34} T_e^{3.82} \exp\left(-\frac{168\ 600}{T_e}\right)$$

$$K_{b3} = \frac{K_{f3}}{K_{e3}} \qquad\qquad\qquad\qquad K_{b4} = \frac{K_{f4}}{K_{e4}}$$

这里 K_{fi}，K_{bi} 是第 i 种正向和逆向化学反应速度常数，K_{ei} 第 i 种平衡常数（$i = 1 \sim$ 4）。第 i 种化学反应速度常数可以表示成以下形式

$$K_{ei}(T) = \exp\left[B_1^i + B_2^i \ln(Z) + B_3^i Z + B_4^i z^2 + B_5^i z^3\right] \qquad (2-51)$$

式中　$Z = 10\ 000/T$ ；

$\qquad B_e^i$ ——文献［8］测定的附加常数。

采用文献［38］的近似公式可以确定比热容

$$c_{pi} = a_i + b_i + c_i/T^2 \qquad (2-52)$$

式中　a_i，b_i，c_i ——等离子体中每种组分的变量系数。

非平衡等离子体模型可用于计算激光功率转换为等离子体温度的程度，它对产生推力起着至关重要的作用。众所周知，由于在击穿区内存在两个产生自由电子的过程，使得激光功率可被等离子体吸收。这两个过程是：1）气体分子的雪崩电离或级联碰撞电离；2）多光子吸收。每种过程都存在激光辐射与等离子体相互作用的特点场景，它依赖于产生等离子体的激光辐射场强阈值。

因此，选择推进剂用于脉冲喷气激光推进的一个基本原则是气体击穿阈值强度低；但另一个准则是激光功率转换为等离子体能量的效率。为了同时满足以上两个准则，对于激光脉冲击穿气体，必须采用非平衡等离子体点火过程。

2.4.4　不同等离子体点火模型应用讨论

下面我们利用氮气等离子体激光功率转换为等离子体能量效率的实验数据来分析激光脉冲作用下已有的等离子体点火模型，见 2.3.2 节。通过记录安装在距等离子体一定位置压力探测器测量的激波传播所需时间间隔来估算转换效率，在实验中采用钕激光器产生等离子体，脉冲能量为 13.3 J，脉冲宽度为 10 ns。激波传播到压力传感器的模拟计算结果如图 2-31 所示，它以 $x-t$ 图形式描绘与理想气体模型（a）、平衡态等离子体模型（b）和非平衡等离子体模型（c）相关的等离子体密度变化。

图 2-32（a）和（b）分别是钕激光脉冲停止 129 μs 和 228 μs 时刻传感器显示的氮气压力曲线，这些时间间隔为激波传播到距离激光焦点 6 cm 和 10.2 cm 处的第一和第二传感器所对应的时间。从中看到，尽管理想气体模型和平衡态等离子体模型在给定功率下的激波速度偏高，但非平衡等离子体模型预测结果与实验数据吻合的非常好。

图 2-33 阐明了其他等离子体特性，即（a）等离子体组分密度，（b）电子数密度和（c）等离子体温度，估算时间为 129 μs 时刻的。图中可清晰地看到等离子体内部发生的等离子体-化学反应的典型时间周期要比氮气环境气体动力学弛豫时间短。

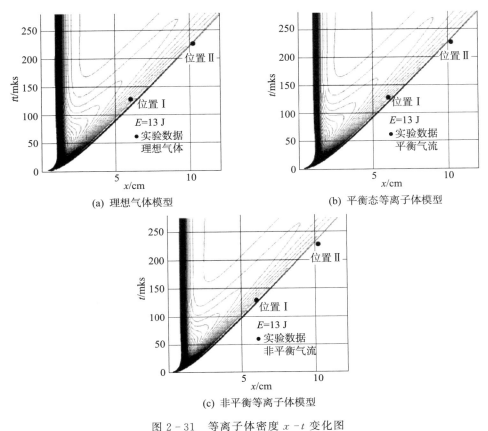

(a) 理想气体模型

(b) 平衡态等离子体模型

(c) 非平衡等离子体模型

图 2-31　等离子体密度 x-t 变化图

钕激光器，脉冲能量 $E = 13.3$ J；脉冲宽度 $\tau_p = 10$ ns

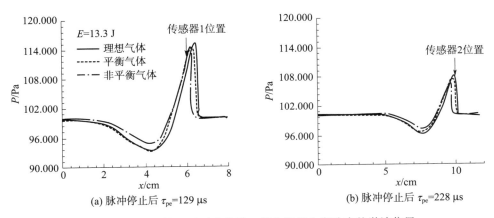

(a) 脉冲停止后 $\tau_{pe} = 129$ μs

(b) 脉冲停止后 $\tau_{pe} = 228$ μs

图 2-32　脉冲停止后压力曲线，箭头所指为实验中的激波位置

　　得到的激光点火等离子体（在击穿区域）数值计算结果表明，采用非平衡等离子体模型可以正确分析脉冲喷气激光推进性能。因此，非平衡等离子体模型在激光烧蚀推进推力产生研究中扮演着重要角色。

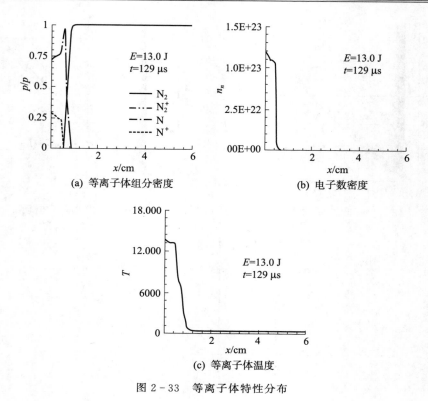

(a) 等离子体组分密度　　　　　　(b) 电子数密度

(c) 等离子体温度

图 2-33　等离子体特性分布

　　关于吸气式激光推进，考虑采用第 5 章描述的推力产生方法。这是由于吸气式推进的流动情况主要是运载器在大气层中超声速飞行期间呈现的，它需要专门考虑运载器和激光辐射与超声速来流的相互作用。

参 考 文 献

[1] Katsurayamaa, H. , et al. A preliminary study of pulse – laser powered orbital launcher. App. Opt. 29, 2303 – 2306, 1990. ttps://doi. org/10. 1364/AO. 29. 002303

[2] Bunkin, F. V. , Prokhorov, A. M. Laser power source application to produce a thrust [J]. Adv. Phys. Sci. (Rus.). 119, 425 – 446, 1976.

[3] Ageev, V. P. , et al. Laser air – breathing jet engine [J]. Quant. Electron. (Rus.). 4, 2501 – 2513, 1977.

[4] Sedov, L. I. Mechanics of continues medium [M]. Nauka, Moscow, 1970.

[5] Loytzjansky, L. G. Mechanics of liquids and gases [M]. Nauka, Moscow, 1973.

[6] Schall, W. O. , et al. Lightcraft Experiments in Germany. High – Power Laser Ablation III. Proc.

[7] SPIE. 4065, 472 – 481 (2000). https://doi. org/10. 1117/12. 407370

[8] Schall, W. O. , et al. Comparative lightcraft impulse measurements. Proc. SPIE. 4760, 908 – 917, 2002. ttps://doi. org/10. 1117/12. 482046

[9] Bohn, W. L. Novel aspects in laser propulsion. Proc. SPIE. 7005, 70051C, 2008. https://doi. org/10. 1117/12. 785634

[10] Scharring, S. , Eckel, H. – A. Review on laser lightcraft research at DLR stuttgart. AIP Conf. Proc, 2014.

[11] Scharring, S. , et al. Downloaded laser propulsion. Standard. Iss. , 19 Apr 2011 to85. 179. 240. 23. Redistribution subject to AIP icense or copyright; http://proceedings. aip. org/about/rights _ permissions

[12] Bulaev, V. D. , et al. The experimental laser facility based on the high – power repetitively – pulsed E – beam sustained CO_2 laser. Beamed Energy Propulsion. AIP Conf. Proc. 766, 361 – 372, 2004. https://doi. org/10. 1063/1. 1925157

[13] Liukonen, R. A. Efficiency of energy transfer into a recoil impulse for laser propulsion engine. Lett. JTPh (Rus.). 18, 76 – 79, 1992.

[14] Liukonen, R. A. , Trofimenko, A. M. Thrust force produced by laser propulsion engine. Lett. JTPh (Rus.). 18, 81 – 85, 1992.

[15] Apollonov, V. V. , Tishchenko, V. N. Laser air – jet engine: the action of shock waves at low laser pulse repetition rates. J. Quant. Electron. (Rus.). 37, 798 – 800, 2007.

[16] Apollonov, V. V. , Tischenko, V. N. Laser propulsion engine on the basis of shock waves merching effect. J. Quant. Electron. (Rus.). 36, 673 – 683, 2006.

[17] Takahashi, M. , Ohnishi, N. Theoretical and numerical studies of dynamic scaling of a six – degree – of – freedom laser propulsion vehicle. Hindawi Publ. Corpor. Int. J. Aerosp. Eng. 2015, 1 – 12, 2015. https://doi. org/10. 1155/2015/801371

[18] Takahashi, M. , Ohnishi, N. Fluid – orbit coupling calculation for flight analysis of impulsively driven laser vehicle. J. Phys. Conf. Ser. 454, 012004, 2013. https://doi. org/10. 1088/1742 –

6596/454/1/012004

[19]　Pirri, A. N. , Weiss, R. F. Laser propulsion. AIAA Pap. No 72 – 719, 1972.

[20]　Pirri, A. N. , Simons, G. A. The fluid mechanics of pulsed laser propulsion. AIAA J. 15, 835 – 842, 1977.

[21]　Kare, J. T. Vehicle and system concepts for laser orbital maneuvering and interplanetarypropulsion. Beamed Energy Propulsion. AIP Conf. Proc. 664, 662 – 673, 2003. https: //doi. org/10. 1063/1. 1582151

[22]　Rather, J. D. G. Ground to space laser power beaming: mission, technologies, and economic advantages. AIP Conf. Proc. 664, 37 – 48, 2003. https: //doi. org/10. 1063/1. 1582094

[23]　Myrabo, L. N. Brief history of the Lightcraft Technology Demonstrator (LTD) project. AIP Conf. Proc. 664, 49 – 60, 2003. https: //doi. org/10. 1063/1. 1582095

[24]　Rezunkov, Y. A. Laser Propulsion for LOTV Space Missions. AIP Conf. Proc. 702, 228 – 241, 2003. https: //doi. org/10. 1063/1. 1721003

[25]　Niino, M. , et al. LE – NET and multi – purpose laser propulsion system. AIAA Pap. No. 2176, 2002. https: //doi. org/10. 2514/6. 2002 – 2176

[26]　Raizer, Y. P. Laser – ignited spark and development of charges. Nauka, Moscow , 1974.

[27]　Chen, Y. – L. , Lewis, J. W. L. , Parigger, C. Spatial and temporal profiles of pulsed laser – induced air plasma emissions. J. Quant. Spectr. Radiative Transf. 67, 91 – 103, 2000. https: //doi. org/10. 1016/S0022 – 4073 (99) 00196 – X

[28]　Luter – Devis, B. , et al. Matter under strong laser fields [J] . Quant. Electron. (Rus.) . 19, 317 –359, 1992.

[29]　Zeldovich, Ya. B. , Raizer, Yu. P. : Physics of shock waves and of high – temperature gas – dynamic phenomena. Physmatgiz, Moscow, 1963. Method of investigating plasma (ed. Lohte – Holtgreven I.) . Mir, Moscow, 1971.

[30]　Biberman, L. M. , Norman, G. E. Continuous spectrums of atomic gases and plasma. Adv. Phys. Sci. 91, 193 – 245, 1967.

[31]　Ageichik, A. A. , et al. Conversion efficiency of laser power into gas thermal energy as applied to laser propulsion. Op. J. 70, 65 – 71, 2003. https: //doi. org/10. 1364/JOT. 70. 000274

[32]　Rezunkov, Y. A. , et al. Laser propulsion at ambient vacuum conditions. Rev. Las. Eng. 29, 268 – 273, 2001. https: //doi. org/10. 2184/lsj. 29. 268.

第 3 章　固体材料激光烧蚀与激光推进

摘　要　现在对激光烧蚀推进的聚合物激光脉冲效应进行分析，为了提高 LAP 效率，采用含有 CHO 化学成分的聚合物（端醛基高分子材料）作为推进剂，聚合物蒸气燃烧可以生成 CO_2 含 H_2O 等产物。基于聚合物燃烧模型进行烧蚀效应的理论分析。

与烧蚀蒸气燃烧一样，被烧蚀 CHO 材料的高温氧化反应也释放能量，激光烧蚀推进需要考虑这两个基本化学反应。第一个是烧蚀蒸气组分与进入到聚合物中的氧发生反应，第二个是部分蒸气成分与大气中的氧发生二次燃烧。

对于基于 CHO 聚合物烧蚀的激光烧蚀推进来说，采用类似于常规喷气发动机效率定义激光推进效率是非常准确的，即排气功率与燃烧室内初始能源之比为推进烧蚀推进效率。

关键词　固体靶材；高熔点和低熔点材料；蒸气质量流密；普罗霍罗夫气体动力学理论；烧蚀蒸气喷射；欠膨胀蒸气喷射；排气速度；固体推进剂；推力成本；等离子体点火；等离子体点火时间延迟；直接激光烧蚀推进；复合激光烧蚀推进；约束空间激光烧蚀推进；多层结构靶材；"炮弹-球"效应；高能聚合物；等离子体-化学反应；CHO 聚合物 K 因子

3.1　引言

激光烧蚀推进（LAP）是在激光辐射作用下固体（或液体）发生闪蒸产生推力。这种激光推进方式是由亚瑟·坎特罗维茨在 1972 年首先提出的，它用于向地球轨道发射运载火箭[1]。直到该理论发布后，俄罗斯科学家才通过固体靶材激光烧蚀实验首次发现了反冲效应[2]。

用 LAP 产生推力有以下优点，首先如果运载器携带自身贮存的固体或液体推进剂，烧蚀过程可以在真空环境下产生推力。为进一步提高性能，几种具有潜力的聚合物可作为推进剂，它在激光脉冲作用下可以释放其内部聚集的化学能。其次，吸气式激光推进效率随着运载器在大气层中飞行高度的增加而降低，为了维持高空或真空环境下的推力效率，可以采用激光烧蚀推进。第三是通过激光烧蚀高熔点材料并保持推进剂的质量消耗，有可能获得非常高的比冲性能。LAP 最大的优势是烧蚀产生的喷气垂直于靶材表面，这样可以简化推力矢量控制。

众所周知，硬质材料烧蚀理论和烧蚀过程伴随的现象与相关技术的发展有关，如复合新材料、合金材料等的研发和生产[3,4]。但利用激光烧蚀产生推力的研究要少得多，不过人们还是在激光烧蚀方面开展了一些基本的理论和实验学研究，取得了一定进展。

其中首先要提到的就是克劳德·菲普斯博士发表的几篇论文[5-7]，这些研究进行了大量的实验，对激光烧蚀固体靶材产生推力进行分析，推导了产生推力时比冲和冲量耦合系数与激光辐射场强、激光脉宽、辐射波长的关系。

通过实验发现了激光烧蚀固体材料以及激光辐射与烧蚀蒸气的相互作用的几个准则关系，相互作用的效果与烧蚀产生的蒸气质量流量、蒸气喷射速度特性有关，同时也与激光辐射特性有关。在该方向俄罗斯科学家丹尼利切夫（Danilychev）博士[8]进行了几项详细的实验研究，普罗塔索夫教授[9]与上面提到的克劳德·菲普斯教授一起开展了相关研究。尤·雷泽[10]教授发展了激光辐射与激光击穿烧蚀蒸气等离子体相互作用理论，这是大量研究分析的共同基础。随后克罗欣（Krokhin）教授[11]和兹沃里金（Zvorykin）博士[12]也进行了类似的激光烧蚀推进研究。现在，必须要提到约翰·辛科（John Sinko）博士[13,14]的理论和实验研究工作，他的几篇论文都专注于激光烧蚀聚合物以及产生推力的过程研究。有关激光烧蚀推进的详细研究见文献［15，16］，他们研发了几种聚合物材料，并将其用于激光烧蚀推进。

本章分析了用于激光烧蚀推进时激光脉冲辐射与聚合物材料作用机理，利用脉冲钕（Nd）和二氧化碳（CO_2）激光器进行的实验研究，采用含有 CHO 化学成分聚合物作为推进剂可以提高 LAP 效率，CHO 聚合物蒸气燃烧和燃烧反应生成的 CO_2 和 H_2O 可以提高 LAP 效率。采用基于聚合物燃烧模型对烧蚀效应进行了理论分析。

此外，烧蚀 CHO 材料的高温氧化，以及烧蚀蒸气燃烧的能量释放都是聚合物激光烧蚀的基本化学反应。第一个是烧蚀蒸气组分与进入到聚合物中的氧发生反应，第二个是部分蒸气成分与大气中的氧发生二次燃烧。

对于基于 CHO 聚合物烧蚀的激光烧蚀推进来说，采用类似于常规喷气发动机效率定义激光推进效率是非常准确的，即排气功率与燃烧室内初始能源之比为推进烧蚀推进效率。关于聚合物，激光辐射功率在烧蚀蒸气中释放的能量和由于聚合物燃烧产生的燃烧能量被认为是初始能源。

3.2 激光烧蚀推进经历的物理现象

3.2.1 高熔点和低熔点材料蒸发的基本概念

通过激光辐射与固体靶材的相互作用，激光辐射场强超过了靶材的蒸发阈值 I_{vap} 引起固体材料蒸发。此外，在热传导和热扩散过程将吸收的能量导出薄层之前，辐射能量在靶材表面的一个薄层内快速释放。假设被吸收的辐射功率转化为蒸气喷气，这样通过能量守恒定律就可得到蒸气的质量流密 j，即[4]

$$j = \frac{(1-R) \cdot I}{q} \qquad (3-1)$$

式中　I——作用在靶材表面的辐射场强；

　　　R——靶材表面激光辐射反射系数；

　　q——靶材的蒸发比热（单位质量）。

　　如果质量流密可以定义为函数 $j(T)$，那就可以用辐射场强 I 作为靶材温度 T 的函数来描述式（3-1）。当 $I > I_{vap}$ 时，靶材蒸发，靶材辐射场强阈值与靶材的物性、环境气压、靶材尺寸以及激光束直径相关。对于激光推进，重点应关注激光束直径 d，靶材横向尺寸要与其他方向尺寸接近。此外，靶材的厚度必须足够大，以保证在激光推进工作过程中靶材不被全部蒸发。

　　根据普罗霍罗夫教授的理论，采用一维模型分析特定几何条件下靶材的加热和蒸发效应，这样辐射场强阈值就与烧蚀区域的几何尺寸无关了。还可假定辐射场强在激光束截面上均匀分布，并忽略沿激光斑点的横向热传导。

　　利用上面的基本说明就可计算激光烧蚀推进中涉及的固体靶材蒸发过程，激光器包括脉冲和连续（CW）两种激光辐射方式，工作环境包括真空和大气压条件。在任意环境压力 p_e 和温度 T 条件下确定函数 $j(T)$ 都是非常复杂的气体动力学物理难题。但是，当辐射场强超过阈值时就可以简化这个问题，一旦超过阈值函数 $j(T)$ 气压与温度就存在强关联，即 $p_s(T) \sim \exp(-q_x T)$，其中 q_x 为估算单位蒸发量的蒸发表面热流。这样质量流密函数 $j(T)$ 就近似于真空环境下的蒸发方程，即

$$j = (1-R) p_s(T) \sqrt{\frac{M}{2\pi \cdot T}} \qquad (3-2)$$

式中　$M = A \times N_A$ ——蒸发粒子质量；

　　　　A——原子质量；

　　　　N_A——阿伏伽德罗常数；

　　　　R——靶材对激光辐射的反射系数（$R < 1$）。

　　利用方程（3-1）和（3-2）就可计算蒸发辐射场强 I_{vap}，它是靶材热物性的函数，即

$$I_{vap} = \frac{q}{(1-R)} j(T_{vap}) \qquad (3-3)$$

　　有两种不同类型的硬质材料可用于激光烧蚀产生推力，即高熔点和低熔点材料。高熔点材料如金属和石墨，其蒸发辐射场强可由下式确定

$$I > I_{vap} + \rho \cdot \frac{p}{(1-R)\sqrt{\chi/\tau}} \qquad (3-4)$$

式中　τ——激光脉宽。对于介电材料，该关系式可以转换为以下形式

$$I > I_{vap} + \rho \cdot \frac{p}{(1-R)(1/\mu\tau)} \qquad (3-5)$$

式（3-4）中 χ 为硬质材料的热扩散系数；μ 为材料的辐射吸收系数。

　　上述公式可以用于估算不同靶材的表面温度，如当辐射场强范围在（$10^5 \sim 3.0 \times 10^7$）W/cm² 时，金属靶材表面温度变化范围为 $T_{boil} < T < 1.6 T_{boil}$，其中 T_{boil} 为材料熔点；当辐射场强从 3.0×10^5 W/cm² 增加至 3.0×10^7 W/cm² 时，石墨靶材表面温度由 3 770 K 变化至 4 150 K。

3.2.2 激光烧蚀推进简化气体动力学模型

邦金和普罗霍罗夫的激光烧蚀气体动力学理论是基于靶材的蒸发，它描述了方程（3-1）假设的激光烧蚀蒸气喷射的质量流密 j。通常情况下，参数质量流密 j 依赖于环境气压和靶材表面温度[4]。

图 3-1 阐明了激光烧蚀推进产生推力的两种基本方式。第一种方式（a）如果蒸气压力高于环境压力，就产生一个欠膨胀蒸气射流；第二种方式（b）在靠近靶材位置安装辅助喷管，靶材蒸气平缓流入排气射流，再排入环境大气。

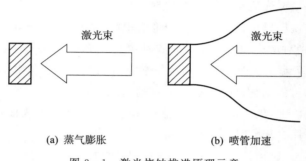

　　　　　(a) 蒸气膨胀　　　　　　　　　(b) 喷管加速

图 3-1　激光烧蚀推进原理示意

图对于这两种激光烧蚀推进原理，喷气产生的推力由以下关系式确定

$$F = G u_e \tag{3-6}$$

其中，$G = S \times j = S \times (1-R) \times I_0 e^{-\theta}/q$ 是靶材质量耗量；S 为靶材表面积；u_e 为喷管出口流速。对于情况（a），流速 u_e 定义为靶材表面温度。

为了提高方式（b）的出口喷气速度，由于激光辐射与以激光爆震波模式与喷气相互作用，将激光能量转换为气流的内能。喷管顶部与靶材的位置应不小于一个激光脉冲周期爆震波传输的距离。因此，喷管顶部位置应与喷管临界截面位置相对应，临界截面气流速度等于当地声速 $c_s = \sqrt{\gamma T_2 / M}$。在远离喷管截面处，绝热蒸气流开始快速扩散至扩张喷管，喷气速度可由伯努利方程确定

$$u_e = \sqrt{\frac{\gamma+1}{\gamma-1} c^2} \sqrt{1 - \frac{2}{\gamma+1}} \sqrt{\left(\frac{P_e}{P_2}\right)^{(\gamma-1)/\gamma}} \tag{3-7}$$

式中　P_2——激光爆震波后的蒸气压力。

如果高熔点材料被激光烧蚀，喷气速度可达到每秒几千米。对于激光烧蚀推进，选用固体推进剂至关重要。采用激光功率产生推力，另一个推进剂选用原则是推力成本，即

$$\frac{p_e}{F} = \frac{e^{\theta}}{(1-R)} \frac{q}{u_e} \tag{3-8}$$

式中　θ——材料烧蚀层光学厚度[4]。

由于出口喷气速度近似于 $u_e \propto \sqrt{q}$，喷管的推力成本减小了 4 倍。因此，要想得到最小的推力成本，需要采用低熔点推进剂。但是，低熔点推进剂无法获得最优的比推力

F_{sp}，比推力为推力 F 与推进剂消耗量 G 的比值，$F_{sp} \propto \sqrt{q}$。比推力的另一个定义为比冲，它在激光推进的研究中被频繁使用。所以，为了得到最大的激光烧蚀推进比冲，需要采用高熔点材料作为推进剂。例如，像 $q \approx 1.2 \times 10^5$ J/g，$u_e \approx 6$ km/s 的石墨材料。

下面我们来估算激光烧蚀推进的总效率，它是激光功率转换为出口喷气动能的效率。与常用的喷气功率一致（见文献［4］），可以得到

$$\gamma_F = \frac{G \cdot u_e^2}{2 P_0} = \frac{(1-R)}{2 e^\theta} \cdot \frac{u_e^2}{q} \tag{3-9}$$

对于高熔点材料，考虑到 $u_e^2 \sim q$，我们可以推断系数 γ_F 与推进剂蒸气的比热没有关系。对于带有喷管的激光烧蚀推进，总能量转换效率仅为 20%～30%［图 3-1（b）］。

值得注意的是，没有喷管的激光烧蚀推进效率将远低于相同特性的有喷管激光烧蚀推进效率。

3.2.3　激光烧蚀固体靶材"爆炸吸收"等离子体点火模型

对于激光烧蚀推进，激光功率转换为推力的根本难点之一是烧蚀蒸气的等离子体点火，在激光功率转换过程中都伴随着等离子体点火问题。文献［8］提出了"吸收爆炸"模型，它是在对大量激光烧蚀固体靶材实验数据分析基础上得到的，该模型可清楚描述等离子体点火效应。模型的核心准则是激光功率转换为蒸气流动的能量，大于蒸气膨胀加速喷入环境过程中绝热降温所需的能量。另外，当环境气压为 0.1～1.0 atm 时（见图 3-2），由于烧蚀产生的蒸气压力可达到几十个 atm，因此气体流动过程不会影响"爆炸吸收"现象"爆炸吸收"模型不同于气体的雪崩电离模型[10]。雪崩电离模型常用于激光脉冲引起的气体击穿，这种情况下雪崩发展的反应时间 τ_i 由下式给出

$$\tau_i = \frac{1}{\nu_i \ln(N_e / N_{0e})} \tag{3-10}$$

式中　　ν_i——原子电离频率，它与原子的电离电势和气体压力有关。

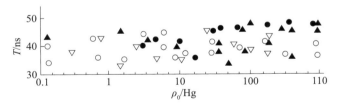

激光辐射功率密度 1.4×10^8 W/cm²；激光波长 $\lambda = 10.6$ μm

图 3-2　等离子体点火时间与气压和激光辐射通量的关系

圆点—空气；圆圈—氩气；倒三角—氙气；黑色正三角—氦气

但是，当激光辐射固体靶材时，等离子体点火过程必须要考虑靶材表面被加热到蒸发温度，随后由激光辐射引起烧蚀蒸气电离。因此，在激光辐射作用下，瞬间实现等离子体点火，点火阈值与激光辐射通量相关（见图 3-3）。

图 3-3 是利用脉冲能量为 150 J 的 CO_2 激光器获得了等离子体点火实验数据，实验

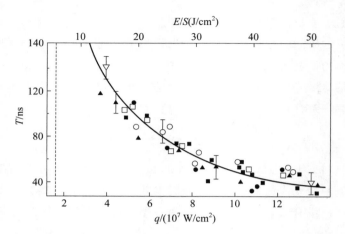

激光辐射功率密度 1.4×10^8 W/cm²；激光波长 $\lambda = 10.6$ μm

图 3-3　等离子体点火延迟时间与激光脉冲辐射流密的关系

圆点—空气；圆圈—氩气；黑色正三角—氦气

关键是激光脉宽的脉冲形状，脉冲形状需要陡峭的上升沿（75 ns）和下降沿（1~0 μs）。激光束被球面镜焦距，焦距长度为 1.5 m，焦点处放置带有腔室的石墨靶材。

实验显示在激光脉冲上升沿等离子体就被点燃。如果在激光脉冲峰值期间蒸气中没有电离过程，尽管下降沿包含大量的激光功率，但在脉冲下降沿等离子体仍不会被点燃。这说明激光辐射场强是通过初始电子雪崩影响等离子体点火的。

实验结果表明 $(E/S)/\tau^{1/2} = $ 常数，其中 $(E/S) = \int_0^\tau q(t)\mathrm{d}t$ 是辐射到靶材表面的能量密度，τ 为激光脉宽。如果辐射通量 $q(t)$ 随时间线性增加 $q(t) = \alpha \times t$，那么靶材表面温度就可以用热导率方程表示[8]

$$T = \frac{8(1-R)}{3\sqrt{\pi\rho c\chi}} \cdot \frac{(E/S)t}{t^{1/2}} \tag{3-11}$$

式中　ρ ——靶材的密度；

　　　c ——比热容；

　　　χ ——热传导系数；

　　　R ——靶材辐射反射系数。

这样等离子体点火条件就是 $(E/S)/\tau^{1/2} = $ 常数，靶材被加热至一定温度，靶材表面快速蒸发气化，同时伴随剧烈的蒸气电离。通过对石墨靶材温度的估算也证实了这一结论：如果 $\rho = 1.7$ g/cm³，$c = 0.7$ J/(g×grad)，$\chi = 1.14$ W/(cm·K)，$R = 0.2$[12]，脉冲辐射期间靶材温度达到 $T \sim 3\,700$ ℃，其中等离子体点火占去了一半时间。文献 [9] 中采用波长为 10.6 μs 的 CO_2 激光器辐射金属和介电靶材也得到了相同的结果（见图 3-4）。

激光辐射作用下的固体靶材激光烧蚀伴随各种物理过程，对于激光烧蚀推进，有两个值得研究的过程：1）蒸气转变为等离子体；2）激光辐射与等离子体相互作用，它是靶材辐射场强的函数[11,12]。蒸气产生的特性之一是辐射场强阈值 I_0^*，靶材的辐射场强需要超

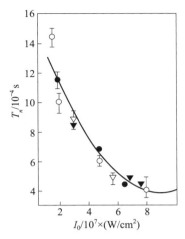

激光辐射功率密度 1.4×10^8 W/cm² ；激光波长 $\lambda = 10.6$ μm

图 3-4　等离子体点火延迟时间与激光辐射不同靶材的关系

圆圈—$(C_2F_4)_n$，气压 $p_0 \approx 10^3$ Pa；圆点—$(C_2F_4)_n$，气压 $p_0 \approx 2.5 \times 10^3$ Pa；

黑色三角—Al，气压 $p_0 \approx 4.0 \times 10^3$ Pa；空心气三角—Al，气压 $p_0 \approx 3.0 \times 10^4$ Pa

过阈值，并随蒸气动力学的变化而变化。同时激光辐射与等离子体相互作用结果是激光功率转换为等离子体内能，并产生推力的效率。从更广的角度来看，转换效率依赖于激光辐射特性。雷泽教授发展了激光辐射与等离子体相互作用的相关理论[10]。

3.2.4　激光辐射与电离气体（气态等离子体）气体动力学模型

（1）激光维持爆震波（LSD 波）

如果气体位于激波的正后方就会产生等离子体爆震效应，在特定条件下气体被激波电离。这种强激波被认为是激光维持爆震波（LSD）。

满足 LSD 波的"气体-等离子体"介质速度等于当地声速。很显然，只有当激波速度和激光功率保持能量平衡时，激光功率 LSD 波才能存在。

众所周知，强激波后气体压缩过程极限值是 $(\gamma-1)/(\gamma+1)$，其中 γ 是绝热指数。当地气体速度等于当地声速的条件是满足余戈尼奥（Hugoniot）绝热的判定点，其比值为：$v = a = \sqrt{\gamma \dfrac{p}{\rho}}$ 。这样气体压缩和 LSD 波速度可由以下与激光功率流密相关的方程确定

$$p = \left\{ \frac{2\sqrt{1-\eta}\, S_0 \rho_0^{1/2}}{[(\gamma+1)(\gamma-1)]\,\eta - 1} \right\}^{2/3}$$

$$\rho_0 D \varepsilon(T, \eta) = S_0 \beta \qquad\qquad (3-12)$$

$$\beta = \frac{1}{1 - (\gamma-1)(1-\eta)/2\eta}$$

假设激光功率都被激波后的等离子体吸收，这样，当 $q = 10^8$ W/cm² 时，$V_{LSD} = [2(\gamma^2-1)q/\rho_0]^{1/3} = 8.0 \times 10^5$ cm/s，如果比能量 $\varepsilon_G = 10^{12}$ erg/g，则相应激波后等离子

体温度为 $T = 24\ 000$ K。与如此高温等离子体对应的等离子体电离率为 $\alpha = 0.7$。如果"冷"气体的初始压力等于 1 atm，等离子体中自由电子数密度为 $N_{eG} = 3.8 \times 10^{19}$ cm^{-3}。

（2）激光维持辐射波

如果激光辐射通量 q 超过 10^{18} W/cm^2（以 CO_2 激光器为例），就会出现 LSD 波转化为激光维持辐射波的传播过程，其结果由于气体被紫外（UV）辐射加热产生电离气体，引起激波前向传播。这意味着与气体动力学效应相比，激光维持辐射波对激光功率的吸收更加有效。

在这种情况下，功率平衡方程为

$$\rho_0 V \varepsilon_* = \sigma T^4 \xi, \rho_0 V(\varepsilon - \varepsilon_*) = q \tag{3-13}$$

式中　σ ——斯蒂芬-玻尔兹曼常数；

　　　$\xi(H/l)$ ——等离子体辐射系数；

　　　H ——辐射层厚度；

　　　l ——等离子体中分子辐射平均自由程；

　　　ε ——等离子体内能。

等离子体前向传播速度等于：对于大气空气 $V \approx q^{0.73}/\rho_0^{0.91}$，$T \approx q^{0.18}/\rho_0^{0.02}$；对于理想气体 $\varepsilon \approx \dfrac{RT}{\mu} \dfrac{1}{(\gamma - 1)}$。

（3）激光维持亚声速辐射波（LSR 波）

如果吸收激光功率的激波前等离子体电离率过低，在激光辐射作用下等离子体在激波后移动，但移动速度低于当地声速，激光诱导激波与激光辐射相互作用模式可采用以下参数描述

$$V = \left[\frac{2(\gamma - 1)}{\gamma(\gamma + 1)}\right]^{1/3} \left(\frac{q}{\rho_0}\right)^{1/3}, p = \left[\left(\frac{\gamma - 1}{\gamma}\right)^2 \frac{\gamma + 1}{2}\right]^{1/3} \rho_0^{1/3} q^{2/3} \tag{3-14}$$

式中　q ——激光辐射通量；

　　　γ ——"冷"气体绝热指数；

　　　V ——等离子体绝热指数，且

$$\frac{V_{LSD}}{V_{LSR}} = \left[\frac{2(\gamma^2 - 1)(\gamma + 1)}{2\gamma(\gamma - 1)}\right]^{1/3} \tag{3-15}$$

如果 $\gamma = 1.4$，该比值 $\dfrac{V_{LSD}}{V_{LSR}} = 1.63$。

所有形式激光维持波的图解见图 3-5[17]。

例如，如果 CO_2 激光功率辐射通量从 3.0×10^7 W/cm^2 增加到 3.0×10^8 W/cm^2，在大气环境下空气中就会观测到 LSD 波，其他研究人员也获得了同样结果。但是，对于氩气或氦气等单原子分子气体，只在非常窄的辐射通量内 $[(5.0 - 6.0) \times 10^7$ W/cm$^2]$ 观测到 LSD 波。

在接近固体靶材表面产生的每一种激光维持波都会对靶材产生剧烈的反冲效应，哪一种更重要呢？通过不同的实验数据可以证实这个问题，采用 CO_2 脉冲激光器，图 3-6 解释了耦合系数与环境气压的关系。

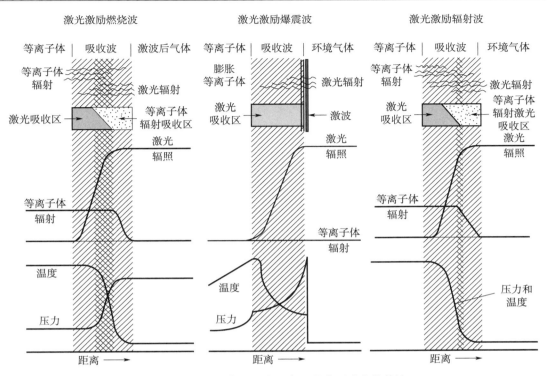

图 3-5 接近固体靶材表面产生的典型激光维持波

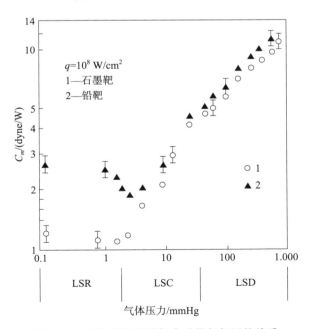

图 3-6 固体靶材反冲耦合系数与气压的关系

图 3-6 实验结果解释如下，如果靶材周围的气压相对较低，即 $p_0 < 133$ Pa，意味着激波对于激光辐射是透明的，气体很难被电离，其结果就是作用在靶材表面的反冲仅有烧

蚀蒸气的喷气能量。如果气压在 133～10 667 Pa 之间变化，激光辐射与激波相互作用就能产生 LSC 波。蒸气中的等离子体阻碍了向靶材表面的激光辐射，这会导致耦合系数降低。但是，在等离子体发光辐射作用下，靶材表面会产生额外蒸发，当气压从 1 333 Pa 增加到 10 667 Pa 时，耦合系数会再次增加。最后，如果气压高于 10 667 Pa，就产生激光维持爆震波（LSD 波），压力越高，爆震波越接近靶材表面。

另外，每一种形式激光维持波是由靶材种类、激光辐射光谱特性及其功率等因素决定的，由此不同情况的激光烧蚀推进具有不同特点。

3.3　固体靶材结构对激光烧蚀推进的影响

作为激光推进发动机应用研发激光烧蚀推进是一种专门的研究领域，激光烧蚀推进基于以下三个基本现象：

1）平面靶材直接激光烧蚀，蒸气射流（推进蒸发机理）的反冲施加在靶材上产生推力[5]。

2）固体靶材综合激光烧蚀，激光击穿蒸气产生激光维持爆震波[9,18]。

3）多层结构靶材受限容腔激光烧蚀[19,20,23]。

现在我们讨论每一种激光烧蚀现象涉及的基本内容及其对推力效率的影响。理论和实验上评判效率的方法之一是冲量耦合系数 C_m。

3.3.1　直接激光烧蚀推进

实验研究表明，直接激光烧蚀推进冲量耦合系数 C_m 依赖于烧蚀材料和激光辐射特性。冲量耦合系数 C_m 与激光辐射功率密度成比例增加，当激光辐射场强等于烧蚀气体的激光击穿阈值时，C_m 达到最大值。对于直接激光烧蚀推进，理论上有几种不同最大 C_m 估算方法。根据文献［5］给出的结果，当激光脉冲达到约 1 ms 时，可以得到特定材料的 C_m 上限值，它与激光辐射波长存在微弱关系，即

$$C_{m\max} = \frac{A_2}{\alpha} \cdot \left(\frac{\gamma T_b}{m_i} \right)^{1/2} \tag{3-16}$$

式中　A_2——靶材蒸发期间对激光功率的吸收系数；

　　　α——靶材蒸发比热（J/g）；

　　　i——蒸气有效绝热指数；

　　　m_i——蒸气的原子或分子质量。

对于方程（3-16），要想得到最大 C_m，需要选用具有最大 $\gamma \times T_b / \alpha^2 \times m_i$ 数值的材料，其中 T_b 是靶材的熔点。利用上述公式估算的 C_m 与基于实验数据得到的 C_m 一致。例如，对于铝靶材，$C_{m\max} = 6.0 \times 10^{-5}$ N/W，对于铜靶材，$C_{m\max} = 10 \times 10^{-5}$ N/W

但是采用长脉冲激光击穿蒸气产生等离子体使得耦合系数 C_m 降低[21]，在这种情况下，当激光辐射场强超过蒸发材料的击穿阈值时，下面近似冲量耦合系数 C_m 具有很高的精度

$$C_m = b \, (I\lambda\tau^{1/2})^n \tag{3-17}$$

式中 　I —— 激光辐射场强，W/cm^2；

　　　λ —— 激光辐射波长，cm；

　　　τ —— 激光脉宽，s；

　　　b 和 n —— 经验参数，例如对于铝合金，$b=5.6$；对于碳氢（CH）基材料，$b=6.5$。
　　　　　但两种材料的 $n=-0.300$。

　　式（3-17）在较宽范围内耦合系数都是激光特性的连续函数，即激光脉冲强度从 $3\,MW/cm^2$ 变化至 $7\,TW/cm^2$，脉宽从 500 ps 到 1.5 ms，辐射波长从 0.246 μm 到 10.6 μm。其重要性在于这种估算方法可以选用不同形式的激光器用于激光烧蚀推进，但在工程上也存在以下限制。如实验给出的直接激光烧蚀耦合系数 C_m 都是采用一些金属和天然材料得到的，见表 3-1。

表 3-1 　直接激光烧蚀推进实验 C_m

靶材	耦合系数 $C_m \, 10^{-5}$ /(N/W)	波长 λ / μm	辐射通量 F /(J/cm²)	脉宽/ns
铝 2024	4.08	1.06	3.53	25
碳酚醛	2.91	1.06	19.8	50 和 25
PMMA （聚甲基丙烯酸甲酯）	1.07 10.0	1.06 10.6	21.4 20.0	63 和 65 20 和 40 μs
冰	2.93	1.06	20.9	47 和 24
石灰岩	1.4	1.06	24.2	51 和 22

　　其中 F 为激光功率通量，最大达到几个 Dynes/W。由这些实验数据看出，直接激光烧蚀不是有效的推力产生方式，因为它是通过高功率激光加速粒子产生的。

3.3.2 　综合激光烧蚀推进

　　提高耦合系数 C_m 的途径之一是通过在烧蚀蒸气中产生激光维持激波增加推力，而激波是由激光辐射与蒸气的等离子体相互作用产生。伴随激光诱发激波而产生的激光等离子体膨胀，将等离子体压力增至 $10^3 \sim 10^6$ atm，等离子体温度达到几十或几百电子伏特。在真空条件下，与直接激光烧蚀推进相比，耦合系数 C_m 增加 1 个数量级。另外，长寿命激波施加在靶材表面的脉冲压力持续时间也要比激光脉宽长 2~3 倍。

　　理论上综合激光烧蚀推进耦合系数可利用下面关系式进行估算[24,25]

$$C_m = (10)^{5/3}\chi\,(\rho\cdot10^9/I)^{1/3}\cdot10 \ N/W \tag{3-18}$$

其中，$\chi = [(\gamma+1)/2\gamma]^{2\gamma/(\gamma-1)}$，$\rho$ 为环境气体密度。由式（3-18）可光以看出，C_m 是由气体介质特性和激光辐射场强决定的，它与靶材和辐射波长无关。

　　但是，在重合激光烧蚀推进具体应用中还存在一些必要的限制条件，激光前峰的压缩和功率释放引起烧蚀区域的蒸气加热，使得激光辐射无法传播到靶材表面。因此，激光脉冲强度必须超过 $10^{11} \sim 10^{12} \ W/cm^2$。

　　然而，如图 3-7 所示典型靶材压力与辐射场强的对数关系，在激光脉冲作用下产生的 LSC 和 LSD 波基本遵从功率定理。事实表明，融合蒸发和等离子体物理的简单模型还需要详细考虑激光辐射与等离子体相互作用物理过程。

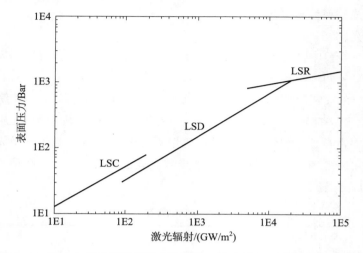

图 3-7　压力与激光辐射场强实验结果，激光诱发三种典型吸收波[21]

运用该模型还依赖于靶材整个可用的物性参数。因此，我们需要知道产生等离子体所需的辐射通量阈值、靶材密度以及烧蚀区激光吸收系数，文献［21］进行了大量的实验研究。作者提出了一个非常精确的模型，可以满足激光烧蚀推进推力冲量模型的精度需求。

3.3.3　多层结构靶材受限容腔激光烧蚀推进

受限容腔激光烧蚀推进是指在受限空间（容积）内引起的激光辐射与靶材相互作用过程[23-25]，它是在受限空间观测到的多层结构靶材激光烧蚀。在相同的激光辐射场强下，与直接激光烧蚀推进相比，多层结构靶材可提高耦合系数 C_m。多层结构靶材耦合系数可达到惊人的 $C_m \approx 5.0 \times 10^{-3}$ N/W[25]，这种效应称作"炮弹-球"效应。

多层固体靶材设计的基本原则是靶材（有时带有一个吸收层）的基材要与涂层接触紧密，涂层是一个特定激光辐射波长的透明层。当激光脉冲作用在靶材上时，激光辐射穿过透明涂层，随后进入基材，被一定表层深度的基材吸收。如果激光辐射场强超过基材的蒸发阈值强度，材料将在基材与涂层质检的缝隙蒸发，而涂层起到阻碍蒸气逃逸的作用。因此，当激光辐射场强超过蒸气的击穿阈值时，会在缝隙中产生等离子体。这些过程会伴生两个激波，并在基层与涂层之间生成和传播。

将动量守恒定理应用于这两个激波，它们以相反方向传播（$\rho_1 U_1^2 = \rho_2 U_2^2$），通过测定涂层材料 ρ_1 与基材 ρ_2 的密度比可以得到两个激波的动能比，即 $W_1 / W_2 = (\rho_2/\rho_1)^{1/2}$。此外，对于受限容腔激光烧蚀推进，压力冲量的持续时间超过激光脉宽的好几倍。同时耦合系数 C_m 与基材的种类也存在微弱关系。

文献［20］首次研究了激光辐射与多层结构靶材相互作用过程中的物理现象。同时，研发了 1 GW 激光脉冲能量与多层结构靶材相互作用的自近似模型。对应该模型，可用以

下方程确定基材与涂层之间的压力

$$p_{max}(10^8\ \text{Pa}) = 0.1 \cdot \left(\frac{\alpha}{2\alpha+3}\right)^{1/2} Z^{1/2} (\text{g/cm}^2 \cdot \text{s}) \cdot I_0^{1/2} (10^9\ \text{W/cm}^2) \quad (3-19)$$

式中　α——热能与内能之比，通常 $\alpha = 0.1 \sim 0.15$；

　　　I_0——激光辐射场强；

　　　Z 可通过下式获得

$$\frac{2}{Z} = \frac{1}{Z_1} + \frac{1}{Z_2}$$

式中　Z_1、Z_2——基材和涂层的声学阻抗；

　　　$Z_i = \rho_I D_i$，其中 D_i 是激波在固体中传播速度。$Z_i \approx \rho_I C_{0i}$ 依赖于当地声速 C_{0i}。

这样耦合系数 C_m 可以通过以下方程式确定

$$C_m = 0.10 \cdot \left(\frac{\alpha Z}{\alpha+3} \cdot \frac{1}{I_0}\right)^{1/2} \text{Dyne} \times \text{s/J} = 10^{-6} \cdot \left(\frac{\alpha Z}{\alpha+3} \cdot \frac{1}{I_0}\right)^{1/2} \text{N/W} \quad (3-20)$$

例如，如果 $\alpha = 0.15$，$Z = 1.4 \times 10^6\ \text{g/cm}^2$，$I_0 = 1.0 \times 10^9\ \text{W/cm}^2$，那么 $C_m = 2.6 \times 10^{-4}\ \text{N/W}$。

文献 [19] 对涂层对耦合系数 C_m 的影响进行了全面系统的研究，包括在脉宽为 40 ns 和辐射场强为 $0.74 \times 10^9\ \text{W/cm}^2$ 的钕激光作用下，激光辐射传输到靶材表面的最大冲量的实验研究和理论分析。下面几种材料可作为涂层结构，如有机玻璃（Perspex）、硅橡胶、K9 玻璃、石英玻璃和铅玻璃等。航空铝合金 2024T62 作为基材，在其上沉积上述材料涂层。为了提高激光功率吸收，可以在基材和涂层之间增加一个黑色吸收层。

表 3-2 和表 3-3 是不同涂层材料声学阻抗 Z_1（第 2 行）、反冲冲量持续时间（第 3 行）、p_{max} 测量蒸气压力（第 4 行）、p_{max} 计算蒸气压力（第 5 行）、I_{max} 测量脉冲压力（第 6 行）和耦合系数 C_m 的研究结果。对于铝制基材，声学阻抗为 $Z_1 = 1.4 \times 10^6\ \text{g/cm} \times \text{s}$。

表 3-2 中计算得到的蒸气最大压力与实验记录的压力结果一致性非常好，采用较高阻抗的透明涂层可以得到更高的蒸气压力 p_{max}。反冲冲量持续时间和最高压力随着阻抗的增加而增加，尽管它们之间不是线性关系。涂层的厚度也会影响最大耦合系数 C_m。

采用重复脉冲工作模式时，涂层辐射阻抗和将其用于激光烧蚀产生推力存在的问题需要额外考虑一些情况。在激光以重复脉冲模式辐射靶材时，涂层不能损坏。一旦涂层损坏，就必须改变激光束在涂层表面的位置。

对于有限容腔靶材，当激光推进长期工作时，可以采用液体推进剂[20]。具体来说，贮存在两个基板之间的水通过小孔喷射到烧蚀挡板表面，由于表面张力作用水滴保持的表面。此时可通过小孔直径 R 估算喷射时间 t，水膜在表面的恢复时间要小于 $1/f$，其中 f 为激光辐射的脉冲重复频率，即 $t = (\rho R^3 / 3\sigma^{1/2})$，其中 σ 为液膜的表面张力。

综上所述，最有希望获得高达几百 Dynes/W 冲量耦合系数 C_m 的途径是采用多层结构靶材。多层结构靶材激光烧蚀推进具有诸多优点，如在给定激光平均功率下可获得最大耦合系数 C_m，可在真空环境下工作，综合烧蚀和爆震波效应提高反冲冲量。但多层结构激光烧蚀推进比冲较低，比冲只有几百秒，这导致较高的液体推进剂消耗。

表 3 - 2　带有黑色吸收层时多层靶材激波后压力和耦合系数 C_m

涂层材料	$I_{max} \times 10^9 /(W/cm^2)$	$Z_1 \mu m/(g/cm \times s)$	压力持续时间/ns	计算 $p_{max} / \times 10^8\ Pa$	实验 $p_{max} / \times 10^8\ Pa$	实验 $I_{max} /Pa \times s$	耦合系数 $C_m /10^{-5}\ N/W$
有机玻璃	0.74	0.32	53	11.0	11.3	58.8	19.9
硅橡胶	0.74	0.47	54	12.9	13.8	72.9	24.6
K9 玻璃	0.68	1.14	160	17.6	15.9	265.6	97.6
石英玻璃	0.76	1.31	131	18.3	17.2	217.5	71.5
铅玻璃	0.90	1.54	126	19.2	22.8	240.2	66.7

表 3 - 3　没有黑色吸收层时多层靶材激波后压力和耦合系数 C_m

涂层材料	$I_{max} \times 10^9 /(W/cm^2)$	$Z_1 \mu m/(g/cm \times s)$	压力持续时间/ns	计算 $p_{max} / \times 10^8\ Pa$	实验 $p_{max} / \times 10^8\ Pa$	实验 $I_{max} /Pa \times s$	耦合系数 $C_m /10^{-5}\ N/W$
有机玻璃	0.84	0.32	73	3.8	4.3	28.5	8.4
硅橡胶	0.80	0.47	62	6.1	6.4	37.8	11.8
K9 玻璃	0.72	1.14	99	15.9	15.9	133.7	46.4
石英玻璃	0.72	1.31	81	13.9	31.9	112.6	39.1
铅玻璃	0.75	1.54	89	13.8	14.2	122.6	40.9

需要说明的是，多层结构靶材激光烧蚀推进的主要实验是采用波长 $1.06\ \mu m$ 的钕激光器进行的。因此，激光波长对这种形式激光烧蚀推进的影响还需要进一步研究。

3.4　基于高能聚合物的激光烧蚀推进

现在我们讨论基于高能材料的激光烧蚀推进，它是激光烧蚀推进剂的选项之一。高能材料在激光辐射作用下可以释放其内能[7,16]，这既可产生附加推力，也可提高激光推进效率。

20 世纪 90 年代初，柳科宁博士首次开展了高能聚合物激光烧蚀推进实验研究，实验是采用高功率 CO_2 激光器[26]进行的。实验使用被称为"SLAVIT"的聚合物作为推进剂，它被放置在锥形喷管内。当采用 CO_2 激光器辐射该类推进剂时，其有价值的特性之一是蒸发阈值较低。实验验证了在激光器以重复脉冲模式工作时，耦合系数 C_m 显著增加，从 2.0×10^{-4} N/W（无 SLAVIT）提高至 6.0×10^{-4} N/W（无 SLAVIT）。不过遗憾的是，作者没有公开研究所用推进剂"SLAVIT"的化学成分。

文献 [27] 采用另一种高能推进剂聚甲醛树脂（Dekrin）也进行了类似实验研究，聚甲醛聚合物属于 CHO 基聚合物。实验探究了抛物面喷管在真空舱内不同环境气压下工作特性，实验研究了冲量耦合系数与工作环境压力的关系。实验采用脉冲能量为 250 J 的 CO_2 脉冲激光器，聚甲醛被放置在喷管内部顶端的一个金属针头上，这样可以确保针头处于脉冲激光的焦点区域。与相同工况下没有聚甲醛结果相比，耦合系数 C_m 提高了 1～2 个数量级。实验也验证了在真空舱内充填氮气条件下获得的耦合系数 C_m 要低于充填空气条件下的耦合系数。

3.4.1　激光辐射下 CHO 基聚合物蒸气基本等离子体-化学反应过程

我们需要对这些实验进行基本总结和评价。首先对聚甲醛实验进行总结，在喷管中充填氮气，聚甲醛烧蚀激光推进的耦合系数 C_m 得到大幅提升。其次公开发表的文献缺乏任何描述化学反应的模型，脉冲激光作用下发生的化学反应可以释放附加能量。

现在我们讨论在激光辐射作用下 CHO 基聚合物蒸发过程中产生的等离子体-化学反应，以及激光辐射与烧蚀蒸气的相互作用，见文献 [28]。为了更精确描述反应过程，需要考虑聚合体和多晶体 CHO 聚合物的化学成分，这些聚合物具有负氧平衡特性。假设这些聚合物的基本热物性是可以测定的，如燃烧比热、爆震能量以及爆震产物的二次燃烧能量。

对于激光辐射与高能聚合物的相互作用过程，我们采用脉冲激光作用下爆震过程物理-化学模型。众所周知，激光辐射引起 CHO 基聚合物的蒸发和热分解，分解过程其中一项是高温热解，它是在贫氧和 500～700 ℃条件发生的。在空气环境中，还原性高温热解产物再发生高温氧化（燃烧），其反应如下

$$C_aH_bO_c + O_2 = CO_2 + H_2O + Q \qquad (3-21)$$

式中　$C_aH_bO_c$——CHO 基聚合物的通用化学式；

　　　Q——燃烧比热，这是两步化学反应释放的热量，即爆震和爆震产物二次燃烧过

程，$Q = Q_{det} + NQ_{db}$ ，其中 N 为爆震产物二次燃烧系数。

爆震燃烧是指等离子体中可燃成分的氧化传播速度超过了等离子体中的声速，因此爆震能量 Q_{det} 按以下反应释放到等离子体中

$$C_aH_bO_c \rightarrow CO_2 + H_2O + H_2 + C + Q_{det} \tag{3-22}$$

为了确定爆震能量 Q_{det} ，根据文献 [29] 中热力学原理，所有形式的爆炸物质都形成爆震产物。将该热力学原理用于 CHO 基聚合物，我们可以得到以下爆震产物 $CO_2 - H_2O - O_2 - H_2$ 。根据假设，像 CO_2 ，H_2O 分子可以作为爆震产物，但不包括 CO 分子，而且生成的 CO_2 超过 H_2O 。

接下来的反应是为完全氧化的爆震产物与空气中的氧进行燃烧，这样进一步释放二次燃烧能量 Q_{db} 。这种消磁石的化学反应是可以实现的，例如在火箭发动机中，如果使用碳氢燃料，即

$$C + H_2 + O_2 \rightarrow CO_2 + H_2O + Q_{db} \tag{3-23}$$

利用以上假设，由爆震和二次燃烧反应释放的附加能量通过盖斯定律（Hess Law）计算得到

$$\begin{cases} Q_{det} = -(\Delta H_{pr} - \Delta H^0_{f298}) \\ Q_{db} = -\Delta H_{pr} \end{cases} \tag{3-24}$$

式中 ΔH_{pr} ——反应产物的生成焓；

ΔH^0_{f298} ——聚合物的生成焓。

在实验室标准环境下，靶材经激光烧蚀产生 CHO 基蒸气及其成分与大气的氧燃烧，其能量平衡可以表达为以下形式

$$(M + m) v^2 / 2 = \beta(\alpha E + mQ) \tag{3-25}$$

式中 m ——蒸发聚合物的质量；

M ——脉冲激光作用前喷管内空气质量；

v ——喷气射流平均速度；

α ——激光功率转化为推进剂内能的转化系数；

β ——所有热能转化为喷气动能的转化系数。

这样，对应于通用冲量耦合系数 C_m 的定义，可得到

$$C_{m1} = J/E = Mv/E = \sqrt{2M\beta\alpha/E} \tag{3-26}$$

$$C_{m2} = J/E = (M + m)v/E = \sqrt{[2(M+m)\beta(\alpha E + mQ)]/E^2} \tag{3-27}$$

式中 C_{m1} ——常规以大气中空气为推进的吸气式激光推进冲量耦合系数；

C_{m2} ——以 CHO 基聚合物为附加推进剂得到的冲量耦合系数，我们引入 K 因子并
定义为

$$K = C_{m2} / C_{m1} = \sqrt{(1 + m/M)(1 + mQ/\alpha E)} \tag{3-28}$$

这里，$Q^* = E/m$ 可以理解为是单位高能聚合物烧蚀能量参数[21]，利用式（3-29）就可以得到

$$K = C_{m2} / C_{m1} = \sqrt{(1 + m/M)(1 + Q/\alpha Q^*)} \tag{3-29}$$

这样，利用 K 因子就可以估算在相同环境条件下，与传统激光推进相比，CHO 基聚合物蒸气中等离子体-化学反应过程对推力效率的影响。

图 3-8 显示了 CO_2 脉冲激光辐射不同 CHO 基聚合物器产生等离子体射流的图像，它是用快门打开的相机拍摄的。可以看到聚合物不同，等离子体发光强度也不一样。对于聚甲醛，激光辐射在靶材上的功率密度约等于聚合物的蒸发阈值，并且等离子体没有遮挡住激光辐射。对于聚乙烯，等离子体的发光比聚甲醛等离子体占据的更大区域。最后，激光烧蚀聚碳酸酯产生的等离子体区域更大。通过测量，聚甲醛、聚乙烯和聚碳酸酯的耦合系数分别等于 2.4×10^{-4} N/W/、1.4×10^{-4} N/W 和 0.5×10^{-4} N/W。

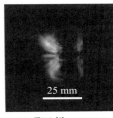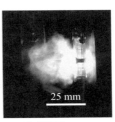

(a) 聚甲醛，$E=28$ J　　(b) 聚乙烯，$E=29$ J　　(c) 聚碳酸酯，$E=25$ J

图 3-8　CHO 基聚合物烧蚀等离子体图像

为了确定 CHO 基聚合物对激光推进效率的影响，文献 [28] 采用 CO_2 和钕脉冲激光器对甲醛（Delrin）$[-CH_2O-]_n$、聚氯乙烯 $[-CH_2CHCl-]_n$、聚苯乙烯 $[-C_8H_8O-]_n$ 和聚碳酸酯 $[-C_{16}H_{14}O_3-]_n$ 进行了实验研究。选用聚氯乙烯是由于它已被验证可以大幅提高推力。同时上面提到的前两种聚合物都属于线性脂肪族聚合物，其热解（分子链断裂）温度较低，约为 200 ℃，它们都属于高化学活性和低温结构材料[29]。后两种聚合物化学成分中都有苯环，这使它们的聚合物分解温度提高至约 350 ℃。带有芳香族主链的聚合物（聚碳酸酯、环氧树脂）属于第二代化学活性较弱的高温结构聚合物。

通过对聚合物激光烧蚀伴随燃烧反应热力学初步分析，可以选用一些多晶类聚合物材料，其物性满足激光烧蚀推进要求，如高分散性、标准大气工况下较好的化学稳定性、非吸水性和无毒性。文献 [28] 对下面几种多晶材料进行了实验研究：聚乙醛（C_2H_4O）、氨基甲酰肼（CH_5N_3O）、羟苯甲酸（$C_7H_6O_3$）和对苯二酚（$C_6H_6O_2$）。上面的四种聚合物材料都是熔点中等的无色晶体，它们被用于制药和食品工业。

为了测定它们的 K 因子，计算了 CHO 基聚合物产物与大气中的氧发生二次燃烧的系数 N。该计算过程主要是分析聚合物爆震燃烧的实验结果。

利用方程（3-30）可以计算热-化学参数、二次燃烧系数 N 和 K 因子，由表 3-4 所列的多晶聚合物实验烧蚀数据可以得到冲量耦合系数 C_m。

通过对表 3-4 的数据分析，多晶聚合物烧蚀耦合系数主要是由爆震燃烧产生的产物成分决定的，在聚合物比烧蚀能量 Q^* 最小时，可以得到最大冲量耦合系数 C_m，与以下关系式得到的结果一致

$$K \approx [1 + 2.5(Q_{det}/Q^* + NQ_{db}/Q^*)]^{1/2} \tag{3-30}$$

表 3 - 4　多晶聚合物热-化学参数计算结果

聚合物	Q_{det}/(kg/kJ)	Q_{db}/(kg/kJ)	N	Q^*/(kg/kJ)	$\dfrac{Q_{det}}{Q^*}$	$N \times \dfrac{Q_{db}}{Q^*}$	K	K_{av}	C_m/(10^{-5} N/W)	C_{mav}/(10^{-5} N/W)
聚甲醛	2 692	14 614	1.0	1 200	2.24	12.18	6.09	5.96	20.0	20.25
->>>-	->>>-	->>>-	->>>-	1 314	2.05	11.12	5.82		20.5	
聚乙醛	698.9	24 391	2.04	3 925	0.18	6.10	4.09	3.93	15.0	15.5
->>>-	->>>-	->>>-	->>>-	4 733	0.15	5.15	3.77		16.0	
氨基甲酰肼	397.6	10 685	3.86	2 750	0.14	3.89	3.33	3.08	15.5	15.25
->>>-	->>>-	->>>-	->>>-	3 971	0.10	2.69	2.82		15.0	
羟苯甲酸	32.7	20 937	0.71	974	0.03	15.26	6.26	5.42	10.0	12.0
->>>-	->>>-	->>>-	->>>-	1 867	0.02	7.96	4.58		14.0	
对苯二酚	277.6	24 475	0.74	1 425	0.19	12.71	5.77	5.42	7.2	8.9
->>>-	->>>-	->>>-	->>>-	1 860	0.15	9.71	5.07		10.6	

图 3-9 中的实验结果阐明了当 $1.75 \leqslant K \leqslant 3.12$ 时，耦合系数 C_m 与 K 因子的关系。显而易见，上面提到的关系式是在大气环境下得到的，它与聚合物成分中的氧含量无关。多晶聚合物推进剂的耦合系数 C_m 与 K 因子的关系如图中所示，当 $3.08 \leqslant K \leqslant 5.96$ 时，利用线 2 就可得到聚甲醛（$N=1$）、聚乙醛和氨基甲酰肼（$N>1$）的 C_m 值。但是，对苯二酚和羟苯甲酸（$N>1$）的耦合系数 C_m 显示比较大的偏离，它与 K 因子没有任何函数关系。

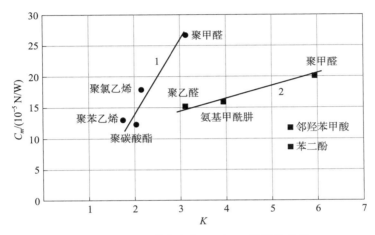

图 3-9　CHO 基聚合物 C_m 与 K 因子的关系

1—聚合体；2—多晶体

由上面实验结果可以得出聚合物爆震产物的高温二次燃烧过程是其中的碳原子和氢原子发生氧化反应，生成二氧化碳和水。此外，二次燃烧发生在爆震反应之后，其反应受限于大气环境中的氧浓度。

这样，以 CHO 基聚合物为推进剂的激光烧蚀推进实验表明，对于平面靶材最大耦合系数为 $C_m = 2.7 \times 10^{-4}$ N/W，仅有聚甲醛能达到这个值，聚甲醛是一种线性芳香链含氧聚合物，且爆震成分中氧含量较高。由于 C—O—C 伸缩振动吸收效应，聚合物存在显著的 CO_2 辐射吸收光谱区。

聚碳酸酯是另一种拥有线性芳香链含氧聚合物，由于 C—H 键的变形振动，其红外吸收相对较弱，耦合系数略低，为 $C_m = 1.25 \times 10^{-4}$ N/W。但是，对于像聚苯乙烯和聚氯乙烯这样的线性芳香链聚合物耦合系数 C_m 不高，这是因为其爆震燃烧产物中缺乏氧成分，只有激光击穿聚合物蒸气以及蒸气与大气中的空气二次燃烧其结果对耦合系数起作用。另外，需要指出的是 C—H 和 C—Cl 键的变形振动对 CO_2 的激光辐射不起作用。

由表 3-5 可以看出，聚甲醛的爆震燃烧生成的能量 Q_{det} 在内能中占比最大，它比聚乙醛和氨基甲酰肼爆震燃气产物的能量高一个数量级，要比邻羟苯甲酸和对苯二酚爆震燃气产物的能量越高几个数量级。

由实验结果可以看出，聚合物烧蚀产物的二次燃烧对冲量耦合系数没有明显影响。对于多晶聚合物，在脉冲激光作用下，蒸气粒子从等离子体区向外扩散时，可能引起蒸气粒

表 3 - 5　多晶聚合物的二次燃烧系数 N、K 因子与耦合系数 C_m 实验数据对比

聚合物	Q_{db}/(kg/kJ)	Q_{db}/(kg/kJ)	N	Q^*/(kg/kJ)	$\dfrac{Q_{det}}{Q^*}$	K	K_{av}	C_m/(10^{-5} N/W)
聚甲醛	2692	14 614	1.0	1 200	2.24	6.09	5.96	20.0
—>>—	—>>—	—>>—	—>>—	1 314	2.05	5.82		20.5
聚乙醛	698.9	24 391	2.04	3 925	0.18	4.09	3.93	15.0
—>>—	—>>—	—>>—	—>>—	4 733	0.15	3.77		16.0
氨基甲酰肼	397.6	10 685	3.86	2 750	0.14	3.33	3.08	15.5
—>>—	—>>—	—>>—	—>>—	3 971	0.10	2.82		15.0
羟苯甲酸	32.7	20 937	0.71	974	0.03	6.26	5.42	10.0
—>>—	—>>—	—>>—	—>>—	1 867	0.02	4.58		14.0

子的逃逸。其结果是相当一部分多晶粒子和自由碳（爆震燃烧产物）在激光辐射下无法完全燃烧。

实验结果显示，K 因子可以作为激光烧蚀推进 CHO 基推进剂选择的一个通用原则。例如，对于高比能量 $Q^* = (5\ 000 \sim 50\ 000)\ kJ/kg$ 的聚合物，可以得到中等 K 因子值；K 因子可以完全代表耦合系数 C_m 的大小。对于多晶聚合物材料，比能量非常低，$Q^* = (1\ 200 \sim 4\ 000)\ kJ/kg$，其结果是 K 因子显著增加，为聚甲醛的两倍。对于多晶推进剂耦合系数 C_m 达到 2.5 倍，但低于预测的增加值。不过对于多晶体和聚合体两种聚合物来说，耦合系数 C_m 与 K 因子成比例关系（当 $N \geqslant 1$ 时），如图 3-9 所示。

尽管已经对 CHO 基聚合物激光烧蚀推进物理模型进行了简化，但通过测定比烧蚀能量 Q^* 来优化 CHO 基聚合物化学成分依然是明智的选择。每一种聚合物 Q^* 的鉴定都需要通过专门的基材烧蚀实验。

3.4.2　基于聚合物推进剂激光烧蚀推进的简化原则

对于直接烧蚀固体靶材的激光推进 ［见图 3-1 (a)］，克劳德·菲普斯博士提出了一个与激光辐射特性相关的动力耦合系数近似理论。与该理论对应的是直接烧蚀推进的激光的基本特性保持不变，即 $I\lambda\sqrt{\tau}$。其中 I 为激光辐射场强，λ 为激光脉冲宽度，τ 为激光辐射波长（见 3.3 节）。该理论基本描述如下：

1）所有激光烧蚀固体推进剂都能非常好地吸收激光辐射，且推进剂厚度超过 $1/\mu\lambda$，其中 $\mu\lambda$ 为辐射吸收系数。

2）作用在推进剂表面的激光辐射场强与真空环境下获得的最大反冲冲量相一致。

根据大量固体推进剂激光烧蚀实验数据，最大辐射特性为

$$I_{max}\sqrt{\tau} = 常数 = B_{max} \tag{3-31}$$

其中，$I_{max} = 8.0 \times 10^4\ W\sqrt{s}/cm^2$，它代表实验观测到的在最大耦合系数条件下辐射场强作为激光脉冲脉宽函数的变化规律。

假设在脉冲激光作用下等离子体以逆韧致辐射效应吸收激光功率[11]，吸收系数由下式确定

$$\mu_\lambda = \left(\frac{4}{3}\right)\left(\frac{2\pi}{3kT_e}\right)^{1/2} n_e n_i Z^2\ e^6 g_g \left[1 - \exp\left(-\frac{h\nu}{kT_e}\right)\right]/hcm_e^3\ \nu^2 \tag{3-32}$$

式中　Z——等离子体电离率。对应于等离子体中性组分的蒸气密度由下式确定

$$\rho_a = (Am_p/Z)n_e \tag{3-33}$$

蒸气压力等于

$$p_a = (1 + \gamma M^2)\rho_a c_a^2 \tag{3-34}$$

式中　c_a——蒸气中绝热声速。

激光烧蚀理论的基本半经验参数如表 3-6 所示。

表 3 - 6　激光烧蚀理论半经验参数[5]

参数	公式	单位
烧蚀压力 p_a	$5.83 \times 10^{-5} A^{-1/8} \Psi^{9/16} I^{3/4} (\lambda \sqrt{\tau})^{-1/4}$	N/cm^2
冲量耦合系数 C_m	$5.83 \times 10^{-5} A^{-1/8} \Psi^{9/16} I^{3/4} (I\lambda \sqrt{\tau})^{-1/4}$	N/W
质量烧蚀率 $\dot{m} = \rho_a \times c_a$	$2.66 \times 10^{-6} A^{-1/4} \Psi^{9/8} (I/\lambda\tau)^{1/2}$	g/(cm^2 · s)

根据半经验理论，冲量耦合系数由下式确定

$$C_{m\mathrm{LPE}} = B \times (I_i \lambda_i \sqrt{\tau_i})^{-1/4} \tag{3-35}$$

如果参数 $(I_i \lambda_i \tau_i)$ 保持恒定，式（3-35）表示激光烧蚀过程推进的所有过程都具有相似性。但是，它不同于文献［21，28］进行的实验，只有当激光功率全被吸收时相似性才有效。

对于 CHO 基聚合物推进剂激光烧蚀推进，我们可以扩展该半经验模型。保持相同固体靶烧蚀条件，聚合物蒸发的质量流率可表示下面形式

$$\dot{m} = \rho_a \times c_a = B \times (I_i / \lambda_i \sqrt{\tau_i})^{1/2} \tag{3-36}$$

假设 CHO 基聚合物激光爆震工作时长和爆震产物二次燃烧时间远小于产生推力所需的时间，靠近靶材表面区域蒸气压力可采用以下表达式

$$p_a = (1 + \gamma M^2)\rho_a c_a^2 + \rho_a \times c_a \times Q \tag{3-37}$$

式中　Q——单位聚合物燃烧能量，根据上面的表达式可以，可以得到

$$p_a = A \times I_i^{3/4} (\lambda_i \sqrt{\tau_i})^{-1/4} + B \times (I_i / \lambda_i \sqrt{\tau_i})^{1/2} \times Q \tag{3-38}$$

式中　A、B——与聚合物成分有关的系数。冲量耦合系数可以表达为下面形式

$$C_m = A \times (I_i \lambda_i \sqrt{\tau_i})^{-1/4} + B \times (I_i \lambda_i \sqrt{\tau_i})^{-1/2} \times Q \tag{3-39}$$

最后，我们可以得到 K 因子表达式

$$C_{m\mathrm{LAP}} / C_{m\mathrm{LPE}} = 1 + B/A \times (I_i \lambda_i \sqrt{\tau_i})^{-1/4} \times Q$$

$$K = 1 + (B/A \times Q) \times (I_i \lambda_i \sqrt{\tau_i})^{-1/4} \tag{3-40}$$

由式（3-40）可以看出，K 因子与聚合物结构和激光辐射特性相关（对比数据见图 3-9）。因此，K 因子可以用于预测 CHO 基聚合物激光推进性能。但是，为了确保计算准确，需要实验数据与假设的理论模型完全符合。

3.5　基于 CHO 基聚合物激光烧蚀推进半经验模型

如 3.2.4 节所述，在激光烧蚀固体推进剂过程中，随着激光辐射功率通量 q 的不同，会产生不同形式的激光维持波，每种激波都有各自的气体动力学效应。所谓的气动力学效应就是激光烧蚀推进施加在靶材上的反冲冲量，如烧蚀气体比冲、质量烧蚀率等参数都由激光功率通量决定。换句话说，在详细描述推力产生过程中伴随的气体动力学效应的基础上，需要考虑选择不同的激光烧蚀推进模型。

3.5.1 激光烧蚀推进气体动力学

结合激光烧蚀推进,针对激光辐射烧蚀蒸气过程中存在几个气体动力学过程,近期开展了大量研究[30-32]。例如激光烧蚀蒸气从聚氧化亚甲基（POM）表面喷入换环境气体的瞬时纹影图片,如图 3 - 10 所示,CO_2 脉冲激光辐射通量为 75 J/cm^2,拍摄时间延迟为 6.7 μs[30]。实验中环境空气压力从 50 Pa［图 3 - 10（a）］变化到 3 500 Pa［图 3 - 10（b）和图 3 - 10（c）］。图 3 - 10（a）和（b）中黑色椭圆形图案可以理解为高密度不透明等离子体,空气中可见圆形激波。关于 POM 试件实验的更多细节如图 3 - 10（c）所示,其中掺入了 20% 的铝粉。

文献［31］也观测到了类似气体动力学现象（见图 3 - 11 的照片）,在图 3 - 11 中可以看到激波,以及在激光脉冲开始不同时刻稠密等离子体的空间区域。

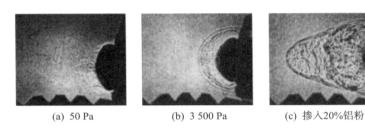

(a) 50 Pa   (b) 3 500 Pa   (c) 掺入20%铝粉

图 3 - 10 POM 激光烧蚀纹影图片

通过提取固体聚合物蒸发阈值和蒸气中等离子体点火阈值数据（见表 3 - 7）,对文献［31］的实验结果进行了详细处理。

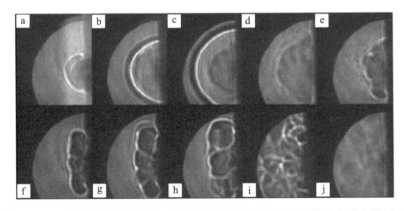

图 3 - 11 自激光脉冲停止后,不同时刻 POM 激光烧蚀气体动力学纹影图片

表 3 - 7 固体聚合物蒸发阈值和蒸气等离子体点火阈值实验结果

聚合物	辐射波长/μs	能量阈值/(J/cm^2)		辐射场强阈值/(MW/cm^2)	
		先期蒸发阈值	等离子体阈值	先期蒸发阈值	等离子体阈值
(C_2F_4)	1.064	0.55	7.48	61.1	871

续表

聚合物	辐射波长/ μs	能量阈值/(J/cm²)		辐射场强阈值/(MW/cm²)	
		先期蒸发阈值	等离子体阈值	先期蒸发阈值	等离子体阈值
$(CH_2O)_n$	1.064	2.32	9.15	257.0	1 020
	0.532	0.84	5.89	93.6	655

　　不同激光功率辐射通量下激光烧蚀喷气的时间积分图片见图 3-12[32]，数据表明，当环境空气压力为 101 kPa 时，等离子体点火能量阈值为 10 J/cm²。所有图像都是单脉冲照射 POM 靶材清洁表面期间得到的，在照射前用水对靶材进行清洗。不过令人费解的是，受到上面提到[13]的环境影响，无论怎么减小预期阈值，环境压力 101 kPa 下等离子体点火阈值都是 10 J/cm²。

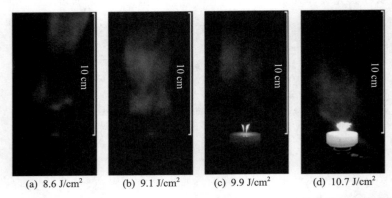

图 3-12　蒸气喷射照片，101 kPa 下新 POM 靶材产生的等离子体发光阈值

　　由图 3-12 中可以看出，POM 蒸气射流在空气中的传播主要有两个明显特征：(a) 快速转变成细射流区；(b) 在距 POM 表面某一位置有一个过膨胀射流。如果激光辐射通量低于等离子体点火阈值，由于膨胀效应蒸气被转变成中性冷蒸气射流［见图 3-12 (c)］。最后，当激光辐射功率通量超过等离子体点火能量阈值时，高速细射流转变成弱电离等离子体的过膨胀射流［见图 3-12 (d)］。

　　就像之前讨论的那样（3.3 节），等离子体点火阈值强度表明沉积在蒸气中的激光能量在电子与中性原子碰撞过程中起主导作用，通过碰撞电离将射流功率转变为环境气体温度。在低压环境下，由激光脉冲诱发的电场超过靶材分子的等离子体点火阈值时，在等离子体中的电子从等离子体区扩散之前，气体分子将被充分电离（见文献［33］）。

　　由上面图片中观测到一个有意思的现象，在高速蒸气射流转变成过膨胀喷气射流中形成了微小粒子运动轨迹。有一部分射流从第一个马赫环处开始形成过膨胀射流（图 3-13），也就是常说的超声速射流。这也证明了文献［34］（见图 3-13）提出的蒸气喷射气体动力学模型。

　　从图 3-13 中可以看到，由于蒸气射流与环境气体的相互作用形成了涡流 a，b 为射流边界轨迹，c 是射流前形成的气压升高区，d 是射流前面形成的激波移动面。

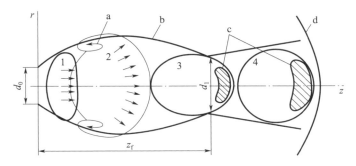

图 3 - 13　空气环境中激光诱发蒸气等离子体流动定性模型

图 3 - 13 显示了蒸气等离子体射流膨胀喷入气体环境的气体动力学过程，它包括复杂的喷气流场和前端激波结构形态。图中 1—4 为四个连续的射流膨胀区域，d_0 为激光束斑点直径，d_f 为蒸气射流聚焦后形成的最小蒸气射流直径，z_f 为距射流焦点的距离。单脉冲（9.17J）CO_2 激光 PMMA 烧蚀表面流场图像如图 3 - 14 所示。

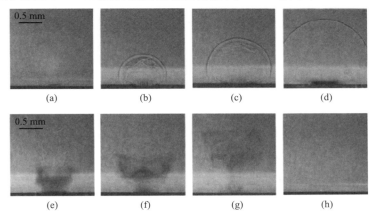

图 3 - 14　单脉冲（9.17J）CO_2 激光 PMMA 烧蚀表面流场图像

当经过短脉冲辐射，射流发展过程固定后，每次观测到的烧蚀蒸气射流图像都一样，文献［36］的实验结果也验证了射流流场结构演化过程。实验发现，真空环境下当激光功率接近等离子体阈值附近时，由其诱发的等离子体演化过程与射流喷入空气环境的演化过程存在显著不同。不过两种情况下激光功率通量阈值几乎一样。采用脉冲功率为 4.7 J 的激光照射新 POM 靶材，准备方式与上面相同，等离子体射流行为如图 3 - 15 所示。

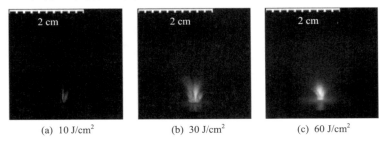

图 3 - 15　100 Pa 压力环境，不同激光功率通量下 POM 靶材烧蚀等离子体图像

　　由此，我们得到了激光辐射作用下 POM 靶材烧蚀射流的结构形状，其特征之一是随着辐射功率通量的增加，进一步增加了等离子体的产生。这也是为什么激光烧蚀推进模型的基础是临界激光功率通量的原因。

3.5.2　用临界激光功率通量描述激光烧蚀推进的蒸发与等离子体模型

　　有多种理论试图解释不同激光功率-等离子体条件下得到的激光烧蚀推进实验数据，以激光功率通量作为关键参数的理论模型可以确定特定条件下固体靶材烧蚀产生的推力[21]。

　　例如，文献［32］提出了单位面积烧蚀质量 μ 和单位面积冲量 σ 的表达式，如下所示

$$\mu = \rho z_t, \sigma = \mu \langle v_e \rangle \approx \sqrt{2\rho z_t (1 - \phi_R)(1 - \alpha_p)(\Phi - \Phi_t)} \cdots \quad (3-41)$$

式中　ρ ——固体密度；

　　　　z_t ——深度阈值（包括光热和光化学变量的简捷模型）；

　　　　ϕ_R ——靶材表面反射率；

　　　　α_p ——等离子体吸收率；

　　　　$\langle v_e \rangle$ —— 喷气速度分布一阶矩阵；

　　　　Φ_t ——烧蚀阈值的激光功率通量。为验证上面表达式，选用具有发展潜力的聚甲醛（POM）作为高功率激光推进的推进剂。

　　将这些公式和实验数据用于激光烧蚀推进，可以通过优化激光功率通量获得以聚甲醛（POM）聚合物为推进剂的最大推力。需要由两个接近固体靶材蒸发阈值的模型确定深度阈值 z_t：1）基于布格-郎伯-比尔（Bouguer - Lambert - Beer）吸收定理的光热模型；2）基于鲍尔勒（Bäuerle）推导的一维热扩散理论光热模型[32]。

　　接下来详细讨论这两个蒸发模型[32]。

　　（1）光热模型导致的结果

　　光热模型导致的结果是

$$z_t = \frac{1}{\alpha} \ln\left[\frac{(1 - \phi_R)\Phi}{\Phi_t}\right] \quad (3-42)$$

式中　α ——靶材辐射吸收系数。

　　如果聚合物包含（CH_2O）$_n$ 链，激光功率主要是通过破坏其单原子分子的 C—O 键吸收的。同时，CO_2 激光器的光子能量仅有 0.12 eV，分子 C—O 键能量为 3.7 eV[33]。因此，如果仅考虑 POM 烧蚀的光化学模型，那么将需要 32 个 CO_2 光子来摧毁聚合物的 C—O 键。

　　（2）光热烧蚀模型导致的结果

　　光热烧蚀模型导致的结果是

$$z_t = \sqrt{4 D_T \tau \ln\left[\frac{(1 - \phi_R)\Phi}{\Phi_t}\right]} \quad (3-43)$$

式中　D_T ——热扩散系数；

　　　　τ ——激光脉宽；

　　T_v ——与聚合物熔点对应的蒸发温度；

　　C_p ——热容系数［见（3-44）］。

　　一个基本物理事实是，在光热条件下激光功率的吸收系数依赖于激光束的相对偏振，其在 1 000～9 000 cm^{-1} 范围内变化[33]。作为激光性能参数，激光脉宽通常是已知的，热扩散系数 D_T 也可在文献中查到[29]。在激光烧蚀过程中，上式中只有功率通量阈值 Φ_t 未知，可利用光热模型，通过下面近似方程确定功率通量阈值 Φ_t

$$\Phi_t \approx 2 C_p \rho T_v \sqrt{\pi D_T \tau} \qquad (3-44)$$

在文献报道中，阈值的功率变化范围在 0.2 J/cm^2 [19] 到 1.3 J/cm^2 [5]。

　　众所众知，高温作用下 POM 聚合物会被破坏[28]，可以观测到聚合物分子链被打断，导致聚合物破坏，其结果是生成水、甲醛单体（CH$_2$O）结构，并解封成一些较大聚合物碎片。聚合物在中等激光功率通量作用下可被摧毁成与简单分子（如 CO、H$_2$）一样的单体分子或原子（C、H 和 O）。如果进一步提高激光功率通量，就可像逆韧致辐射过程一样吸收激光功率，产生大量 C$^+$、H$^+$ 和 O$^+$ 等离子。这样我们遇到的另一个问题是如何确定蒸气射流成分中 C、H 和 O 原子的激光功率通量阈值。

　　（3）等离子体阈值影响

　　图 3-12 和图 3-15 显示的蒸气等离子体射流图像表明在一个大气压（101 kPa）空气中产生等离子体的临界阈值为 10 J/cm^2。当低功率激光辐射 POM 靶材表面时，产生中性粒子蒸气射流，并在距靶材一定距离处转变成不稳定气流。假设在该区域超声速直接形成气流马赫环，并喷入环境气体中。由于靶材蒸发的固体粒子对光的散射效应，可以清晰看到射流的流场结构。

　　在早期发表的论文中[5]，菲普斯博士描述了激光烧蚀推进中对应于单电离等离子体的 C_m 和 I_{sp} 的关系式

$$C_m \approx \frac{(1.84 \times 10^2)}{A^{1/8} \ (I\lambda \tau^{1/2})^{1/4}} \cdot \left(\frac{A}{2 \ [Z^2 (Z+1)]^{1/3}} \right)^{9/16}$$

$$I_{sp} \approx 442 A^{1/8} \cdot (I\lambda \tau^{1/2})^{1/4} \cdot \left(\frac{2 \ [Z^2 (Z+1)]^{1/3}}{A} \right)^{9/16} \qquad (3-45)$$

式中　A ——平均原子量；

　　Z ——等离子体平均电离电势（$Z > 1$）（作为比较，见 3.2.3 节）。

　　需要指出的是，采用该方程得到的结果与靶材的化学成分关系密切。

　　现在，我们看到推力产生过程中伴随大量物理过程，以聚甲醛和其他 CHO 基聚合物为推进剂的激光烧蚀推进看起来非常复杂，但这些推进剂对于在大气层和空间应用的激光推进来说是非常有前景的。因此，非常希望通过推进剂的选择来提高激光烧蚀推进的推力效率。

3.6　基于 CHO 基聚合物激光烧蚀推进效率

　　采用传统推进剂产生推力的激光烧蚀推进的推力效率 η，喷气发动机效率的定义为喷气功率 P_{jet} 与燃烧室中释放的总功率 P_Q 之比，即

$$\eta = \frac{P_{pc}}{P_{pc}} = \frac{g^2}{2} \cdot \frac{I_{sp}^2}{Q} = \frac{g}{2} \cdot \frac{I_{sp}}{C_T} \tag{3-46}$$

式中　Q——火箭燃料燃烧比热；

　　　$C_T = P_Q/T$——推力系数。

利用该式类推，可以定义空间环境激光推进的效率 η_{LPE}，它为喷气动能与发动机喷管内释放的激光功率之比[3,35]

$$\eta_{LPE} = \frac{\dot{m}v^2}{2P} = \frac{T \cdot I_{sp} \cdot g}{2P} \tag{3-47}$$

考虑到在估算激光功率转换为推力效率时，参数冲量耦合系数 C_m 应用更加频繁，上式可以改写成以下形式

$$\eta_{LPE} = \frac{\dot{m}v^2}{2P} = \frac{T \cdot I_{sp} \cdot g}{2P} \tag{3-48}$$

同时与式（3-46）相一致，LPE 效率可通过以下步骤确定：

1）激光功率转换为推进剂内能的效率 α，该参数与激光辐射特性和推进剂的化学成分关系密切。

2）推进剂内能转换为喷气动能的效率 β，它与喷管几何形状和环境条件（气压、温度等）相关。

在这种情况下，可以引用 LPE 效率的通用定义[35]

$$\eta_{LPE} = \frac{1}{2} C_m \langle v \rangle = \alpha\beta\Phi \tag{3-49}$$

式中　$\langle v \rangle$——出口射流平均流速；

　　　Φ——平均速度的平方与射流速度的均方之比

$$\Phi = \langle v \rangle^2 / \langle v^2 \rangle \tag{3-50}$$

通常参数 $\alpha = 0.4$（见第2章），$\Phi \approx 1$ 非常接近实际值。对于参数 β，它的变化范围为 $0.5 \sim 1$。不考虑有效误差，可以采用

$$\eta_{LPE} = \alpha\beta \tag{3-51}$$

这样我们可推导出：$0.2 \ll \eta_{LPE} \leqslant 0.4$，作为对比，不同类型火箭发动机的效率如表 3-8 所示。

表 3-8　火箭发动机与激光推进发动机推力性能

发动机	推力系数 $C_T/(\text{W/N})$	比冲 I_{sp}/s	效率 η
惯性上面级—固体火箭发动机	1.45×10^3	200	0.69
半人马座上面级	2.04×10^3	300	0.74
氢氧火箭发动机	4.03×10^3	500	0.62
肼单组元火箭发动机	3.85×10^3	200	0.26
LPE 当 $C_m = 5.0 \times 10^{-4}$ N/W	2.0×10^3	160	0.4
LPE 当 $C_m = 1.0 \times 10^{-4}$ N/W	1.0×10^4	800	0.4

　　由表 3-8 可以看出，基于非化学推进剂的激光推进效率低于火箭发动机的效率，火箭发动机采用化学活性强的推进剂。从这层意义上说，基于 CHO 基聚合物推进剂的激光烧蚀推进与化学火箭推进相当。与式（3-46）一样，LAP 总效率定义为出口喷气动能与释放在 LPE 喷管内的能量源总功之比，即

$$\eta_{\text{LPE}} = \frac{\beta(\alpha P + \dot{m} Q_{\text{det}})}{P + \dot{m} Q_{\text{det}}} \tag{3-52}$$

式中　Q_{det}——聚合物燃烧比热，它是在激光辐射下经过两个化学反应释放的；

　　　　$\dot{m}$ 为 CHO 即聚合物质量烧蚀率（见 3.4 节）。

$$\eta_{\text{LPE}} = \frac{\beta(\alpha P + \dot{m} Q_{\text{det}})}{P + \dot{m} Q_{\text{det}}}$$

$$\eta_{\text{LPE}} = \frac{\beta(\alpha + \dot{m} Q_{\text{det}}/E)}{1 + \dot{m} Q_{\text{det}}/E} \tag{3-53}$$

式中　E——激光脉冲能量。

　　不同实验获得的聚甲醛树脂和聚甲基丙烯酸甲酯（PMMA）LAP 效率如表 3-9 所示。

表 3-9　研究用 CHO 基材料的效率（$\lambda = 10.6\ \mu\text{m}$, $\alpha = 0.4$; $\beta = 0.9$）

推进剂	$\Delta m \times 10^{-6}/\text{kg}$	E/J	$\dot{m} Q_{\text{det}}/\text{J}$	$\dot{m} Q_{\text{det}}/E$	η_{LPE} 空间条件
聚甲醛树脂[14]	15.0	250.0	40.50	0.16	0.44
聚甲醛树脂[14]	12.33	61.0	33.19	0.54	0.55
聚甲醛树脂[27]	8.0	57.1	21.60	0.38	0.51
PMMA[17]	37.80	90.0	18.51	0.21	0.45
PMMA[17]	40.30	130.0	19.73	0.15	0.43

　　由表 3-9 中可以看出，与聚甲醛聚合物推进剂 $Q_{\text{det}} = 2\,690\ \text{kJ/kg}$ 相比，采用 CHO 基聚合物的激光推进具有较高的爆震燃烧内能 Q_{det}，这样可以得到更高的推进效率。为获得更高的推进效率，需要研发新的聚合物材料[15,28]。

　　因此，对于激光烧蚀推进，有几个获得高推力效率的方式，耦合系数 C_m 达到 ≈ 10^{-3} N/W 量级。基于多层靶材的受限容腔激光烧蚀推进具有几个优势，如中等辐射功率和真空环境下可以达到最大耦合系数 C_m，持续模式要比脉冲模式的反冲动量高 2 到 3 倍，这是综合烧蚀激光推进的一个优点。但是这种类型的激光推进在技术上还有不足，如出口喷气的比冲仅有几百秒。

　　以 CHO 基聚合物为推进剂的激光烧蚀推进是最有希望获得高推力效率的推进技术。由于通过激光辐射可在蒸气射流中释放额外的化学能，它可提供较高的冲量耦合系数。它通过高温等离子体点火在聚合物蒸气中进行的放热反应释放能量[37]。此外，以 CHO 基聚合物为推进剂的激光烧蚀推进系统总效率高于 50%。

　　作为最有前景的高功率激光推进系统，研发最大推力 LAP，推进效率要达到 70%。选用和/或构建最好的推进剂成分和发动机结构是未来激光推进研究的主要任务，我们希望通过总结目前为止激光烧蚀推进领域的研究经验，在不久的将来解决这些难题。

参 考 文 献

[1] Kantrowitz, A. Propulsion to orbit by ground – based lasers. Astron. Aeron. 10, 74 – 76, 1972.

[2] Askaryan, G. A., Moroz, E. M. Pressure impuls generated at material evaporation under the action of laser beam, light induced pressure [J]. Exper. Theor. Phys. 43, 27 – 25, 1962.

[3] Ablation, L. Principles and applications [M]. In: Miller, J. C. (ed.). Springer, 1994.

[4] Bunkin, F. V., Prokhorov, A. M. Laser power source application to produce a thrust [J]. Adv. Phys. Sci. (Rus.) 119, 425 – 446, 1976.

[5] Phipps, C. R., et al. Impulse coupling to targets in vacuum by KrF, HF, and CO2 single – pulse lasers [J].. Appl. Phys. 64, 1083 – 1096, 1988. https://doi.org/10.1063/1.341867

[6] Phipps, C. R., Dreyfus, R. W. Ch. 4: Laser ablation and plasma formation. In: Vertes, A. (ed.) Laser ionization mass analysis. Wiley, 1993.

[7] Phipps, C. R. (ed.) Laser ablation and its applications [M]. Series: Springer Series in Optical Sciences, p. 129, 2007.

[8] Danilychev, V. D., et al. Investigations on plasma dynamics, generated close by a solid targetunder CO2 – laser pulse of microsecond length [J]. Quant. Electron. (Rus.). 7, 2599 – 2604, 1980.

[9] Protasov, Y. Y., Stepanov, O. G. Study oh radiative gas – dynamic processes and generation oflaser detonation waves. Bull. MSTU. Ser.: Nat. Sci. 4, 69 – 77, 2004.

[10] Raizer, Y. P. Laser – ignited spark and development of charges. Nauka, Moscow, 1974.

[11] Krokhin, O. N. Modern physical principles of laser ablation. Proc. SPIE. 4065, 6 – 16, 2000. https://doi.org/10.1117/12.407344

[12] Zvorykin, V. D. Comparative analysis of gas – dynamic regimes of high – power UV and IR gaslasers interaction with solids in atmosphere. Proc. SPIE. 4065, 128 – 139, 2000. https://doi.org/10.1117/12.407369

[13] Sinko, J. E., Sasoh, A. Review of CO_2 laser ablation propulsion with Polyoxymethylene. Int. J. Aerosp. Innov. 3, 93 – 129, 2011. https://doi.org/10.1260/1757 – 2258.3.2.93

[14] Sinko, J. E., Phipps, C. R. Modeling CO_2 laser ablation impulse of polymers in vapor andplasma regimes. Appl. Phys. Lett. 95, 131 – 105, 2009. https://doi.org/10.1063/1.3234382

[15] Lippert, N., et al. Fundamentals and applications of polymers designed for laser ablation. Appl. Phys. A Mater. Sci. Process. 77, 259 – 264, 2003. https://doi.org/10.1007/s00339 – 003 – 2111 – y

[16] Urech, L. Design and characterization of energetic polymers applied in laser space propulsion. For the degree of Doctor of Sciences: DISS. ETH NO. 17068, ETH Zürich, 2007.

[17] Salvador, I. I. Static and hypersonic experimental analysis of impulse generation inair – breathing laser – thermal propulsion. A Thesis Submitted Rensselaer Polytechnic Institute. Troy, New York, 2010.

[18] Pakhomov, A. V., Thompson, M. S., Gregory, D. A. Ablative laser propulsion: a study ofspecific impulse, thrust and efficiency. AIP Conf. Proc. 664, 194 – 205, 2002. https://doi.org/

10. 2514/2. 1567

［19］ Phipps，C. R. ，et al. Coupling coefficient at low laser flounce with a structured target. High - Power Laser Ablation Ⅲ. Proc. SPIE. 4065，931 - 938，2000. https：//doi. org/10. 1117/12. 407330

［20］ Yabe，T. ，Nakagawa，R. ，Yamaguchi，M. Simulation and experiments on laser propulsion by water cannon target. 1 - st Int. Symp. Beam. Energy Prop. AIP Conf. Proc. 664，185 - 193，2002. https：//doi. org/10. 1063/1. 1582107

［21］ Phipps，C. R. ，et al. Overview：laser - ablation propulsion. J. Prop. Pow. 26，609 - 649，2010. https：//doi. org/10. 2514/1. 43733

［22］ Remo，J. L. ，Hammerling，P. Experimental and computational results for 1054 nm laser induced shock effects in confined meteorite and metallic targets. Proc. SPIE. 4065，635 - 643，2000. https：//doi. org/10. 1117/12. 407384

［23］ Phipps，C. R. ，et al. Very high coupling coefficient at low laser fluence with a structured target. Proc. SPIE. 4065，931 - 938，2000. https：//doi. org/10. 1117/12. 407330

［24］ Fabbro，R. ，et al. Physical study of laser - produced plasma in confined geometry. J. Appl. Phys. 68，775 - 784，1990. https：//doi. org/10. 1063/1. 346783

［25］ Yabe，T. ，et al. Laser - driven vehicles—from inner - space to outer - space. Proc. SPIE. 4760，867 - 878，2002. https：//doi. org/10. 1007/s00339 - 003 - 2125 - 5

［26］ Liukonen，R. A. Efficiency of energy transfer into a recoil impulse for laser propulsion engine. Lett. J. Tech. Phys. （Rus. ）. 18，76 - 79，1992.

［27］ Schall，W. O. ，et al. Lightcraft experiments in Germany. Proc. SPIE. 4065，472 - 481，2000.

［28］ Ageichik，A. A. ，et al. Laser detonation of CHO - polymers as applied to laserpropulsion. J. Tech. Phys. 79，76 - 83，2009. https：//doi. org/10. 1117/12. 407369

［29］ Kikoin，I. K. （ed. ）Tables of physical parameters. Atomizdat，Moscow，1976.

［30］ Schall，W. O. ，Eckel，H. - A. ，Bohn，W. L. Laser propulsion thrusters for space transportation ［M］. Phipps，C. R. （ed. ）Laser ablation and its applications. Springer，2007.

［31］ Loktionov，E. Y. ，Protasov，Y. Y. Investigation of the dynamics and microstructure of laserinduced optical discharges with ablating target. High Temp. 48，766 - 778，2010.

［32］ Sinko，J. E. ，et al. Critical fluence and modeling of CO_2 laser ablation of polyoxymethylene from vaporization to the plasma regime. AIP Conf. Proceed. 1230，395 - 404，2010. https：//doi. org/10. 1063/1. 3435456

［33］ Bäuerle，D. Laser processing and chemistry ［M］. Springer - Verlag，Berlin，2000. Ch. 2. 2. 2：The dimensionality of heat flow，p. 20；and Ch. 11. 6：Plasma formation，pp. 206 - 212.

［34］ Bulgakova，N. M. Investigation of the dynamics and processes of laser ablation under the actionof milli -，nano -，and femtoseconds pulses. Doct. Thes. Novosibirsk，2002.

［35］ Larson，C. W. ，et al. Laser propulsion and the constant momentum mission. AIP Conf. Proc. 702，216 - 227，2004. https：//doi. org/10. 1063/1. 1721002

［36］ Srinivasan，R. Ablation of polymethyl methacrylate films by pulsed （ns）ultraviolet and infrared （9. 17 μm ）lasers：a comparative study by ultrafast imaging. J. Appl. Phys. 73，2743，1993. https：//doi. org/10. 1063/1. 353048

［37］ Zeldovich，Y. B. ，Raizer，Y. P. Physics of shock waves and high - temperature gas - dynamicprocesses. Nauka，Moscow，1966.

第4章 宇航激光推进发动机

摘 要 以 RP 和 CW 模式产生推力的空间激光推进发动机研制已经过了技术验证[1]，它是 HPLP 的基本单元。空间激光推进装置与其他激光推进发动机在设计上存在明显不同，它包含两个基本单元，即激光聚光器和喷管。这种形式的推进装置只需要考虑激光束参数和气体动力学效应，单独进行发动机各自单元的优化。

RP 和 CW 模式 CO_2 激光器 ASLPE 发动机的实验研究已经完成，在激光功率 5～20 kW 时，发动机模型可以产生 1.5～2.0 N 的推力，相应的冲量耦合系数为 $C_m = (1.0～2.0) \times 10^{-4}$ N/W。

本章主要开展发动机单元结构热和机械载荷的优化设计，探讨提高发动机推力效率的建议。

关键词 脉冲喷气和吸气式推进；星载发动机；两镜面聚光器；喷管；激光束波前像差；连续波和脉冲工作模式；ASLPE 装置；热像差。

4.1 引言

根据激光推进发动机（LPE）运载器的工作要求和具体任务，高功率激光推进（HPLP）系统基本设计原则包括：

1) LPE 装置在大气层中飞行时以脉冲喷气和吸气式两种推进模式工作，达到近地轨道后以火箭模式工作。

2) 运载器需安装星载光学设备，用于收集激光辐射，并将其传输给 LPE。

3) 运载器系统具备光学和远程激光联合调节能力，这样运载器在运动时，运载器和激光的彼此方向没有关联。

激光推进面临的一个难题是，当运载器在大气层中由亚声速转变为超声速飞行时，激光推进发动机必须保证高效运行。

实际上，光船飞行器技术验证（LTD）项目满足了上面三项要求中的两项，不包括与运载器飞行方向有关的激光束空间定位系统[2]。LTD 所用的激光推进发动机既可在接近地面大气层中以亚声速模式飞行，也可在上面大气层中以超声速模式飞行，最后利用自身携带的氢或氨推进剂以火箭模式飞行。在我们看来，作为近地空间亚轨道和在轨飞行的单级入轨运载器，LTD 设计工作已经迈出了最重要一步。LTD 看起来是一个非常小型和完美的高功率激光发射系统工程产品。

但是，随着实验研究的深入，由于吸气式激光推进在超声速模式下遇到推力产生难题，使得 LTD 研发进度被拖延[2]。因此，当前重点关注 LTD 进气道和能量吸收室形状，为吸气式推进提供无减速损失的超声速来流和高效能量转换[3]，这两个问题将在第 5 章进行详细讨论。

这里我们提出了宇航激光推进发动机概念（ASLPE）[4]，重点研制星载激光推进发动机，这样可不考虑运载器飞行过程中运载器和激光的彼此方向。因此，ASLPE 的设计要满足高功率激光推进系统多用途发动机的所有工作条件。SALPE 是研制一款星载激光推进系统，将运载器的接收器光学组件与激光束收集系统进行集成设计。因此，ASLPE 将为空间运载器的轨道机动提供动力。

ASLPE 装置的核心是特殊设计的激光束聚焦系统，确保激光辐射直接进入充满喷气的喷管内。这种形式的激光聚光器名称取自稍晚一点儿的牵引光束概念[5]。在这部科幻小说中，牵引光束是一个假想的高能束，它可用于移动宇宙飞船等目标，或者使目标保持静止。但是，ASLPE 概念具有更广阔的应用领域，如星载超声速飞行和天基高轨运载器。

为了研究 ASLPE 的特点，需要开展以下实验研究：

1）ASLPE 概念验证，它基于分离式发动机光学组件和气动推力单元，激光辐射可通过喷管壁上的一个小缝进入发动机喷管。

2）冲量耦合系数 C_m 验证，C_m 大小与激光脉冲能量和缝隙尺寸有关。

3）CHO 基聚合物实验，它作为含能推进剂提供额外推力。

ASLPE 装置材料等级的选择依据是激波和热载荷下的力学性能，以及抗激光辐射性能等，本章将对相关问题进行详细讨论。

4.2　宇航激光推进发动机概念

像常规气动发动机设计一样，CW 激光辐射激光推进发动机也是通过加速喷管内的气流产生推力[6,7]。激光辐射通过光学窗口进入燃烧室，CW 激光辐射产生推力的主要特征之一是激光辐射与燃烧室内等离子体相互作用时存在不稳定性，这将引起推力不稳定。

PR 激光辐射脉冲喷气 LPE 的设计非常简单，将激光束聚光器与喷管融合形成 RP LPE 的喷管[8,9]。对于 RP LPE，激光辐射从喷管出口截面直接进入喷管内部。LPE 简单设计的结果是激光推进的效率受限，即：

1）只有一部分激光功率被喷出的气体和等离子体吸收。

2）喷管内表面的光学性能被喷管内各种化学反应生成的高温气体和等离子体破坏。

3）运载器的飞行方向受到运载器和激光彼此空间方向的影响。

因此，通过对宇航激光推进发动机（ASLPE）进行特殊设计可以消除这些缺陷。根据激光束聚光器和喷管的功能和结构相互独立原则，聚光器接收激光辐射，喷管产生推力，这样运载器和激光束彼此方向就互不关联。此外，激光束从一个位置进入 ASLPE，它与喷气方向相反[10]。这就是说，ASLPE 被认为是一个多用途激光推进发动机，根据激光辐射的发射特性，它可以在连续波和重复脉冲两种模式下工作[11]。

ASLPE 装置主要由以下单元组成（见图 4 - 1），即 1）光学接收器，通过聚光器几何孔径调整光束；2）气动单元（喷管），与聚光器同轴放置。聚光器设计成相互匹配的两个光学镜面：（a）R_1 镜面为断交的抛物面；（b）R_2 为环形反射器，并与 R_1 同轴。因此，两个反射器的焦点在同一区域。喷管包括两个零件，即（a）压力冲量接收器 PR，靠近第一个反射器的后端；（b）射流喷管 C。在压力冲量接收器 PR 和喷管 C 壁面之间有一个缝隙，激光功率传输进喷管。

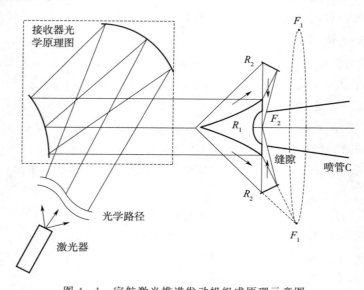

图 4-1　宇航激光推进发动机组成原理示意图

R_1—第一反射器（抛物面）；R_2—第二反射器（椭圆面）；R_1 和喷管壁面之间有缝隙；

F_2—喷管内激光束焦点

ASLPE 设计的关键原则是减小缝隙对压力损失的影响，因为工作气体通过缝隙会发生横向流动。为降低压力损失，通过将激光束中间焦点布置在缝隙内部来减小缝隙宽度。这样缝隙宽度由光束发散度与 R_1 和 R_2 反射器的共同焦点决定。实验获得的缝隙宽度为 $100~\mu m$。关于 ASLPE 更多的实验研究见文献 [12]，这些实验证明了 ASLPE 概念的准确性。

4.2.1　两镜面聚光器设计

ASLPE 聚光器由两个离轴反射器组成，采用二次曲线形成反射器的光学表面。下面论述聚光器的设计原理。

镜面匹配是指所有反射镜的共轭点保持一致，位于第一个反射镜的共轭点的所有目标图像被传输到第二个反射镜的共轭点，且两个反射器都没有像差[13]。所有反射器都选择二次曲面形状是由套装聚光器设计要求决定的，它们都存在一个假想的真实焦点。为了控制激光束在复合聚光器焦点处的相位结构和强度分布，需要知道共轭点的空间坐标。

图 4-2 是 ASLPE 聚光器子午线截面光路原理图，图中显示了环形光学组件镜面 2 和镜面 3。光学表面可采用以下二次曲面，如椭圆面、双曲面、球面、抛物面，甚至是直线围成的面。

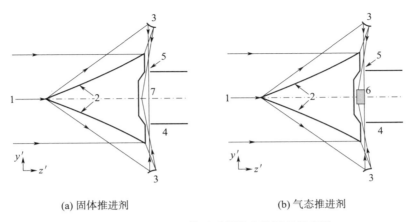

(a) 固体推进剂	(b) 气态推进剂

图 4 - 2　ASLPE 两镜面反射器光路原理示意图

1—激光束；2，3—光学表面 O_1 和 O_2；4—喷管；5—激光束缝隙；6—固体推进剂；7—气体推进剂。

激光束径向同轴特性使聚光器的焦点位于喷管轴线上，并在喷管轴线附近形成一个高辐射场强区，这样该区域的局部光束强度超过气态或固体推进剂的击穿阈值。聚焦束在第一聚光器和喷管之间的缝隙处存在一个中间环形焦点。但由于它是具有一定长度的环形焦点，这样就可避免在窄缝处引起气体击穿。

ASLPE 聚光器光路看起来像锥形光束变换器，它已是成熟产品，并被用于高功率激光器的谐振器[14,15]。例如，锥形光束变换器用于光束变换，将激光器腔体内部的光束传输到位于出口镜头远处的小孔径镜头或焦距处，用于激光钻孔或其他金属加工[16]。但 ASLPE 激光器还要满足其他条件，即：

1）形成最小激光束束腰，一边通过喷管缝隙。

2）确保击穿位于喷管轴线上的推进剂。

为满足上述条件，采用变形激光束的衍射散度来定义缝隙的最小宽度大小

$$d_{dif} = 2\lambda(R_1 - r)/D \qquad (4-1)$$

式中　λ ——激光辐射波长；

　　　r ——喷管半径；

　　　R_1 ——镜面 2 平均半径；

　　　D ——第二镜面上激光束尺寸。

例如文献［10］给出的 ASLPE 聚光器的设计结构参数：$R_1 = 80 \text{ mm}$，$r = 30 \text{ mm}$，$D = 7.5 \text{ mm}$，最小缝隙尺寸等于 13.3λ。

但在实际应用中，由于激光器谐振器镜面对准误差、激光激活介质的不均匀性、光学组件的机械与热负载等因素，高功率激光束通常存在相位和幅值失真。上述缺陷会导致激光束焦点的扩展和偏离。因此，这些效应限制了激光功率向喷管的传输，如果缝隙是衍射受限宽度，也会降低推力。另外，缝隙的存在对全系统聚光器镜面调节精度提出了更高要求。

可以看到，激光束焦点处的辐射场强与入射激光束轴线和激光器光学组件的轴线偏

差，入射激光束的散焦（球面失真），以及类似的光束变形都有关系。例如，如果激光束与聚光器的同轴度存在 2 mrad 的偏差，就会导致光束焦点区像散畸变，这使得光束焦点看起像两条线。这样焦点处的辐射场强将下降两倍。如果入射光束波前存在球面变形，因为形成彗形像差，辐射场强将减小两个数量级。

表 4-1　两镜面激光器可能结构形式

镜面形式		1	2	3	4	5	6	7	8	9	10	11	12	13	14	15	16
平面镜	M1	+	+	+							+						
	M2				+	+	+				+						
椭圆面镜	M1							+						+		+	
	M2	+						+							+		+
双曲面镜	M1					+			+				+		+		
	M2		+						+			+		+			
抛物面镜	M1						+			+							+
	M2			+						+			+			+	

因此，利用四种不同形式反射表面复合反射镜，对两镜面聚光器光路方案进行详细分析，如表 4-1 所示。由表可以看出，为了避免激光功率损耗在充满介质的 ASLPE 聚光器内，最优镜面是带有虚构中间焦点结构（见图 4-3）。序号 6 的聚光器结构如图 4-3（a）所示，序号 11 如图 4-3（b）所示，序号 16 如图 4-3（c）所示。

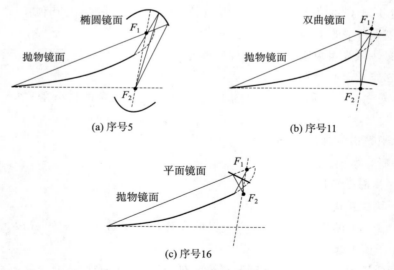

(a) 序号5　　　　　　　　　　(b) 序号11

(c) 序号16

图 4-3　ASLPE 聚光器光路示意图

需要注意的是，采用平面镜聚光器可以简化 ASLPE 的设计［如图 4-3（c）］。但是，文献［10］的数值计算表明，这种形式的聚光器存在几个实际困难，如外部镜面的直径很大，显著延长了镜面的母线，导致镜面尺寸增加。聚光器两个镜面的位置受到几何尺寸限制，如前文所述，第二个镜面与光束焦点的距离不允许减小第二个镜面的直径。由于双曲镜面能再次聚焦球面光束，能让光束波前曲率从大尺寸转变成小尺寸，反之亦然，这就是第二个镜面选用双曲面的原因。

这样，关于 ASLPE 系统的基本说明如下：

1）激光推进发动机可以实现一侧输入激光功率，相反方向喷出气流。

2）激光辐射可以通过聚光器第一镜面和喷管之间的缝隙进入发动机喷管。

3）激光首先击穿位于发动机喷管轴线上的推进剂。

4）通过选择聚光器光路，可以避免在缝隙处发生激光击穿推进剂的情况。

4.2.2　两镜面聚光器光路模型

为简化入射激光束收集过程，激光器第一个镜面 O1 选用回旋抛物面形状。其基本几何参数如图 4-4 所示。

描述抛物面的经典方程可写成如下直角坐标系 XOY 形式[15]

$$(y - y_A)^2 = -2p(x - x_A) \tag{4-2}$$

其中，$p = 2f$ 为抛物面焦点参数，$p > 0$，f 为抛物面焦点。方程右边的符号"—"表示第一镜面母线 O1 小于抛物面的下弦弦长。

代入坐标：

$$x_A = x_F + f \text{ 和 } y_A = y_F \tag{4-3}$$

第一镜面顶点 C 的抛物面端部坐标 $(-x_c, 0)$，B 点的坐标 $(0, r)$，相应抛物面口部边缘位置 $OB = r$，将其代入方程（4-2），可推导出方程：

$$(y - y_F)^2 = 4f(x_F + f) \tag{4-4}$$

$$y_F^2 = -4f(x_C - x_F - f) \tag{4-5}$$

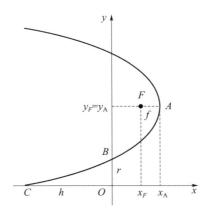

O1 抛物面顶点 $A(x_A, y_A)$ 和焦点 $F(x_F, y_F)$；f 为焦距，r 为抛物面 OB 处半径；

h 为抛物面 OC 处高度

图 4-4　第一镜面形状

用方程（4-5）求得 x_F，将其代入方程（4-4），可以得到反射器 O1 的直角坐标系下焦点坐标

$$y_F = \frac{r}{2} + \frac{2fx_c}{r}, x_F = x_C - f + y_F^2/4f \tag{4-6}$$

利用表达式（4-6），以抛物面高度 x_C、抛物面半径 r 以及焦距 f 可以得到抛物面轮廓方程

$$y_1(x_1) = \sqrt{-4f(x_F + f - x_1)} + y_F \tag{4-7}$$

或写成通用形式[15]

$$Ax_1^2 + 2Bx_1y_1 + Cy_1^2 + 2Dx_1 + 2Ey_1 + F = 0 \tag{4-8}$$

其中，当 x_1 变化范围为 $(x_c, 0)$，$A = 0$，$B = 0$，$C = 1$，$D = 2f$，$E = -y_F$，$F = -fx_c$。

对于第二反射器 O2，其镜面是环形光学表面一部分，它是由双曲线形成的。描述第二反射器 O2 光学表面方程与第二焦点 F_2（总焦点）的位置有关（见图4-5）。反射器 O2 的母线具有在 $X'O'Y'$ 坐标系关于 OX' 轴的对称轴，它位于 XOY 主坐标系中角 α 与 OX 轴交点处。第二反射器表面是由 GH 弧段关于 OX 轴旋转而成。

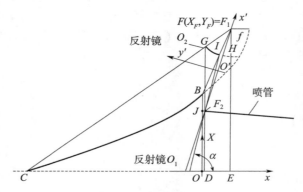

图4-5　坐标系中两镜面激光器原理示意图

反射器 O2 的在直角坐标系 $X'O'Y'$ 下双曲面典型方程可以表达为以下形式[17]

$$\frac{x'^2}{a^2} - \frac{y'^2}{b^2} = 1, b = \sqrt{c^2 - a^2} \tag{4-9}$$

为了得到 XOY 坐标系下描述第二光学表面的双曲面方程，需要对 $X'O'Y'$ 坐标系进行平移变换，即以 O' 为端点，将 $X'O'Y'$ 坐标系逆时针旋转 a，得到 $X''O'Y''$ 新参考坐标系；为了得到与基础坐标系 XOY 原点 O 一致的坐标原点 O'，平移变换 $X''O'Y''$ 坐标系[18]。由此得到的数学表达式如下

$$\begin{cases} x' = x''\cos\alpha + y''\sin\alpha \\ y' = -x''\sin\alpha + y''\cos\alpha \\ x'' = x - OD - O'F_2 \cdot \cos\alpha \\ y'' = y - OJ - O'F_2 \cdot \sin\alpha \end{cases} \tag{4-10}$$

所有符号与方程（4-5）一样。由此，第二反射器坐标的通用表达式为

$$x' = (x - OD)\cos\alpha + (y - OJ)\sin\alpha - O'F_2$$
$$y' = -(x - OD)\sin\alpha + (y - OJ)\cos\alpha \tag{4-11}$$

将式（4－11）代入式（4－9），就能得到基础坐标系 XOY 下第二反射器光学表面 O2 方程

$$y_2(x_2) = K_1 \sqrt{x_2^2 + K_2 \cdot x_2 + K_3} + K_4 \cdot x_2 + K_5 \qquad (4-12)$$

这里，K_i 系数为写成以下形式

$$\begin{cases} K_1 = \dfrac{-O'H \cdot \sqrt{O'F_1^2 - O'H^2}}{O'H^2 - O'F_1^2 \cdot \sin(\alpha)^2} \\[3mm] K_2 = -2(OD + O'F_1 \cdot \cos\alpha) \\[2mm] K_3 = OD^2 - O'H^2 + O'F_1^2 + 2 \cdot OD \cdot O'F_1 \cdot \cos\alpha \\[2mm] K_4 = \dfrac{O'F_1^2 \cdot \sin\alpha \cdot \cos\alpha}{O'H^2 - O'F_1^2 \cdot \sin(\alpha)^2} \\[3mm] K_5 = \dfrac{(O'H^2 - O'F_1^2) \cdot (OJ + O'F_1 \sin\alpha) + O'F_1^2 \cdot \cos\alpha \cdot (OJ \cdot \cos\alpha - OD \cdot \sin\alpha)}{O'H^2 - O'F_1^2 \cdot \sin(\alpha)^2} \end{cases}$$

$$(4-13)$$

由图 4－5 可知，$OE = x_F$，$EF_1 = y_F$，$OC = x_c$，$OJ = DF_2 = r_c$，$OD = \Delta$，可得到：

$$x_H = r_H \cdot \cos\alpha + \Delta, \quad y_H = r_H \cdot \sin\alpha + r_c$$

式中　　$r_H = HF_2 = O'F_2 + O'H$

$$\begin{cases} O'H = 0.5 \cdot (GF_2 - GF_1) \\[2mm] O'F_1 = O'F_2 = 0.5 \cdot \sqrt{(x_F - \Delta)^2 + (y_F - r_c)^2} \\[2mm] GF_1 = \sqrt{(x_F - \Delta)^2 + (y_F - DG)^2} \\[2mm] GF_2 = DG - r_c \\[2mm] DG = y_F \cdot \dfrac{|x_c| + \Delta}{|x_c| + x_F} \end{cases}$$

$$(4-14)$$

可以看出，如果考虑方程（4－13）和（4－14），反射器 O2 形状与第一反射器 O1 的尺寸（高度 x_c）、第二镜面 O2 相对于第一反射器 O1 的相对位移 Δ，以及环形中间焦点半径 r_c 有关。

但对于实际情况，在聚光器镜面加工误差，聚光器装配对准误差等环节，激光器会存在一些光学畸变。因此，激光束的相位和幅值失真会影响焦点的大小。在两镜面聚光器研制过程中，上述缺陷都必须考虑到。

4.2.3　两镜面聚光器研制过程中的数值仿真技术

聚光器加工和装配过程产生的主要技术缺陷包括：1）聚光器各镜面相互之间对准误差，包括轴向位移 ΔL；2）镜面的纵向位移 Δz；3）各镜面轴线的相互倾角 $\Delta\alpha$。我们必须考虑入射光束的相位畸变，包括：1）激光束与聚光器轴线间的倾角 $\Delta\theta$；2）激光束波前球面像差，表示为光束曲率半径 R。此外，在高功率激光辐射下，加热聚光器镜面引起的热变形 $\Delta\tau$。

为了测试这些缺陷对激光束光学质量的影响，需要采用数值模拟技术分析激光器镜面

的光学质量和入射激光束的对准误差[10]。考虑采用具有非近轴光束特性的分散式镜面分析这些影响因素。此外，所使用的数值模拟技术必须适用于聚光器的任意光路方案。

文献［18］提出了数值模拟技术所包含的几个基本内容。假设给定孔径的线性平面极化激光束进入激光器入射镜面（如图 4 - 6 所示），并与激光器对称轴平行；此外，激光束直径与聚光器的镜面直径一致。同时假设入射镜面（第一镜面）O1 的形状满足方程（4 - 7），第二镜面 O2 的形状符合方程（4 - 12）。

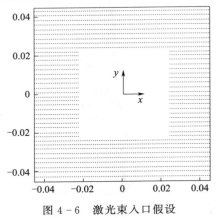

图 4 - 6　激光束入口假设

应用射线跟踪技术分析激光束的光路特性，激光束被分成若干射线单元。每个相邻射线单元之间的间隔选择 $\lambda/4$。每个射线起始坐标在聚光器的入口处，单元射线矢量定义为对应 x、y、z 轴的余弦角方向。在聚光器入口平面上，所有单元射线都平行于 z 轴，将余弦方向放入矩阵 $\boldsymbol{M}_i$，$\boldsymbol{M}_i = [0, 0, 1]$，其中 i 表示射线数量。如果需要，可以通过矩阵 $\boldsymbol{M}_i$ 的余弦变量来详细描述激光束的质量。

第 i 个射线极化矢量的余弦方向矩阵形式为 $\boldsymbol{P}_i = [0, 1, 0]$。通过牛顿迭代（Newtonian iteration）求解射线与射镜面交汇点的坐标，方程表述为

$$\frac{x_j - x_i}{(\boldsymbol{M}_i)_0} = \frac{y_j - y_i}{(\boldsymbol{M}_i)_1} = \frac{z_j - z_i}{(\boldsymbol{M}_i)_2} = L_i \qquad (4-15)$$

式中　(x_i, y_i, z_i)、(x_j, y_j, z_j)——射线的初始空间坐标和相应的射线与镜面交汇点坐标；

　　　L_i^k——所有射线在聚光器内的光路长度；

　　　k——聚光器镜面的数量。

任意激光射线从镜面任意法向方向反射，如果 $n_2 = n_1$，则矢量比可定义为：

$$\boldsymbol{M}1_i = \boldsymbol{M}_i - [\operatorname{sign}(\boldsymbol{M}_i \cdot \boldsymbol{N}_i) + 1] \cdot (\boldsymbol{M}_i \cdot \boldsymbol{N}_i) \cdot \boldsymbol{N}_i \qquad (4-16)$$

这里 $\boldsymbol{M}1_i$ 为反射射线矢量，$\boldsymbol{N}_i$ 为射线入射点处镜面的法向矢量。为了确定此缝隙处和 ASLPE 喷管内部的激光辐射场强分布，利用 ZEMAX 专业软件（Radiant Zemax LLC）分析入射激光束的线性极化[19]，该软件采用射线跟踪数值模拟方法。为分析聚光器建议的光路方案，假设环形激光束聚焦成一个半径为 R_0 的焦点。采用 y，z 平面内环形束的轴向截面估算焦点区的辐射场强（见图 4 - 7）。

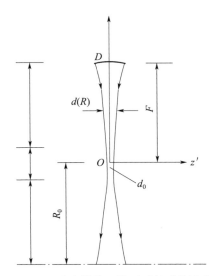

图 4 - 7 经 ASLPE 聚光器第二镜面反射后的激光束光路方案

图 4 - 7 中，$y'Oz'$ 坐标系为当地空间坐标系，初始点坐标为缝隙中心。这里 d_0 为沿喷管壁面计算得到的缝隙宽度，为 R 沿 y' 轴的实际距离，D 为第二反射器 O2 上的环形光束孔径，F 为焦距。根据衍射定理，可以求得 $R_0 \approx \lambda / (D/F)^2$，这里 R_0 为喷管轴线到缝隙（喷管直径）的距离。缝隙处的激光辐射场强分布与下式确定，它是线性功率密度 P/d_0 的函数

$$I(R) = \frac{2\pi}{\lambda} \cdot \frac{P}{d_0} \cdot J_0^2(k \cdot R) \qquad (4-17)$$

式中 J_0 —— 零阶贝塞尔函数；

k —— 波数。

根据式（4 - 17），激光辐射场强的渐进表达式为

$$I(0) = \frac{2\pi}{\lambda} \cdot \frac{P}{d_0}, R = 0 \qquad (4-18)$$

$$I(R) = \frac{1}{2\pi R} \cdot \frac{P}{d_0}, \lambda < R < R_0 \qquad (4-19)$$

整合式（4 - 18）和式（4 - 19），可得到辐射场强的简单表达式

$$I(R) = P / \left[2\pi d_0 \left(R \cdot \frac{\lambda}{4\pi^2} \right) \right] \qquad (4-20)$$

综合上述公式，可以推导出缝隙处的辐射场强（I_{sl}）表达式

$$I_{sl} = \frac{D}{2\pi\lambda} \cdot \frac{1}{(F - R_0) \cdot F} P \qquad (4-21)$$

喷管轴线处辐射场强 I_{00} 为

$$I_{00} = \frac{2\pi}{\lambda} \cdot \frac{F}{D(F - R_0)} P \qquad (4-22)$$

参数 $I_R = \dfrac{I_{00}}{I_{sl}} = 4\pi^2 (F/D)^2$ 与激光束散度有关。

ASLPE 聚光器优化设计的首要原则之一是，喷管轴线上的激光辐射场强 I_0 必须高于推进剂击穿阈值 I_{th} 的两倍，缝隙处的激光辐射场强 l 必须要比击穿阈值低 10 倍以上，即 $I \leqslant 0.1 \times I_{th}$。

图 4-8 显示了缝隙处的二维激光辐射场强分布，图 4-8 (a) 是受限衍射聚焦束情况下的数值计算结果，图 4-8 (b) 是热载荷为 10 kW 时聚光器反射聚焦束情况下的数值计算结果。这些图片的尺寸垂直轴为 2 cm，水平轴为 0.1 cm。图 4-8 (a) 中激光辐射场强峰值位于缝隙中心。

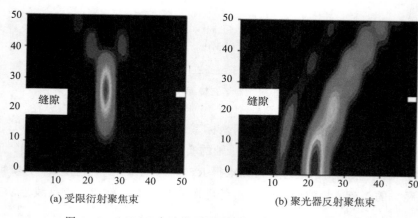

(a) 受限衍射聚焦束　　　　　　　　(b) 聚光器反射聚焦束

图 4-8　ASLPE 实验模型缝隙处激光辐射场强二维分布

对于图 4-8 (b) 情况，激光束平均热相位畸变达到 20 μm，因此激光束焦点在喷管中心方向上偏移 8.5 mm，向缝隙中心偏移 0.08 mm。尽管如此，在入射激光功率大于 9 kW 时，喷管轴线上的辐射场强仍超过推进剂的击穿阈值[12]。

文献 [20] 对两镜面聚光器进行了类似的理论分析，对于聚光器镜面研究的基本结果见表 4-2（也可见图 4-9）。该聚光器模型的一个显著特点是入射激光束的聚焦与喷管中心线呈一定角度。

表 4-2　三组聚光器镜面几何参数

聚焦方式	反射表面	反射表面形状方程	起点 (z, y)	终点 (z, y)
A	R1:抛物面	$(y - 550)^2 = -500(z - 350)$	$(-225, 0)$	$(-201.3, 25)$
	R2:双曲面	$\sqrt{(z - 550)^2 + (y - 550)^2} - \sqrt{z^2 - y^2} = 404.26$	$(-138.4, 102.5)$	$(-169.6, 97.9)$
B	R1:锥面	$y = z + 180$	$(-180, 0)$	$(-162.3, 25)$
	R2:抛物面	$y^2 = -550(y - 145)$	$(-180, 89.1)$	$(-162.4, 99.6)$
C	R1:抛物面	$(y - 270)^2 = -500(z + 18)$	$(-163.8, 0)$	$(-138.1, 25)$
	R2:锥面	$y - 135 = 0.53(z + 143)$	$(-156.9, 89.8)$	$(-139.6, 98.9)$

在文献 [20] 中，假设入射激光束的直径小于第一镜面的孔径。需要注意的是，在运

载器机动飞行期间，由远程激光器向运载器发射激光，必须重视由此引起的激光束像差。同时，推力效率将依赖于喷管轴线上的激光辐射场强。

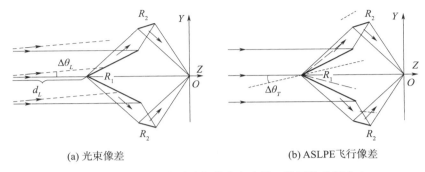

(a) 光束像差　　　　　　　　　　　(b) ASLPE飞行像差

图 4 - 9　两镜面聚光器聚焦激光束在第一镜面的几何中心

图 4 - 10 可以看到，对于三种不同复合聚光器镜面，作为等离子体点火区的光束焦点不同聚光器对准角度偏差 $\Delta\Theta_T$ 对焦点的影响存在显著不同。通常情况下，A、B 和 C 聚光器点火区的修正如图所示。如果 $\Delta\Theta_T = 1°$，对于 A 聚光器，点火区的形状为两个相连的圆环，高辐射场强盘中心与焦点存在 6 mm 偏离；对于 B 聚光器，环形点火区的半径约 1.1 mm，偏离近 5 mm；对于 C 聚光器，点火区也是半径约 2 mm 的环形，但其中心位于

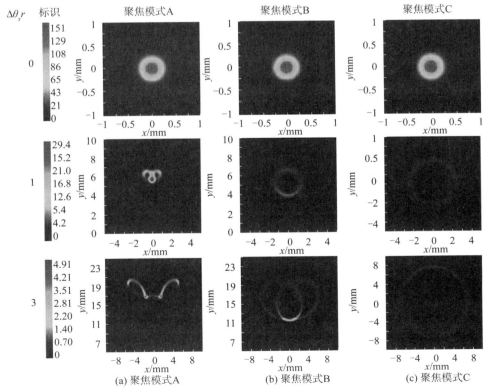

(a) 聚焦模式A　　　　　　　(b) 聚焦模式B　　　　　　　(c) 聚焦模式C

图 4 - 10　两镜面聚光器聚焦激光束在第一镜面的几何中心

聚光器的中心线上。如果 $\Delta\Theta_r = 3°$，对于 A 聚光器，两个相连的圆环，在底部拉伸成两个分离的倾斜椭圆环，中心辐射场强非常高；边缘区强度较低，偏离达 16 mm；对于 B 聚光器，偏离接近 11 mm，可以看到两个相互倾斜的环形，在两个环形重叠区底部辐射场强相对较高；对于 C 聚光器，没有形成点火区，焦点仍是中心聚焦环，但该区域比较大，半径接近 7 mm。

　　由图 4-10 可以看出，受到激光推进推力产生技术途径和工作方式的限制，将激光束直接聚焦在喷管轴线上并不是一个有效的技术方案。这就是建议采用两镜面聚光器 SALPE 的原因，它通过中间聚焦方式，将激光束在喷管缝隙处形成环形焦点。即使受到镜面光学质量和镜面热载荷等技术工艺限制，这仍是保持激光推进高效工作的一个非常有效的方式。

4.3　脉冲工作模式下 ASLPE 性能

　　为测试 ASLPE 推力性能，采用 RP 和 CW 两种 CO_2 激光器对轻型发动机模型进行了实验[10-12]，ASLPE 发动机模型采用 D16 铝合金制成（见图 4-11），只有第二聚光器镜面由铜制成。在压力接收器中心有一个特制的辅助框架，它可将固体推进剂放置在发动机喷管轴线上。

　　实验目标是获得冲量耦合系数 C_m 与激光脉冲能量（或激光辐射功率）和发动机喷管几何特征之间关系。ASLPE 产生的反冲冲量通过钟摆式技术测量[10]。

(a) 实验模型　　　　　　　　　　(b) 三维模型

图 4-11　ASLPE 图片

　　由实验可以看出，激光击穿空气区域靠近喷管轴线，显示为直径 20～40 mm 的薄盘，击穿区与中心线垂直。图 4-12 显示了从喷管出口侧可以看到等离子体图像，在这些实验中，测得激光能量转化为大气中空气热能的效率为 20%～25%。

　　脉冲喷气激光推进实验采用电子束激励 CO_2 激光器[21]，激光束在出口截面的近场能量分布如图 4-13 所示，激光束空间尺寸为 80 mm×90 mm。

　　实验得到的发动机推力特性如下：

　　1）冲量耦合系数 C_m 与激光脉冲能量有关。

　　2）缝隙宽度影响冲量耦合系数 C_m。

图 4-12　大气环境空气等离子体发光图像

3）在喷管焦点区放置固体聚合物可以产生额外推力。

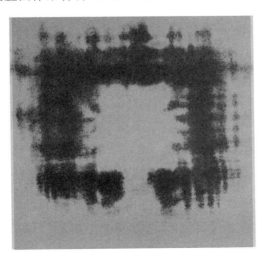

图 4-13 CO_2 激光束（近场）在热敏纸上的典型图像

　　实验中改变了 ASLPE 以下几何参数，如发动机喷管宽度 D、长度 L，喷管形状，缝隙宽度 d 以及发动机压力接收器的位置 l。某些冲量耦合系数 C_m 实验结果见表 4-3，它显示了喷管出口截面与气流膨胀方向，结果验证了其冲量耦合系数 C_m 低于圆柱形喷管的 C_m。此外长度为 9 cm 收敛喷管的 C_m 与圆柱形喷管的冲量耦合系数相同。

　　压力接收器的形状也会影响冲量耦合系数 C_m 大小，如抛物面接收器显示的冲量耦合系数 C_m 要低于平面压力接收器的值。最大与最小冲量耦合系数 C_m 相差两倍。实验得到长度为 9～15 cm 圆柱形喷管的最大耦合系数为 $C_m \approx 1.4 \times 10^{-4}$ N/W。

　　考虑到缝隙宽度影响着 ASLPE 的推力，实验中采用几个专门设计的简化模型来满足 ASLPE 发动机以下条件：

1）模型的缝隙宽度可从 0 变化至 ASLPE 发动机的宽度。

2）喷管模型的特征尺寸非常接近 ASLPE 发动机的几何尺寸。

3）聚光器模型必须由锥形反射器制成，锥形反射器的直径等于喷管出口直径。

图 4-14 显示的是激光击穿介质形成的等离子体图像，左侧为空气等离子体，右侧为聚甲醛（Delrin 聚合物）烧蚀后等离子体图像，聚甲醛放置在喷管中心线上激光器轴线附近。

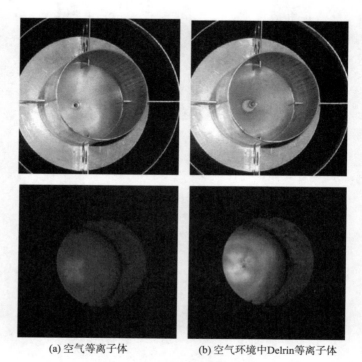

(a) 空气等离子体　　　　　(b) 空气环境中 Delrin 等离子体

图 4-14　等离子体发光图像

耦合系数为 C_m 与 CO_2 激光器脉冲能量的关系如图 4-15 所示，针对两种情况进行了研究，即 1）激光器与喷管之间带有缝隙的发动机模型；2）聚光器与喷管之间没有缝隙。此外，也包括不同推进剂实验数据，推进剂放置在发动机喷管的焦点区。实验中直径 7 mm 的 Delrin 棒材放置在锥形激光器的轴线上，激光器为电子束激励 CO_2 激光器。当激光脉冲能量为 60～90 J 时，实验测得的测定聚甲醛树脂质量烧蚀率为 0.2 mg/J。

表 4-3 不同 ASLPE 发动机喷管结构推力特性 C_m 实验结果

序号	发动机喷管结构	参数变量/cm	激光脉冲能量/J	C_m / ($\times 10^{-5}$ N/W)
1	碗形压力接收器，扩散角 $\theta = 20°$，缝隙宽度 $d_0 = 10$ mm	$L = 14$	134	7.9
2		$L = 10$	134	9.5
3		$L = 5$	134	7.8

续表

序号	发动机喷管结构	参数变量/cm	激光脉冲能量/J	C_m / ($\times 10^{-5}$ N/W)
4	碗形压力接收器,扩散角 $\theta = 45°$,缝隙宽度 $d_0 = 10$ mm	$L = 7$	136	5.4
5		$L = 5$	132	4.6
6	圆柱形喷管,碗形压力接收器,缝隙宽度 $d_0 = 10$ mm	$L = 15$	129	12.3
7		$L = 12$	134	11.5
8		$L = 9$	137	11.5
9		$L = 5$	134	9.0
10	圆柱形喷管,$L = 9$ cm,碗形压力接收器,扩散角缝隙宽度 $d_0 = 7$ mm	$L = 20$	137	10.9
11		$L = 12$	134	9.7
12		$L = 3$	139	10.4
13	圆柱形喷管,杯形压力接收器,扩散角缝隙宽度 $d_0 = 7$ mm	$L = 9$	141	13.3
14	圆柱形喷管,杯形压力接收器,扩散角缝隙宽度 $d_0 = 7$ mm	$L = 5$	87	12.0
15	圆锥形喷管,杯形压力接收器,扩散角缝隙宽度 $d_0 = 7$ mm	$L = 12$	105	12.0
16		$L = 9$	112	10.4

实验结果验证了 ASLPE 装置理论预测的激光推进特性:

1) ASLPE 装置缝隙使得冲量耦合系数 C_m 降低 40%。

2) C_m 随着脉冲能量的增加而增加。

3) 只有当脉冲能量达到 (60~90) J 后,并保持恒定,C_m 单调增加。

4) 喷管内放置 Delrin 聚合物后,动量耦合系数 C_m 增加两倍。

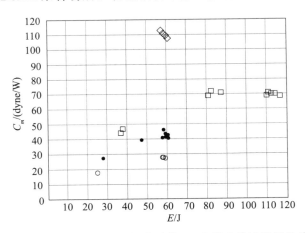

图 4 - 15　不同实验条件下耦合系数 C_m 与激光脉冲能量的关系

空气:圆圈—喷管有缝隙,圆点—喷管无缝隙;Delrin:正方形—喷管有缝隙,菱形—喷管无缝隙

这些实验证明了 ASLPE 装置可用于未来激光推进运载器飞行用激光推进发动机原型样机,并利用实验倾斜设备进行了飞行实验[12]。实验室 CO_2 激光器可以产生 120~130 J 的脉冲能量,重复频率为 50 Hz,平均功率为 6 kW。激光器每次实验可维持 3 s 的脉冲

串。结合 ASLPE 的设计，运载器可在激光束方向移动 7 m 的距离，运载器总重为 150 g。

实验中得到的冲量耦合系数与激光脉冲能量的关系如图 4-16 所示，可出看出，耦合系数达到 $C_m = (30 \sim 42) \times 10^{-5}$ N/W，验证了 ASLPE 可以作为高功率激光推进的原型样机。

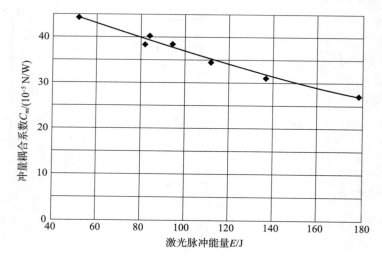

图 4-16　ASLPE 耦合系数 C_m 实验数据

飞行实验验证了 ASLPE 以下最高性能，即：

飞行速度：3～4 m/s

加速度：0.4～0.5g

冲量耦合系数：4.0×10^{-5} N/W

飞行过程中的推力：1.3～1.5 N

实验结果说明，需要通过改善激光器镜面的光学质量完善 ASLPE 的设计，增强运载器的机械强度，以及在高功率激光辐射下组件单元的耐热性能。

4.4　改进 ASLPE 用于连续波（CW）激光推进

4.4.1　CW 聚光推进工作原理

CW 激光推进是基于 CW 激光辐射击穿气态介质产生等离子体的装置，通过激光辐射中等离子体的相互作用将激光能量转换为等离子体温度并产生推力。等离子体处于连续光学放电状态（OCD），文献 [22] 在 20 世纪 70 年代首次发现并验证了该放电现象。尤·雷泽教授作为首位研究者提出了利用光学等离子体发生器用于激光推进，该思想被进一步延伸到以新型火箭系统技术发射近地轨道运载器[23]。同一时间，也研制出了基于 OCD 的激光热发动机（LTE）。LTE 工作原理是将激光功率转换为气体分子的动能产生推力，通过激光与气体介质的相互作用将激光功率转化为发动机喷气速度。由于采用小分子量气体作为推进剂，可以获得很高的比冲，LPE 概念非常有吸引力。

东京大学采用 CW CO₂ 激光器进行了 CW 激光推进的理论和实验研究[6,24]，东京大学研制的 LTE 原理示意图见图 4-17。激光束通过燃烧室上的同轴光学窗口进入燃烧室，将激光功率传输给气体推进剂，在靠近燃烧室喉部区域产生 OCD 等离子体。加热后的气体等离子体混合介质经燃烧室喉部进入喷管，形成超声速射流。

实验中[6]，当激光功率为 1.2 kW，质量流量为 1.5 g/s，燃烧室初始压力为 0.7 MPa 时，激光功率转换为推力的效率达 15%～17%，LTE 推力为 0.55 N。至关重要的是，实验中 CW 激光推进的冲量耦合系数达到 $C_m \approx \times 10^{-3}$ N/W，这是由于燃烧室内工作气体采用了高初始压力。

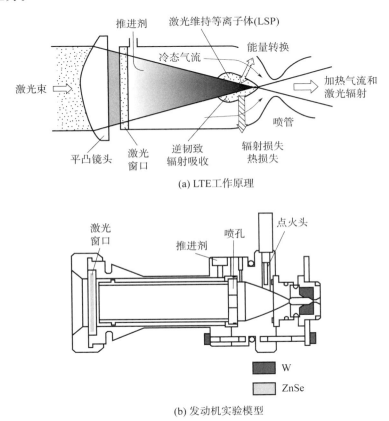

(a) LTE 工作原理

(b) 发动机实验模型

图 4-17　LTE 概念

但实验观测到，在高功率辐射情况下，沿燃烧室轴线 OCD 出现了剧烈的空间振荡。根据放电在喷管喉部的初始位置不同，振幅达到 0.1～0.9 mm。OCD 振荡激励出口喷气产生不稳定振荡，频率为 400～500 Hz，强度达几个分贝。

OCD 振荡可能是由等离子体的声学、热力学、涡流和热化学不稳定引起。此外，每次出现振荡过程都互不关联，相互间都呈现非线性。为了抑制放电不稳定性，需要通过改进 LTE 的激光辐射功率和工作气体设计参数。采用一些技术手段来稳定激光功率在气体介质中的释放过程，其中之一就是采用旋流进气。

针对这一难题，文献［25，26］详细考虑了诸如激光功率向燃烧室传输、等离子体点火、稳定 OCD、燃烧室壁面与高温等离子体防护等因素。举例来说，采用一对轴向旋流燃烧室进气可以获得稳定的 OCD（见图 4-18）。

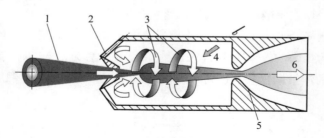

图 4-18　带有一对轴向旋流进气实现稳定 OCD 的 CW LTE 原理示意图

1—激光束；2—光学窗口；3—旋流进气；4—进气方向；5—喷管；6—等离子体喷流

通常情况下，氮气也可作为 CW LPE 的推进剂。另外，由于可以获得 600 s 甚至更高的比冲，氨气也是一种选择。这两种推进剂都不需要特殊的贮存条件。

文献［26］的实验证明，采用旋流进气可以在燃烧室轴线上形成稳定的 OCD。结果表明根据推进剂类型不同，CW 激光推进的最大比冲也不同。如氢气的比冲为 $I_{sp} \approx$ 1 200～1 500 s，氨气的比冲为 $I_{sp} \approx 300 \sim 500$ s，氩气的比冲为 $I_{sp} \approx 250 \sim 300$ s。同时，LTE 单位推力能耗（激光功率与推力比）为 2×10^2 W/N，而电推进的单位推力能耗约为 4.5×10^3 W/N，离子电推进的单位推力能耗约为 4.5×10^2 W/N，等离子体电推进的单位推力能耗约为 4.5×10^4 W/N。

简要总结一下基于 OCD 的 CW 激光推进，对 ASLPE 进行改进设计后，ASLPE 的相关技术可用于 CW 激光推进，这样的改进将在下一节进行详细讨论。

4.4.2　CWASLPE 推力性能

理论和实验都已证明，横向流动可以提高轴向 OCD 的稳定性[27,28]。理论研究结果见文献［28］，采用两束交叉激光束（对应于气体流动方向横向和纵向）激励气体等离子体，可将 OCD 稳定在一个固定空间内。这两种技术都在 ASLPE 得到了实现。

为了在 ASLPE 发动机内建立轴向气流，在发动机第一聚光器镜面顶端设置一对相互分离的小孔。实验中采用 CW 模式的 ASLPE 模型如图 4-19 所示，它由激光器第一和第二镜面、发动机喷管和进气（空气）组件组成，进气组件保证进气沿发动机轴向流动。

图 4-20 是文献［29］实验用 CW ASLPE 装置工程设计图样，CW ASLPE 喷管不同于脉冲激光推进 ASLPE 的喷管，它采用拉瓦尔喷管。

为保证 ASLPE CW 实验顺利进行，采用输出功率为 50 kW 的气动 CO_2 激光器，实验系统如图 4-21 所示。

在图 4-21 中，气动喷管组件 1 是 CW CO_2 激光器的一部分。放大倍数为 $M=1.2$ 的振荡谐振器（包括镜面 2 和 3）用于产生 CW 辐射。激光辐射通过一个靠近谐振器输出镜

图 4 - 19　CW ASLPE 模型图片

1—聚光器第一镜面；2—第二镜面；3—喷管；4—进气组件

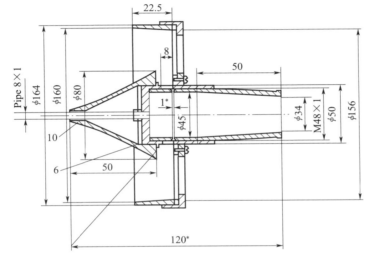

图 4 - 20　实验用 CW ASLPE 模型（所有标注尺寸单位为：cm）

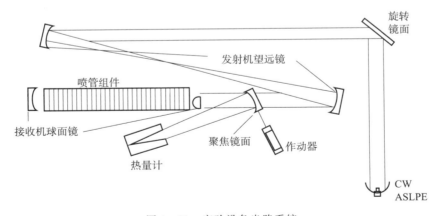

图 4 - 21　实验设备光路系统

头附近的超声速气动窗口直接进入实验室大厅。实验过程中激光功率为 20 kW。采用镜头 7 和镜头 8 组成辅助望远镜，它用来调节照射到 CW ASLPE 聚光器上的光束孔径。

采用拉力传感器（霍尼韦尔公司产品）测量 ASLPE CW 模型产生的推力，它通过一

个特制弹簧与发动机模型相连。发动机本体固定在特制台架上，保证在最小摩擦力下纵向
移动。当记录探测器信号时，应该考虑弹簧产生的初值力。

在实验过程中，为提高推力效率，采用直径 4 mm 的圆柱形 Delrin 聚合物。Delrin 被
放置在喷管轴线上，位置在 ASLPE 聚光器第一镜面正后方靠近压力接收器处。为了稳定
喷管内 OCD，空气通过激光器顶部的环形孔喷入喷管内。不同推力模式下 ASLPE CW 工
作特征图片如图 4 - 22 所示。

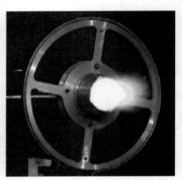

(a) 空气流量 G_a=0.4 g/s　　　　　　　　　　(b) 空气流量 G_a=2.0 g/s

图 4 - 22　不同空气流量下等离子体射流形态

实验中可以看到，当空气流量较小且不超过 0.4 g/s 时，在发动机启动瞬间，等离子
体从缝隙喷出［如图 4 - 22（a）］。由于激光束在缝隙处聚焦的不均匀，引起等离子体射
流沿环缝呈成不均匀分布。当空气流量超过 2.0 g/s 时，反而观测不到射流等离子体了
［如图 4 - 22（b）］。

实验中可以看到，当激光辐射功率一定时，空气流量决定了推力的大小。例如当空气
流量 $G_a = (0.2 \sim 0.4)$ g/s 时，测得的最大推力为 $F = 2.0$ N。这样，冲量耦合系数为
$C_m = 1.02 \times 10^{-4}$ N/W。但进一步增加空气流量，推力下降，在空气流量 $G_a > (0.2 \sim 0.4)$g/s 时推力仅有 0.8 N。

对大量图片的分析结果都与图 4 - 23 一样，等离子体射流的可见光长度都相当长，且
长度与通过喷管的流量有关。当空气流量 $G_a = 0.4$ g/s 时，最大射流长度为 300 mm［如
图 4 - 23（a）］。此外，长度随工作时间也有一定变化，因此等离子体射流具有波动特性
［如图 4 - 23（b）］。

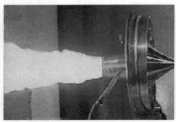

(a) 空气等离子体　　　　　　　　　(b) 空气环境中Delrin等离子体

图 4 - 23　空气流量 $G_a = 0.4$ g/s 时等离子体射流形态

拉力传感器测得的推力也存在类似的振荡特征，推力脉动频率为 $80\sim100$ Hz。根据前面所述，气体中连续放电的不稳定可能是由等离子体影响了聚焦激光辐射进入喷管内部。空气流量较低时，也会引起这种形式的推力不稳定。

4.5　ASLPE 研制可用技术分析及其工程局限性

4.5.1　缝隙对推力的影响

为了确定激光辐射下缝隙宽度对 ASLPE 推力的影响，假设激光辐射等离子体处于平衡态，对 ASLPE 喷管内的气动过程进行了数值模拟计算。计算采用戈东诺夫数值方法（Godunov numerical scheme），它基于自适应非结构网格，具有较高的数值计算分辨率[30]。图 4-24 显示了激光脉冲停止后不同时刻 ASLPE 喷管剖面的流场计算结果，可以看到在喷管轴线区产生了一部分弓形激波喷出缝隙，并与 ASLPE 聚光器第二镜面相互作用。此外还有一部分流动波返回缝隙，这些效应都会导致推力降低。

R 0.2 1.1 2.0 2.9 3.8 4.7 5.6 6.5 7.4 8.3 9.2 10.1 11.0

$t=10$ μs

R 0.06 0.20 0.36 0.51 0.65 0.81 0.96 1.11 1.22 1.48 1.57 1.72 1.87

$t=10$ μs

R 0.06 0.22 0.38 0.56 0.72 0.84 1.06 1.22 1.38 1.56 1.72 1.84 2.06

$t=200$ μs

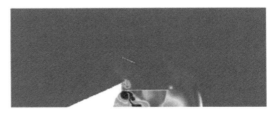
R 0.06 0.15 0.21 0.38 0.50 0.62 0.73 0.84 0.95 1.07 1.18 1.30 1.41

$t=300$ μs

图 4-24　激光脉冲停止后不同时刻 ASLPE 内部气体密度分布等值线

图 4-25 显示的是冲量耦合系数 C_m 的时间特性，包括有缝隙（实线）和无缝隙情况下 C_m 与时间的关系。可以看出，当部分弓形激波达到聚光器第二镜面时刻开始，喷管有缝隙的 C_m 很快低于喷管无缝隙的耦合系数，这是由于缝隙的影响，引起 ASLPE 喷管内气压降低有关[10]。

文献［31］开展了有缝隙喷管对脉冲喷气激光推进的气体动力学影响研究，也验证了

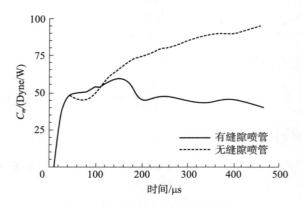

图 4 - 25　　ASLPE 冲量耦合系数

实线—有缝隙喷管（同轴激光器）；虚线—无缝隙喷管

缝隙对推力性能的影响。图 4 - 26 显示了实验喷管在 $t = 75\ \mu s$ 时的速度矢量和压力分布。可以看到，当激波经喷管壁面反射后，在靠近缝隙处产生旋转涡流。此外，在喷管壁面外面形成一个高压区，导致推力下降。

这些研究也证实在靠近喷管缝隙和喷管出口边缘处产生了低压区。图 4 - 26 显示了这两种条件下的速度矢量和压力分布。在图 4 - 27（a）中，靠近缝隙处出现了两个涡流，气体压力梯度剧烈变化，因此被喷管捕获。在图 4 - 27（b）中，喷管外部的压力内部压力，不同压力区被标注为 "$P_{\max}$" 和 "$P_{\min}$"。这也是负压区导致推力降低的证据。

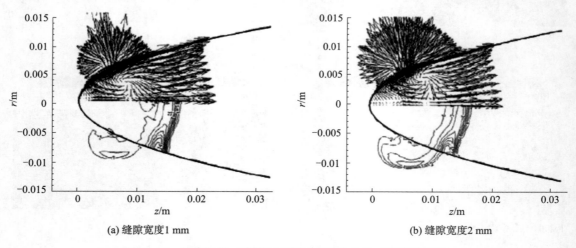

(a) 缝隙宽度1 mm　　　　　　　　　　　　　　(b) 缝隙宽度2 mm

图 4 - 26　　速度矢量（喷管上半部）和压力分布（喷管下半部）

对 ASLPE 来说，提高推力最有效的方法之一就是减小压力接收器与喷管之间的缝隙宽度，必须满足聚焦激光束的衍射尺寸（见 4.1 节）。但是，当 ASLPE 镜面施加高功率辐射时，这会使 ASLPE 的推力受到限制。

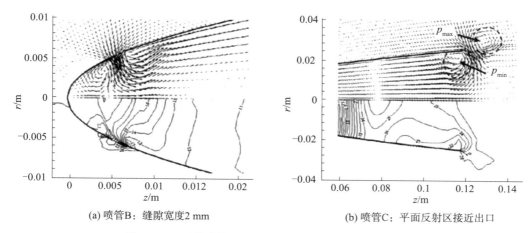

(a) 喷管B：缝隙宽度2 mm　　　　　　　　(b) 喷管C：平面反射区接近出口

图 4 - 27　两种喷管的速度矢量和压力分布，$t = 600\ \mu s$

4.5.2　ASLPE 装置热物理模型

考虑到 ASLPE 实际应用条件，我们需要测定诸如 ASLPE 聚光器镜面热载荷和发动机喷管壁面机械载荷。这些载荷可能是由热变形和发动机振动引起的，它们将引起激光束焦点与缝隙位置的对准失配。这些载荷最终导致 ASLPE 推力效率降低。

关于聚光器镜面变形，考虑到聚光器镜面为轴对称结构，我们采用热物理模型估算它们所受的载荷。聚光器镜面温度的传热方程可用轴坐标系描述如下

$$c(T) \cdot \rho \cdot \frac{\partial T}{\partial \tau} = \frac{1}{r} \cdot \frac{\partial}{\partial r} \left[r \cdot \lambda(T) \cdot \frac{\partial T}{\partial r} \right] + \frac{\partial}{\partial z} \left[k(T) \cdot \frac{\partial T}{\partial z} \right] + q(r, z, \tau) \quad (4 - 23)$$

式中　ρ、$c(T)$、$\lambda(T)$、$k(T)$ ——聚光器镜面材料的热物性参数；

　　　ρ ——材料密度；

　　　$c(T)$ ——比热容；

　　　T ——温度；

　　　$\lambda(T)$、$k(T)$ ——沿 y 轴和 z 轴的热导率。

由于材料的各向同性和均质性，假设 $\lambda(T) = k(T)$（如图 4 - 28 所示）。

图 4 - 28　ASLPE 第一镜面数值计算热载荷

为求解方程（4-23），对每个聚光器镜面设定一些初始条件和边界条件，它们需满足实验条件。聚光器镜面热载荷数值模拟计算的主要目的是保证选材合理。此外 ASLPE 还需满足以下要求：

1）研制的 ASLPE 为轻质装置，其聚光器镜面非常薄。

2）为了避免高功率激光辐射下过大的温度梯度，聚光器镜面材料必须拥有高热导率。

3）每个聚光器镜面和其他零件需由不同材料制成，但每种材料的线性膨胀系数必须近似匹配。

4）必须考虑高功率激光辐射下每个聚光器镜面的击穿阈值。

5）此外，ASLPE 所有材料都具有高机械强度。

为了说明高功率激光辐射下 ASLPE 镜面的行为特性，采用文献［11］中飞行实验考核 ASLPE 装置。采用 CO_2 激光辐射，工作模式为 RP 模式，重复频率（PRR）为 50 Hz，脉冲能量为 200 J，这样激光器的平均功率为 10 kW。

图 4-29 显示了沿 x 坐标的镜面温度，x 坐标代表镜面高度，零点为镜面底部，最大高度 $X＝95$ 对应于镜面顶部。曲线 1（图中实线）对应镜面开始发光 2 s 后表面温度上升变化。曲线 2（图中虚线）为 10 s 后温度变化。由于镜面的厚度非常薄，镜面背面的温度与图中显示的表面温度几乎一样。

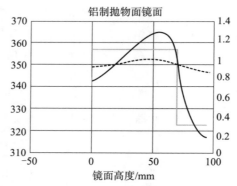

图 4-29　给定激光功率分布条件下镜面温度分布

———— —2 s 温升；············ —10 s 温升；———— —高度方向温度

因为辐射到第二镜面上的辐射场强（功率密度）增加，ASLPE 聚光器第二镜面的热载荷要高于第一镜面的热载荷。为了避免出现大的温度梯度及其引起的热变形，这就要求第二镜面材料必须有更高的热导率，在数值模拟计算过程中，对两个设计方案的聚光器镜面都进行了研究（见图 4-30）。

第一种结构包括两个部件，即底部组件，用于聚光器的镜面固定；顶部组件，用作反射器。$t_3＝40$ ms 时刻时沿镜面表面的温度变化如图 4-31 所示。假设镜面由铝合金制成，它对 CO_2 激光器入射激光辐射的吸收效率为 8%，镜面的厚度为 0.5 mm，激光平均功率平均密度为 $4.0×10^8$ W/m^2。

沿第二种镜面结构［见图 4-30（b）］表面的温度变化如图 4-32 所示，对应高功率

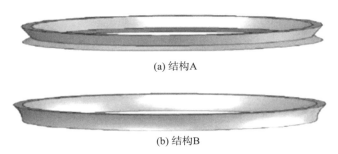

(a) 结构A

(b) 结构B

图 4 - 30　ASLPE 第二镜面结构

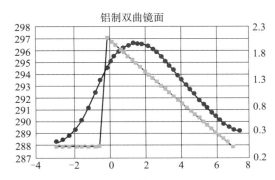

铝制双曲镜面

图 4 - 31　ASLPE 二镜面（图 4 - 30（a））

深色线—温度分布；浅色线—给定辐射功率密度

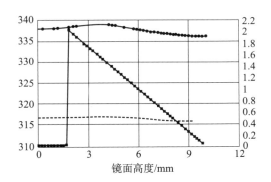

镜面高度/mm

图 4 - 32　ASLPE 二镜面（图 4 - 30（b））

—●——5％吸收率温度；　—◆——3％吸收率温度；　------给定辐射功率密度

激光辐射 2 s 后表面温度变化。镜面由铜制成，镜面的厚度为 1 mm，曲线 1 对应的镜面激光辐射吸收效率为 3％，镜面上激光平均功率平均密度为 $4.0 \times 10^8\,\mathrm{W/m^2}$。

通过对 ASLPE 聚光器热载荷影响分析，可以得到下面结论，未来设计需要认真对待，具体内容为：

1）镜面表面须喷涂高反射率涂层，以减小镜面的热载荷影响。

2）对于高功率激光辐射，还需要辅助系统用来冷却镜面装置。

例如，熔融石英和蓝宝石可用于激光器的镜面，它们可用于波长 $\lambda = 1.06\ \mu m$ 的激光辐射，它们的热-机械性能见表 4-4。

像三氧化二铝（Al_2O_3）、氧化锗（GeO_2）、氟化镁（MgF_2）、二氧化硅（SiO_2）、三氧化二硅（Si_2O_3）和硫化锌（ZnS）等材料可用于反射涂层，它们的光学性能见表 4-5。

有些复合材料也可用于多层涂层，但涂层特性中最主要的参数是抗辐射性。因此，在选择涂层是必须考虑以下因素，具体内容为：

1）环境条件（温度、成分等），基材喷涂和多层涂层结构。

2）激光辐射波长、脉宽、辐射场强对涂层强度的影响。

3）涂层贮存条件。

表 4-4　熔融石英和蓝宝石热性能参数

材料	密度 $\rho/(kg/m^3)$	平均光谱范围内折射率	熔点/℃	温度线性膨胀系数 K^{-1}	热强度系数 $M_f \times 10^{-4}$
熔融石英	2 650	1.43	1470	0.5	5.3
人造蓝宝石	3 980	1.67	2040	5.7	2.1

表 4-5　可用于 ASLPE 镜面反射涂层材料的光学性能参数

涂层	折射率	涂层光谱范围/nm
Al_2O_3	1.69	200～7 000
GeO_2	2.30	400～5 000
MgF_2	1.38	200～5 000
SiO_2	1.45	200～8 000
Si_2O_3	1.55	300～8 000
TiO_2	2.30	400～12 000
ZnS	2.30	140～15 000
ZrO_2	2.10	250～7 000

4.6　初步结论

由本章内容可以得出几个结论，脉冲喷气 ASLPE 可以在 RP 和 CW 模式下工作，CW激光推进具有相同的推力效率。此外，在 CW 模式下，ASLPE 装置采用聚焦激光束横向进入轴向气流的发动机喷管，有助于产生稳定的推力。此外，还需要发动机空气质量流量与激光功率相匹配。

将 ASLPE 用于高功率激光推进还需要详细的反射镜面和喷管设计，以弥补由热变形和振动对反射镜面的影响，其结果将导致激光束轴线与 ASLPE 发动机缝隙对称轴的对准偏差。

参 考 文 献

[1] Myrabo, L. N. Brief history of the Lightcraft Technology Demonstrator (LTD) project. Beamed Energy Propulsion. AIP Conf. Proc. 664, 49 – 60, 2003. https://doi. org/10. 1063/1. 1582095

[2] Salvador, I. I., et al. Hypersonic experimental analysis of impulse generation in airbreathing laser thermal propulsion. J. Prop. Pow. 29, 718 – 731, 2013. https://doi. org/10. 2514/1. B34598

[3] Harrland, A., Doolan, C., Wheatley, V. Hypersonic inlet for a laser powered propulsion system and its interaction with an idealized laser induced detonation wave. In: Proc. of the 10th Australian Space Science Conference, 27 – 30 September 2010. Sydney NSW 2001, pp. 15 – 26, 2011. https://doi. org/10. 1063/1. 3657023

[4] Ageichik, A. A., et al. Aerospace laser propulsion engine. RUS Patent № 2266420 8 Oct 2003.

[5] Sinko, J. E. Laser ablation propulsion tractor beam system. J. Prop. Pow. 26, 189 – 191, 2010. https://doi. org/10. 2514/1. 46037

[6] Toyoda, K., Komurasaki, K., Arakawa, Y. An experimental research on a CW CO2 laser thruster. In: 26 – th IEPC, Oct 17 – 21, Kitakyushu, Japan, 1999.

[7] Bikmuchev, A. R., Sattarov, A. G. Investigations of laser propulsion engine characteristics on the base of CW optical discharge. Man. Space Flight. 10, 51 – 71, 2014.

[8] Bunkin, F. V., Prokhorov, A. M. Laser power source application to produce a thrust. Adv. Phys. Sci. (Rus.). 119, 425 – 446, 1976.

[9] Pirri, A., Simons, G. A. The fluid mechanics of pulsed laser propulsion. AIAA J. 15, 835 – 842, 1977.

[10] Rezunkov, Y. A., et al. Model tests of Aerospace Laser Propulsion Engine. AIP Conf. Proc. 766, 183 – 194, 2005. https://doi. org/10. 1063/1. 1925142

[11] Rezunkov, Y. A., et al. Performance characteristics of laser propulsion engine operating both in CW and in repetitively – pulsed modes beamed energy. AIP Conf. Proc. 830, 3 – 13, 2005. https://doi. org/10. 1063/1. 2203241

[12] Rezunkov, Y. A., et al. Experimental study on thrust characteristics of Aerospace Laser Propulsion Engine. AIP Conf. Proc. 702, 49 – 60, 2003. https://doi. org/10. 1063/1. 1720985

[13] Rusinov, M. M. Non – spherical surfaces in optics. Nedra, Moscow, 1973.

[14] Nadorff, G., DeWitt, F. Reflaxicon objectives for imaging. Proc. SPIE. 8486, 84860C, 2012. https://doi. org/10. 1117/12. 930010

[15] Klimentiev, S. I., Kuprenyuk, V. I., Khloponina, I. V. Numerical estimations of laser beam aberrations of optical conic transducer. Opt. – mech. Ind. (Rus). 7, 38 – 41, 1991.

[16] Drago, N., Villoresi, P., Bertogli G. Laser technologies: a step forward for small and medium sized enterprises. In: International center for science and high technology. Trieste, High Technology and New Materials, International Centre for Science and High Technology, ICS – UNIDO, AREA

Science Park. Padriciano 99, 34012 Trieste, Italy, 2008.

[17]　Braunecker, B., Hentshel, R., Tiziani, H. J. (eds.) Advanced optics using non – spherical elements. SPIE Press, Washington, 2008.

[18]　Egorov, M. S. Investigation and development of the onboard optical system for small satellites with laser propulsion. A Thesis Submitted to the Graduate Faculty of Saint – Petersburg ITMO University in Partial Fulfillment of the Requirements for the degree of Doctor of philosophy. S. – Petersburg, 2016.

[19]　ZEMAX User Manual. Radiant ZEMAX LLC, 2013.

[20]　Cheng, F. Q., Dou, Z. G. Study on focusing performance of the twice reflecting laser focusing system. J. Phys.: Conf. Ser. 276, 1 – 9, 2011. https://doi.org/10.1088/1742 – 6596/276/1/012014

[21]　Rezunkov, Y. A., et al. Modeling of physical processes on the basis of high – energy laser facility. J. Opt. Tech. (Rus.). 1, 84 – 94, 1994.

[22]　Raizer, Y. P. Bases of modern physics of gas – discharges processes. Nauka, Moscow, 1980.

[23]　Caveny, L. J. Orbit – raising and maneuvering propulsion: research status and needs. Progr. Astron. Aeron. 89, 160 – 171, 1984.

[24]　Komurasaki, K., et al. Fundamental researches on laser powered propulsion. In: AIAA, 2002 – 2200, 2002. https://doi.org/10.2514/6.2002 – 2200

[25]　Sattarov, A. G. Laser propulsion engine on the basis of continuous optical discharge. Proc. Univ. Aeron. Eng. N. 3, 46 – 49, 2008.

[26]　Dregalin, A. F., et al. Experimental and theoretical studies of laser propulsion engine characteristics of continuous optical discharge. Proc. Univ. Aeron. Eng. N. 4, 39 – 43, 2010. https://doi.org/10.3103/S1068799810040094

[27]　Generalov, N. A., et al. Temporal stability of continuous optical discharge in the atmosphere air flow. Comb. Deton. Phys. 22, 91 – 93, 1986.

[28]　Kulumbaev, E. B., Lelevkin, V. M. Numerical analysis of continuous optical discharge characteristics in atmosphere air. Plas. Phys. 27, 12 – 15, 2001.

[29]　Rachuk, V. S., et al. Experimental investigations of laser propulsion by using gas – dynamic laser. AIP Conf. Proc. 830, 48 – 57, 2005. https://doi.org/10.1063/1.2203246

[30]　Golovachov, Yu. P., Kurakin, Yu. A., Schmidt, A. A. Numerical investigation of non – equilibrium MGD flows in supersonic intakes. In: AIAA 2001 – 2883, 2001. https://doi.org/10.2514/6.2001 – 2883

[31]　Wen, M., Hong, Y., Song, J. Investigation on multiple – pulse propulsion. AIP Conf. Proc. 1402, 74 – 81, 2011. https://doi.org/10.1063/1.3657017

第5章　超声速激光推进

摘　要　超声速激光推进的目的是在激光推进发动机中加速超声速气流。问题是在整个产生推力的过程中，一些气体等离子体动力学过程非常复杂。为了实现超声速推进，提出了一些激光烧蚀射流与喷管内超声速气流相互作用的原创技术。结果表明，烧蚀蒸气中气体等离子体喷气压力和温度，以及推进剂烧蚀质量消耗率这些参数非常关键。本文开展了两种喷管结构形式超声速激光推进的数值模拟，结果表明冲量耦合系数可达到 $C_m \approx 10^{-3}$ N/W。

关键词　激光击穿；连续光学放电；超声速气流；聚焦区；激光烧蚀射流；脉冲重复频率；出口喷气；脉冲喷气推进；冲压推进；转换效率；光船飞行器；抛物面喷管；气体动力学效应；激波简并；烧蚀射流喷射；马赫数；推进效率

5.1　引言

可被认为是超声速激光推进的情况是：1）大气层中运载器的飞行速度达到超声速[1]；2）发动机喷管中的气流速度达到超声速。上述两种情况下，对于 RP 和 CW 激光推进系统都会发生一些特殊的激光辐射与超声速气流相互作用过程。主要包括：

1）脉冲激光击穿抛物面喷管聚焦区的流动气体形成冲压激光推进，这是激波在聚焦区来回传播[2,3]造成的。

2）采用高重复频率激光辐射击穿聚焦区的流动气体时，一系列低能量激波相互作用会形成一个强激波[4,5]，这被称作激波简并。它是尤·雷泽教授在文献［6］中提出的一项运载器减阻技术。

3）激光烧蚀射流转化成超声速流动并加速所有气体[7]。

自第一个激光推进应用研发项目开始，就考虑了超声速激光推进。超声速推进涉及的基本问题是激光功率转化为超声速发动机喷气的效率不高。

安东尼·皮尔里教授在文献［2］进行的理论分析是最早的脉冲喷气超声速激光推进研究之一。在其论文中，皮尔里教授提出了激光推进理论模型，激光击穿抛物面喷管内的超声速气流，同时喷管也被用作聚光器。RP 脉冲喷气激光推进采用假设理论模型方程描述激波（SW）从气体击穿区向下游传播过程。另外，采用半经验方法确定激光推进的推力特性；为得到高推力效率，对激光辐射参数提出具体要求。

但超声速推进半经验模型没有考虑激光辐射与超声速气流相互作用等一些基本现象，这会对推力产生影响。超声速激光推进分析需要考虑所有工作过程。

假设 RP 激光辐射与超声速气流的相互作用通过两个过程来实现，1）激光脉冲辐射停止后扰动气体流场结构的恢复过程；2）流场结构与大气环境的适应过程。

应识别超声速流动中气流的"连续光学放电"和"激光击穿"等物理现象，就像第 2 章描述的那样，由于存在这些效应，已经对激光推进开展了相关科学研究。我们可以将这两个问题分开研究，即 1）激光功率转化为等离子体温度效率的光学放电问题；2）CW 或 RP 激光辐射下流程结构变化问题。

遗憾的是，当前还没有技术能力采用高功率激光进行超声速冲压激光推进实验。因此，目前开展的大部分研究都是理论方面的。

根据运载器飞行速度不同，需要考虑两种不同类型的超声速冲压推进，即飞行马赫数等于 5 的超声速推进和飞行马赫数超过 5 的高超声速推进。对于这两种情况，需要特别关注激光推进发动机（LPE）运载器的前体设计，其结构对发动机喷管的超声速流动和激光功率转化为喷气射流的效率都有影响。这种发动机最引人关注的案例是文献［8］中研制的新结构光船飞行器。

5.2　适用于脉冲喷气超声速激光推进的光船飞行器工程样机

光船飞行器（LTD）是由江拉博教授及其公司[9,10]研制的，它用于冲压验证运载器测试和超声速脉冲喷气推进实验。如第一章提到的那样，该飞行器的最大特点是带附属伞形整流罩的前体设计，它作为喷管的一个壁面（见图 5-1）。光船飞行器的另一个特点是带有中心体的 LPE，它形成了一个新型离轴抛物面用于将激光束聚焦到伞形整流罩前体的内表面，随后激光击穿靠近整流罩表面的环形气体。在激光维持激波区气体被击穿气体，产生等离子体，根据激光辐射与等离子体相互作用选择发动机的几何参数和激光脉冲指标。

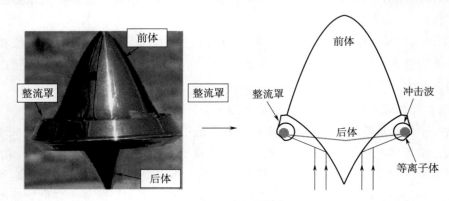

图 5-1　光船飞行器概念设计

下面我们讨论光船飞行器模型，包括其设计改进过程。光船飞行器第一次设计采用整流罩和发动机进口截面处的前体形成的缝隙实现冲压激光推进模式。前体形状与缝隙尺寸相匹配，这样在缝隙处形成的激波将超声速来流转变为亚声速气流，从而提高光束焦点处的气体压力（见图 5-2）。

为激发产生等离子体，点火区域的气压升高，必须降低激光脉冲能量。同时，为提高

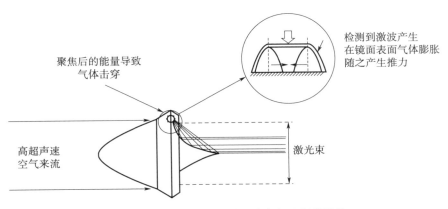

图 5 - 2　外部激光诱发爆震波光船飞行器结构

激光推进效率，需要产生形成激光维持爆震波。为测试超声速激光推进的推力性能，文献 [9 - 11] 对光船飞行器进行了专门研究，研究内容包括改进光船飞行器的整流罩设计和进口几何尺寸（见表 5 - 1）。

表 5 - 1　光船飞行器形状

飞行器标识	描述	飞行器形状
A	终版飞行器结构，封闭进气道，反曲喷管，抛物面光学组件和圆形前体	
E	最初基本型，光学组件和前体与 A 型相同	
E－C	除封闭进气道外与 E 型相同	

续表

飞行器标识	描述	飞行器形状
P	封闭进气道的整流罩与前体外形相切	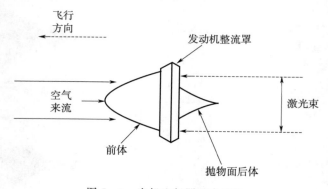

　　A 型光船飞行器模型用于亚声速飞行实验，该模型的前体进气道对于来流是封闭的。对于超声速飞行光船飞行器，存在的问题之一是前体进气道对来流的压缩效率，怎么保证气流的动压损失最小。为克服这个难题，模型的结构由前体、发动机整流罩和中心体组成，将它们连接在一起实现光船飞行器整体气动设计（见图 5 - 3）。

　　超声速飞行光船飞行器设计要遵循以下工程原则，这是总结当前飞行器研制成果建立的几个准则，包括：

　　1）飞行器前体必须把经过进气道截面的气体压缩损失降至最低。

　　2）在光船飞行器超声速飞行时前体形状引起的流动损失最小。

　　3）在较宽气流马赫数范围内，前体都要保持对来流的高效压缩。

图 5 - 3　光船飞行器基本设计

　　文献 [12] 对超声速激光推进飞行器实验研究进行了回顾总结，这是光船飞行器遵循工程设计原则的具体实例。它采用圆锥形前体设计，其气动阻力增加最小，也经得住力学和热载荷冲击。其形状可用下面幂函数描述

$$y(x) = a\left(\frac{x}{b}\right)^n$$

式中　a——头锥长度；

　　　$\dfrac{x}{b}$——头锥半径；

　　　n——指数。

这种肘形进气道如图 5 - 4 所示，头锥形成斜激波压缩。

新款光船飞行器基本模型如图 5 - 5 所示。

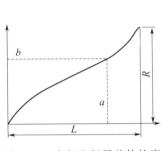

图 5 - 4　光船飞行器前体轮廓

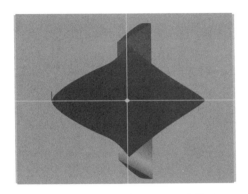

图 5 - 5　光船飞行器基本设计模型

　　整流罩结构经得住激光脉冲击穿发动机喷管内气体产生的强激波的冲击。同时，也可保证光船飞行器最大冲量耦合系数 C_m。所有研制的光船飞行器模型都经过技术验证实验，包括大气环境下脉冲喷气或吸气式激光推进超声速飞行实验。这些实验研究的主要内容是验证推力效率与发动机类型及其前体设计对发动机内超声速气流的影响。下面来讨论与激光维持激波和激波向气体中的传播问题，它可能造成激波脉冲停止后发动机入口气流形成壅塞[13]。

　　为了更好地研究脉冲喷气激光推进在光船飞行器模型中产生的物理现象，假设用直角坐标描述由后体与发动机整流罩形成的激光束聚焦位置，它位于流道的中间位置（见图 5～图 6）。图中可以观测到，在脉冲能量为 200 J 的激光脉冲停止 1 μs 后即刻产生的爆轰波。

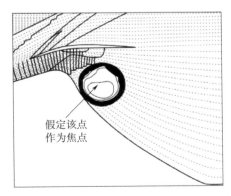

图 5 - 6　激光脉冲停止 $t = 1$ μs 后气压分布

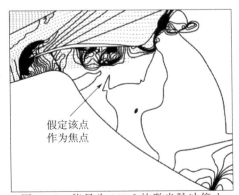

图 5 - 7　能量为 400 J 的激光脉冲停止
$t = 30$ μs 后压力分布

　　图 5 - 7 中，当激光脉冲能量超过 400 J 时，由于强激波可能向超声速气流的上游传播，激波从发动机进气道喷入发动机，可以看到脉冲喷气激光推进产生的基本效应。此

外，激波会对飞行器的前体施加额外的阻力。数值模拟计算显示，激光束聚焦在发动机整流罩处，当激光脉冲能量超过 600 J 时，不再发生激波喷射现象。因此，为消除激波向气流入口喷射，激光束的焦点位置必须处于合适位置。

另一方面，图 5-8 显示了文献［12］计算得到的耦合系数，文献［11］实验测得的耦合系数，以及文献［13］得到的不同焦点位置。可以看到，当激光束聚焦在整流罩处时，耦合系数几乎为恒定值，大小为 $C_m = 1.5 \times 10^{-4}$ N/W，并且与激光脉冲功率无关，或随脉冲功率变化而略微降低。这是所有相关研究得到的共同趋势。

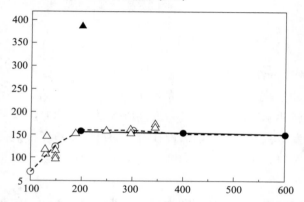

图 5-8　不同激光束焦点位置下耦合系数与激光脉冲能量的关系

当激光束聚焦在流道中间点时，与焦点在整流罩处相比，耦合系数增大 2.5 倍。耦合系数对焦点在光船飞行器内的位置十分敏感。

超声速激光推进首次实验是文献［14-19］完成的，实验采用准二维光船飞行器简化模型。实验是在位于巴西的超声速气动与热力学亨利·T. 长松（Henry T. Nagamatsu）实验室进行的，他们有一台能量 1 kJ 的 TEA CO$_2$ 激光器。超声速激波管与实验室的激光设备直接相连，这样布置可以开展超声速激光推进的综合研究。

图 5-9 是光船飞行器实验模型，它由离轴抛物面镜面圆柱形聚光器和整流罩（顶罩）组成，两个部件组装形成超声速激波管，模型宽度为 24 cm。激波管内的初始压力分别调整为 6、15、30 和 100 kPa，激光脉冲能量变化范围为 150～230 J。

为了通过实验测得耦合系数，测量了沿模型发动机内表面的压力分布，并进行积分。实验结果显示耦合系数为 $C_m \approx (6.0 \sim 30) \times 10^{-4}$ N/W，这比亚声速工作模式下测得的耦合系数高 2.5～5.0 倍[9,10]。

为了获得更全面的大气环境下运载器飞行数据，采用两个基本气体动力学参数重新编排了实验条件，即雷诺数（Re）和马赫数（Ma）。类似计算结果见图 5-10，它显示不同大气条件下雷诺数和马赫数。

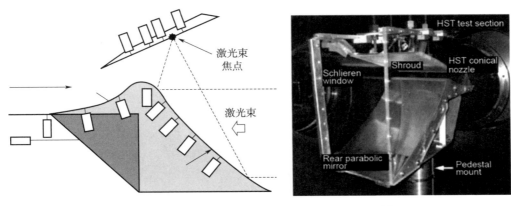

图 5 - 9　超声速流动实验用光船飞行器发动机一维模型

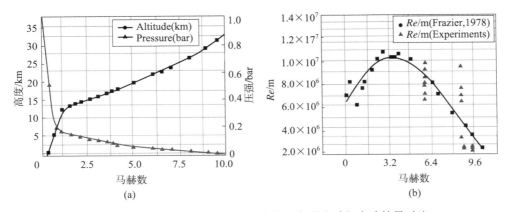

图 5 - 10　大气环境下不同条件下光船飞行器发动机实验结果对比

这是第一次详细开展光船飞行器发动机内超声速流动实验研究，包括发动机内超声速气流在激光诱导击穿前和击穿后的流动情况，超声速流动形态如图 5 - 11 所示。

图中实验结果是在以下实验条件下得到的：$Ma_\infty = 5.94$，$T_\infty = 256.8$ K，$P_\infty = 6.25$ kPa；激光脉冲能量为 $E_P = (186 \pm 19)$ J。

实验详细研究了爆轰波的产生及其与流道内气流相互作用过程，由图 5 - 11 可以看出，爆轰波向上游激光击穿放电区传播，由于超声速来流与飞行器前体的相互作用形成弓形激波，然后爆轰波与弓形激波相互作用。爆轰波到达安装在顶罩内表面的压力传感器位置，顶罩内表面的静压上升。两个传感器记录的静压随时间变化曲线如图 5 - 12 所示。

由图 5 - 12 可以看到 100 μs 时间内的压力上升过程。很显然，由于高速来流的影响（估计高达 $Ma_\infty = 9$），爆轰波没有到达顶罩的前缘。

由此实验发现了超声速冲压激光推进工作过程极其复杂，这也将剧烈地影响推力效率。工作过程产生的爆轰波是导致发动机喷管内超声速流动不稳定的原因之一。因此，为了避免爆轰波在发动机进口引起壅塞效应，激光脉冲能量绝不能超过某个限值；但爆轰波也不能太弱，否则它无法到达喷管壁面。

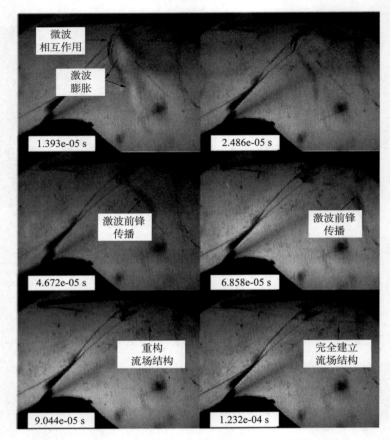

图 5 - 11　激光诱发爆轰波与斜激波和顶罩表面的作用图片

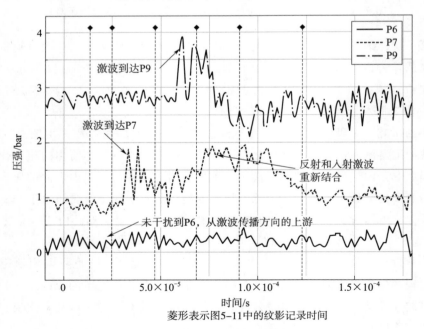

菱形表示图5-11中的纹影记录时间

图 5 - 12　顶罩下表面测得的压力随时间变化曲线

5.2.1　光船飞行器远期设计

假设未来改善光船飞行器的设计，文献［3］建议遵循超燃冲压激光推进采用数值模拟技术改进飞行器的前体设计，它是基于流线追踪方法给出来流驻点的详细位置。图 5-13 显示了采用该方法新设计的飞行器进口顶锥。

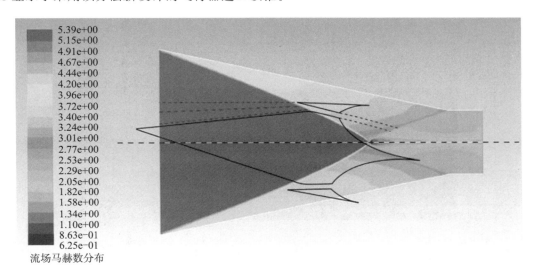

流场马赫数分布

图 5-13　对应马赫数下轴对称截面流线图

该方法也想用于给定来流马赫数下要实现激光维持爆震波时，流场静压分布优化。举例来说，新设计的飞行器模型流场静压分布如图 5-14 所示。

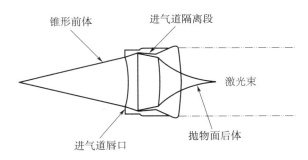

图 5-14　新结构光船飞行器入口流线图

采用该方法设计了飞行器前体，弓形激波是一个斜激波，这样超声速来流在通道进口、模型进口和喷管没有多余的压力损失。这类前体通常用于星载飞行器超声速来流捕获，前体的另一个特点是进气道通道内部缺少寄生激波[20]。

大气环境下飞行速度 $Ma=5$ 和 $Ma=8$ 的飞行器模型见表 5-2。

$Ma=5$ 飞行条件下典型流场形态见图 5-15。可以看到，尽管前体前面的流场非常复杂，但超声速流场结构在通道入口与飞行器带有喷管的进气道相连具有同形态特性。然而，当采用新设计的发动机以脉冲喷气模式工作时，冲压激光推进发动机在某些激光脉冲能量下喷管内产生的激波（爆轰波）会破坏流场的同形态特性，也可能在固定时间段壅塞发动机的进气道[3]。壅塞时间与激波和来流的马赫数有关。如果采用重复频率激光推进，壅塞效应看起来像喘振现象。为了消除这类对产生推力的负面效应，激光脉冲功率与飞行器飞行速度相匹配。

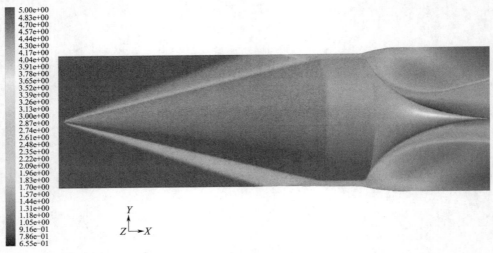

图 5 - 15　$Ma = 5$ 飞行条件下典型流场形态

5.2.2　小结

如果脉冲激光产生的激波没有达到进气道的出口位置，也没有壅塞气流通道，那么超声速脉冲激光推进是一种非常有效的推进方式。只有当超声速脉冲喷气激光推进以高重复频率工作时，在发动机喷管内形成单一强激波[21]，才会出现壅塞现象。用其他超声速激光推进技术将有助于分析激光诱导击穿气体和超声速传播过程中产生的物理现象。

5.3　超声速冲压激光推进工作中的物理现象

为探索一个研制高效超声速激光推进的方法，希望考虑激光脉冲与超声速气流相互作用所产生的一些物理现象。

5.3.1　激光诱发超声速气流气动效应

我们还记得高功率激光脉冲与气流中等离子体相互作用形式：1）快速电离波（FIW）在气体中传播速度为 $D_F = (20 \sim 100)$ km/s；2）激光爆震波（LDW）传播速度为 $D_F = (3 \sim 10)$ km/s；以及 3）辐射波（RW）的传播速度为 $D_F = (10 \sim 40)$ km/s[22]，其中 D_F 为激光束向前传播的波前速度。只有在特定的激光辐射场强 I（W/cm²）下才会产生相应的激波，如当 $I = 10^7$ W/cm² 为时，氩气中产生 LDW[22]。此外，产生等离子体的体积近似等于聚焦区束腰直径的圆柱体（见图 5 – 16）。

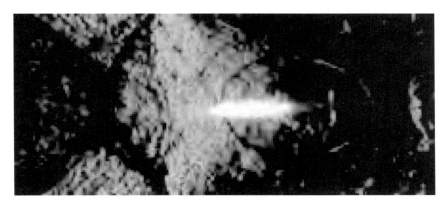

图 5 – 16　氩气中光学放电发光图像[23]

文献［25，26］在理论分析和实验研究中观测到了激光功率沉积在超声速气流中的几个物理特点，文献［26］在对激光击穿气体过程中伴生的气体动力学现象进行了详细的数值模拟分析。计算结果显示在击穿区域等离子体中心区遭受极大破坏（见图 5 – 17）。此外，在激光诱发激波后面形成了沿激光束轴线的反向流动，反向流动产生了复杂的涡旋流场，看起来像环流旋风，这种涡流是由不同效应导致的。等离子体中的反向流动效应是由等离子体黏性和等离子体中激光功率耗损引起的。

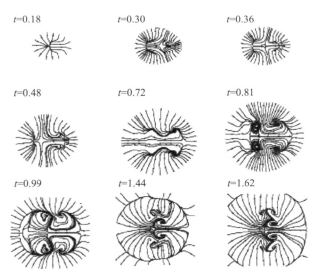

图 5 – 17　流场随时间演化的速度流线

文献［4］在激光维持气体放电实验中也观测到了流速涡流（见图 5 – 18），图 5 – 18 左侧显示了激光束传播方向。

有意思的是，包括在等离子体点火区在内的流场中同时产生了等离子体"空穴"。从

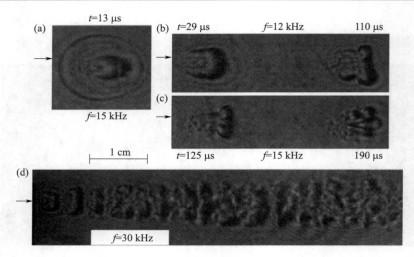

图 5 - 18　超声速气流中激光诱发涡流纹影图像

激光诱发气体放电纹影图像可以看到，在激光束传播方向产生了气体涡流，当气体流速小于声速时转变成湍流射流。

这样，超声速激光推进的理论和实验研究表明，采用激光诱发等离子体方式，在激光功率转化为等离子体温度过程中伴随着复杂的气体动力学现象。

文献［23］对超声速气流中的一些气体动力学现象进行了深入研究。根据他的研究，我们来讨论超声速流动数值计算结果，对于单原子气体绝热指数为 $k = 5/3$，假设"等离子体"圆柱长度取文献［34］中的 8.5 mm，半径 1 mm（见图 5 - 16）。此外，脉冲能量释放在等离子体中，脉冲重复频率 $f = 45$ kHz，脉冲能量 $E = 0.04$ J。这样等离子体吸收比能量定义为 $e = E/(m \times t)$，其中 m 为圆柱体内 t 脉宽下的气体质量。实验中激光脉宽为 1 μs，PPR＝45 kHz 时，脉冲间隔为 $T = 22$ μs；PPR＝100 Hz 时，脉冲间隔为 $T = 10$ μs。

在弓形激波后面产生超声速和亚声速局域波，流态的变化与激光功率有关，该现象如图 5 - 19 所示。此外，在气流相互作用下存在规则的局部加热点，或随机向下游移动。当 PPR＝45 kHz 时，经 4～5 个脉冲后形成了准稳态流形态。加热气流的厚度随时间增加。另外，在加热区和其他气流区形成了明显的空间边界。

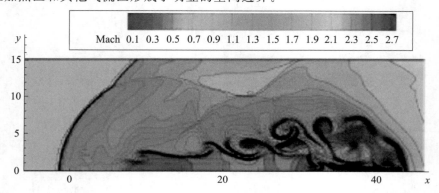

图 5 - 19　马赫数 $Ma = 2$ 和 PPR＝45 kHz 时激光维持等离子体区密度分布

　　实际上，当脉冲重复频率在千赫兹范围变化时，击穿区的流场结构变化不太剧烈。这在 PPR＝65 kHz 时，加热气体的踪迹也观测到类似现象。但当 PPR＝20 kHz 时，加热踪迹中只有单独的加热点，而没有形成准稳态弓形激波。

　　为了定义超声速激光推进流场稳定发展方式，我们来对比一下激光辐射与超声速气流相互作用形成的超声速流场形态（图 5 - 19）和冲压发动机燃烧室中的类似气流（图 5 - 20)[26]。

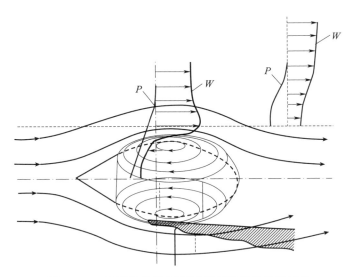

图 5 - 20　冲压发动机 V 形稳定器周围的流场结构

　　对比发现存在一些共同细节，冲压发动机燃烧室是一个工程产品，通过燃料与大气中氧气燃烧，化学反应产生热能加热燃气（图 5 - 21）。

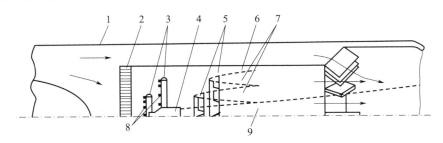

图 5 - 21　冲压发动机燃烧室

1—壳体；2—蜂窝格栅；3—燃料喷嘴；4—预燃室；5—环形火焰稳定器；

6—屏蔽筒；7—稳定器下游火焰；8—燃料射流；9—预燃室后火焰

燃烧过程中必须满足下面几个基本条件，即：

1）液体燃料蒸发、与空气混合和加热。

2）混合气成分必须满足化学反应所需的理论当量比，并为混合气提供点火。

3）在点火位置混合气流速等于火焰传播速度。

4）混合器初始温度与火焰温度相当。

为满足第一个条件，液体燃料通过雾化器喷入燃烧室；燃料液滴雾化，并与热空气混合；形成特定组份的热燃料-空气混合气。在火焰稳定器后气流区完成第二和第三种条件；火焰稳定器是锥形、环形等形式的钝头体。

在火焰稳定器附近及后面可形成低压和回流区，同时形成空气-燃料混合气的局部回流区，该区域内混合气的正向和反流速度相等，回流区周围的区域称作主流区。在回流区和主流区之间区域发生剧烈的湍流质量交换。图 5-20 显示了回流区和主流区内的压力 p、流速 W、温度 T 和气体成分 c_T 分布，可以看到在回流区气体温度达到最大值，沿流动方向温度保持恒定。

因此，对比冲压发动机燃烧室内流动图片和重复频率激光辐射与超声速气流相互作用形成的流场形态，可以得到流场存在相似性。流动的物理相似与涡流区的产生有关，它是由受限空间以及加热气体与来流形成的边界内能量释放引起的。但它们之间还存在差异，与传统冲压发动机相比，激光推进没有雾化器和预燃室等复杂的组件。而对于超声速激光推进发动机来说，需要特殊设计焦点位置，将激光束传输到发动机喷管，以保证激光功率在超声速气流中稳定释放。

后续我们将讨论文献［24］提出的关于超声速激光推进产生推力的原创技术，它采用 PRR 为几千赫兹的激光脉冲。

5.4　将单激波合成准稳态集成激波

文献［4，5］研究了采用 PRR 为几千赫兹激光产生一定数量的低功率单个激波，并将单激波简并成准稳态弓形激波的过程。该物理现象的流场形态如图 5-22 所示，它显示了在跨声速气流 PRR 对弓形激波形成的影响。

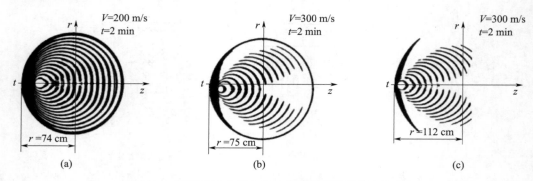

图 5-22　不同流速和激光脉冲参数下激波简并流场形态

由图中可以看出，只有来流达到超声速时才会出现激波简并效应［图 5-22(c)］[24]。需要注意的是，这些图片的每一种样式都与数值计算采用的气动模型有关。这些实验的技术细节如图 5-23 所示。

采用超声速喷管进行超声速激光推进的实验研究，超声速喷管是一个与腔室相联的圆

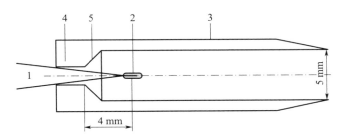

图 5 - 23　激光推进发动机实验原理图[5]

1—激光束；2—气体光学放电；3—激波反射器；4—激光束传输和氩气喷射孔；5—脉冲压力接收器

柱形喷管。超声速喷管末端有氩气喷射孔，通过附属的高压容器提供压力。激光束也通过这个小孔聚焦到腔室内部，这样就可在光束焦点处形成激光诱发等离子体。在高频激光脉冲作用下产生等离子体，在焦点区前面由于简并效应形成集成激波产生推力。实验中喷管内径为 5 mm[5]。

采用激波简并技术得到的主要结果见表 5 - 2。必须注意的是，耦合系数 J_r 和推力 F_J 等特性参数，也可对比一下超声速激光推进理论计算和文献 [5] 实验得到的结果。

表 5 - 2　单激波简并产生推力结果和主要特性

序号	重复频率 f	脉冲串数 φ	反射器高度 D_r,H	N	氩气速度 V	平均功率 W	推力 F_J	推力 F_r	耦合系数 J_r	备注
	kHz	kHz	mm		m/s	W	r	r	N/kW	
1	45	RP	5～46		300	1 300	80	40	0.61	1
2	45	RP	5～46		400	1 300	141	69	1.06	1
3	100	RP	5～46		400	1 200	155	54	1.08	1
4	100	1	15～50	30	300	720	49	4	0.085	1
5	45	1	15	15	50	720	0.9	2.1	0.042	1
6	45	1	15	15	300	720	49.1	4.5	0.09	1
7	45	1	15	15	50	720	1.2	1.4	0.028	2
8	45	1	15	15	100	720	6.3	5.6	0.11	2
9	45	1	15	15	300	720	62.7	4	0.08	2
10	45	1	15	5	170	500	17.7	3.5	0.1	2
11	45	2	15	5	100	600	6.3	4.8	0.11	2
12	45	2	15	5	164	600	18.5	7.5	0.18	2
13	45	2	15	5	300	600	70	—4	0.095	2
			15.12							
14	12.5	RP	25～35		60	430	2.4	4	0.13	3
15	12.5	RP	25～35		100	430	5	7	0.23	3
16	12.5	RP	25～35		150	430	11	11	0.37	3
17	12.5	RP	25～35		300	430	51	16	0.53	3

续表

序号	重复频率 f	脉冲串数 φ	反射器高度 D_r, H	N	氩气速度 V	平均功率 W	推力 F_J	推力 F_r	耦合系数 J_r	备注
	kHz	kHz	mm		m/s	W	r	r	N/kW	
18	12.5	RP	25～35		50	430	6	1	0.03	4
19	12.5	RP	25～35		100	430	12	7	0.23	4
20	12.5	RP	25～35		300	430	195	−97	−3.2	4

注：f, φ 为激光重复频率和脉冲串数；W 为激光平均功率；V 为氩气速度；D_r 和 H 为激波反射器直径和高度；F_r 气体光学放电产生的推力；RP 为重复脉冲。

需要强调的是，所有推力性能数据都不是稳定值，每次实验都有不同。例如，冲量耦合系数 J_r 从最大约 10^{-3} N/W（第 2 组和第 3 组数据）到负值（第 13 和第 20 组数据）。从我们的角度看，引起推力的不稳定因素可能是激光脉冲功率与亚声速气流速度不匹配。由表 5-2 中可以看到，只有当氩气流速与激波前向传播速度完全匹配时才能获得最大冲量耦合系数。

5.5　超声速激光烧蚀推进

在这一节中我们将验证新的推力产生技术，在大气环境下将高功率激光用于超声速飞行器。文中提出的超声速激光推进技术是指在冲压发动机喷管内产生稳定激波，通过激波与喷管内激光烧蚀产生的超声速烧蚀气流相互作用产生推力。

5.5.1　气体喷入超声速气流引起的效应

众所周知，当气体喷入被超声速包裹的固体表面时，将使流动出现剧烈变化，并伴随强烈的气体动力学效应[27]。其中之一就是形成弓形激波，它起始于气流喷入点的上游，并继续流动。激波能量（马赫数）与喷射气流的压力和射流速度，以及主气流的速度有关。

根据文献 [27, 29]，我们选择起主要影响作用的气流基本参数，如主气流的马赫数 Ma_∞ 温度 T_∞ 和静压 P_∞，以及喷射气流的 Ma_0。此外，由于要确定喷射区域的流动普朗特数（P_r）和雷诺数（R_e），还需要考虑喷射气流的粘度和热导率，这样就可以来讨论气动特性（$\sim 1, R_e \sim P_r 10^4 - 10^7$）[28]。横向气流的膨胀比也是一个非常重要的参数，定义为 $n = P_0 / P_\infty$。

这样，我们来总结横向气流喷入靠近固体平面的超声速气流中产生的流场结构的理论研究结果。一些流场形态如图 4-24 所示[27]，可以看到，在超声速来流的影响下，横向射流轨迹变得弯曲。射流轨迹和源于射流的气动屏障高度与动压平衡和喷射角度 α_{inj} 有关，动压平衡是指主流和二次射流在喷射区的动压比。喷射气流在主流区产生一个不规则阶梯型屏障，在靠近屏障区的主流中形成巨大的压力梯度，最终脱落固体表面的边界层发展成诱导激波。

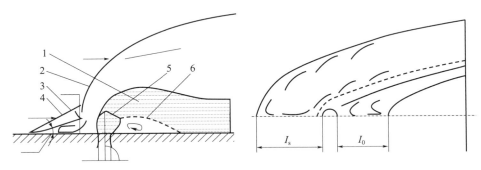

图 5 - 24　横向射流与超声速气流相互作用原理示意图

1—喷射气流；2—曲面激波；3—激波反射器；4—斜激波；5—射流形成的"马赫盘"；6—低压区

　　激波从喷射孔前缘分离的脱离流动区长度与喷射气流喷入来流的深度成正比，而且与喷射气流参数也有关系。如果要详细分析流场结构，这些附加参数也必须加以考虑。这些参数包括喷射角 α_{inj}、射流膨胀比 n，以及气流喷射与撞击结合点的长度 l_0 等。

　　要想得到真实条件下横向射流对超声速射流影响的精确分析解非常复杂，但适当归纳射流试验数据，可以得到流动与射流气动参数之间的半经验关系式[28]。由实验结果可以推导出一些重要参数，如射流屏障高度 1 和射流后低压区长度 6（见图 5 - 24）。

　　根据射流与来流相互作用特点，可以认为是两股高温射流掺混。在发动机喷管内观测到了这种相互作用情况，即固体表面烧蚀蒸气进入超声速气流。与此同时流动分离区和激波能量增加。假设这种效应可用于通过在超声速喷管内烧蚀固体推进剂产生推力，这就是一个非常诱人的事实。由上面讨论的物理过程，用烧蚀气流参数就可以确定推力效率。

5.5.2　超声速激光烧蚀理论模型

　　如第 4 章讨论的那样，激光烧蚀推进具有高比冲的优点。如果烧蚀耐热材料，比冲可以达到几万秒。聚合物激光烧蚀推进可以利用材料中的内能，可以提高推力效率，特别是可以将冲量耦合系数提升至 $C_m \sim 10^{-3}$ N/W 量级。此外，与脉冲激光推进不同，激光烧蚀推进不会出现强激波；而对于脉冲激光推进，当脉冲功率过高时，强激波会壅塞喷管的进口。

　　根据上一节论述，超声速流场结构及其气动特性会随着超声速喷管内表面烧蚀气流的变化而变化，可以考虑将激光烧蚀喷气与发动机喷管内超声速气流相互作用产生推力的理论模型应用于吸气式激光推进。假设射流的气动特性可认为是超声速气流喷入超声速气流，其性能参数为：蒸气压力 p_a、蒸气速度 v_a 和烧蚀质量流量 $\dot{m}$。

　　与激光烧蚀理论一样[29]，对于脉冲激光，由烧蚀气流产生的冲量耦合系数定义为反冲冲量 $\dot{m}\,v_E$ 与激光辐射通量 Φ 之比；对于 CW 激光，耦合系数为烧蚀蒸气压力 p_a 与激光辐射场强 I 之比。

　　为了建立烧蚀气流与超声速气流相互作用产生推力过程的物理模型，烧蚀气流的初始气动参数需要由激光辐射下固体表面准稳态蒸发理论确定（见第 3 章）。这样烧蚀质量流

量可定义为

$$\dot{m} = \rho_a c_a \ [\mathrm{kg/(m^2 s)}] \tag{5-1}$$

式中　ρ_a——蒸气射流密度；

　　　c_a——蒸气中绝热声速。

蒸气压力 p_a 也可定义为

$$p_a = [(1+\gamma Ma^2)]\rho_a c_a = [(1+\gamma Ma^2)]\dot{m}\, v_a / Ma \tag{5-2}$$

式中　Ma——射流马赫数；

　　　γ——绝热指数（通常如果蒸气温度超过 10^4 K，$\gamma=1.1$）；

　　　v_a——蒸气流动速度。

射流的蒸气压力与激光辐射和激光维持等离子体的相互作用模式有关[30]。假设等离子体温度大小受到等离子体对激光辐射的遮挡（见第 2 章）限制，以及等离子体温度与脉冲或连续模式也有关（见表 5-3）。

表 5-3 中，参数 Q^* 是消耗在烧蚀单位质量靶材所需的脉冲能量[29]，$Q^* = E_i / \Delta m$，其中，Δm 为脉冲能量为下材料烧蚀质量。这样，靶材的总蒸发耗量为：$\dot{m} = P/Q^* = E_i f / Q^*$。

表 5-3　被认可的脉冲和 CW 激光辐射下烧蚀射流特性

激光模式	能量 E_i	频率 F	平均功率	蒸发耗量 Q^*	质量流量 $\dot{m}$	速度 v_E
	J	Hz	$P = F \times E$,W/s	J/g	g/s	m/s
PR	0.18	5.6E+5	10^6	1.3e+4	77.0	5e+3
	0.18	5.6E+5	10^5	1.3e+4	7.7	5e+3
	0.18	5.6E+5	10^4	1.3e+4	0.77	5e+3
特殊情况	10.0	E+3	10^4	1.3e+3	7.7	/
	/	/		1.3e+2	77.0	2e+3
CW	/	/	10^6	1.3e+4	500.0	2e+3
	/	/	10^5	/	50.0	2e+3

注：E_i 为脉冲能量；F 为脉冲重复频率；P 为激光平均功率；CW 为连续波激光辐射；PR 为脉冲激光辐射。假设激光脉宽为 10 ns 定义峰值功率，由此确定激光烧蚀效率。

烧蚀固体靶材需要固定激光性能参数，已知（见第 3 章）固体表面的高功率激光辐射烧蚀要求提高连续蒸气射流。因此，兆瓦级 CW 激光器可用于维持连续的烧蚀蒸气。但如果脉冲激光器用于烧蚀材料，可以很容易获得如此高的激光辐射场强。为产生准连续激光烧蚀射流，激光脉冲重复频率必须足够高，超过几十千赫兹。

在表 5-4 中，文献 [31] 列出了不同形式激光器的烧蚀射流和激光参数作为基础烧蚀数据，也测定了激光烧蚀蒸气温度，即在特定辐射场强下等离子体的热平衡温度。

需要注意的是，烧蚀射流方向始终垂直于被烧蚀的固体表面。与上一节叙述相比，射流方向与激光束入射角无关。喷气速度和蒸气质量流量与激光辐射场强、激光功率吸收效率和靶材蒸发温度等因素有关。

超声速激光烧蚀推进数值计算模型建议基于气体流动半无限数值模拟方法，矢量形式

Navier - Stokes（NS）方程如下

$$\frac{\partial}{\partial t}\int_V \boldsymbol{W} \mathrm{d}V + \int_S (\boldsymbol{F} - \boldsymbol{G}) \cdot \mathrm{d}S = 0 \qquad (5-3)$$

方程中矢量 $\boldsymbol{W}$、$\boldsymbol{F}$ 和 $\boldsymbol{G}$ 可写成以下形式

$$\boldsymbol{W} = \begin{bmatrix} \rho \\ \rho u \\ \rho v \\ \rho w \\ \rho E \end{bmatrix}, \boldsymbol{F} = \begin{bmatrix} \rho V \\ \rho V u + pi \\ \rho V v + pj \\ \rho V w + pk \\ \rho V E + pV \end{bmatrix}, \boldsymbol{G} = \begin{bmatrix} 0 \\ \tau_{xi} \\ \tau_{yi} \\ \tau_{zi} \\ \tau_{ij} \, v_j + q \end{bmatrix} \qquad (5-4)$$

这里，使用了 NS 方程的惯用符号。系统完整完成方程还包括气体状态方程，即

$$p = p(\rho, T)$$
$$E = e(\rho, p) + \frac{\rho V^2}{2} \qquad (5-5)$$

式中　$e(\rho, p)$——气体的内能。

　　为了提高算法的稳定性，将方程变换成主要变量的时间导数，数值求解的主要难点是计算控制体表面对流项。为此，采用流动分离的对流方法[32,33]。这种方法可以得到计算网格面上的对流项显性表达式，而无需求解雷曼问题（Riemann problem）。为确定时间步长，采用古兰特·弗里德里希斯·路易（Courant Friedrichs Lewy）（CFL）准则。在此情况下，用预条件方程组的特征值作为局部速度尺度。

5.5.3　超声速激光烧蚀推进的推力性能

　　为检验超声速激光烧蚀推进模型和检查数值方法的模拟精度，可认为是半无限超声速气流接近无限固体平面，烧蚀射流选择与文献 [27] 中描述的同样射流，即烧蚀射流速度为 429.2 m/s，质量流量为 $m = 40$ g/s，主流区速度为 592 m/s，飞行器模拟飞行高度为 $H = 30$ km，飞行马赫数为 $Ma_0 = 2$。

　　图 5 - 25 显示了上述"烧蚀喷气主流区"与初始环境介质的相互作用数值模拟结果[34]。就像看到的那样，在烧蚀射流上游很短距离位置处形成了弓形激波，波前成曲面并与初始平面垂直。在激波下游减速成亚声速流动，烧蚀射流在喷射点后速度增加变成超声速气流。此外，烧蚀射流的速度是主流区的两倍。这说明主流区局部区域的额外加速效应可用于加速超声速喷管内的气流。

　　那我们考虑将这种加速效应用于超声速激光推进。

　　为了证明横向烧蚀射流对超声速气流的额外加速效果，我们针对两种类型超声速喷管建立了两种射流–气流相互作用模型，具体为带有中心体的轴向抛物面模型和离轴抛物面模型。

　　抛物面喷管由两个组件组成，即亚声速收敛进气道和轴向抛物面（图 5 - 26）。假设抛物面内表面可作为激光束聚焦形成焦点的反射镜面，并在焦点处放置圆柱形固体推进剂。

　　表 5 - 4 中列出了主流气流和烧蚀射流初始参数，它们作为模拟抛物面喷管超声速激光烧蚀推进的初始条件。

(a) 烧蚀射流等值线

(b) 烧蚀射流附近速度等值线

图 5 - 25　超声速激光烧蚀仿真结果

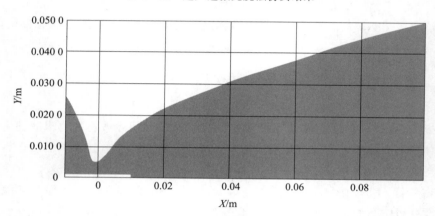

图 5 - 26　抛物面喷管形状

表 5 - 4　初始烧蚀射流和抛物面内主流气流性能参数

进口截面	出口截面	烧蚀射流
$S = 2.82 \times 10^{-3}$ m	$S = 7.85 \times 10^{-3}$ m	$S = 2.45 \times 10^{-7}$ m
$P_0 = 6.0 \times 10^7$ Pa	$P_0 = 4.6 \times 10^7$ Pa	$P_0 = 1.9 \times 10^7$ Pa
$V = 23$ m/s	$V = 1\,707$ m/s	$V = 2\,291$ m/s
$Q = 2$ kg/s	$Q = 2$ kg/s	$\dot{m} = 7.7 \times 10^{-4}$ kg/s

注：S 为截面平方；Q 为喷管内气流初始质量流量；P_0 为静压；V 为气流轴向流速；$\dot{m}$ 为烧蚀气体质量流量。

　　以激光烧蚀模式产生推力的抛物面喷管内超声速流场结构详细形态如图 5 - 27 所示，表 5 - 5 中给出了激光功率（P）和 10^4 K 等离子体温度下烧蚀射流参数，在比烧蚀能量为 $Q^* = 1.3 \times 10^4$ J/g 条件下初始射流速度为 10^3 m/s，选择激光输出功率和激光脉冲为变量。

表 5 - 5　抛物面内气流的激光烧蚀射流和激光性能参数

T_i/s	E_i/(J/cm^2)	F/Hz	$\dot{m}$/(g/s^2)	$\dot{m}$/(g/s^2)	$\dot{m}$/(g/s^2)
1.0e−8	0.52	6.0E+4	0.77	7.7	77
1.0e−7	5.2	6.0E+3	0.77	7.7	77
1.0e−6	52	6.0E+2	0.77	7.7	77
$P = 1.0$e+4 W；$P = 1.0$e+5 W；$P = 1.0$e+6 W					

图 5 - 27 显示了喷管轴向截面气流马赫数和气压分布，通过来流与烧蚀射流的相互作用形成了稳定激波，引起主流区气流初始流场结构变形，导致喷管表面气压上升。激波也影响了喷管自身气流的马赫数分布，其最大值快速降低，并向喷管轴线偏移（如图 5 - 27 所示）。气流下游喷管壁面的压力分布显示了烧蚀射流与来流的相互作用，引起作用在喷管壁面上的轴向压力分量增加。在该条件下"这个附加力"等于 310 N。

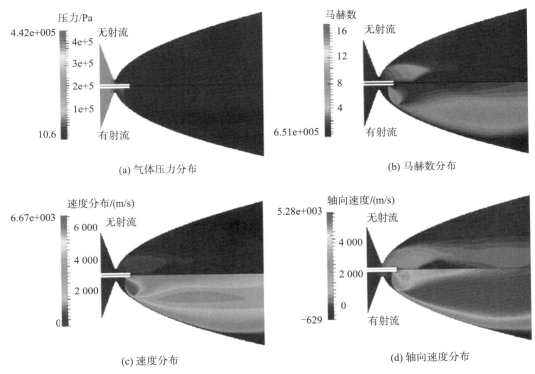

图 5 - 27　抛物面喷管内部气流轴向分布，圆柱形固体推进剂放置在喷管轴线上

示图上半部（无射流）—无烧蚀；示图下半部（有射流）—有烧蚀

图 5 - 28、图 5 - 29 和图 5 - 30 显示了烧蚀射流质量流量 $\dot{m} = 77$ g/s 时，抛物面喷管出口的气流性能。

由图可以看出，与初始气动条件相对应，喷管出口截面的流场与过膨胀喷气射流具有相同的形态分布。

为估算超声速激光烧蚀推进的推力效率，我们使用冲量耦合系数 C_m 常规定义，即激光诱发推力与激光功率之比，$C_m = \Delta T / P$。如图 5 - 31 所示，计算结果表明 $C_m = 3.1 \times 10^{-4}$ N/W。必须指出，如果能优化烧蚀射流与抛物面喷管内超声速来流性能相匹配，超声速激光烧蚀推进的这个结果还是非常具有吸引力的。

将超声速激光烧蚀推进用于光船飞行器，数值分析获得了同样的结果。接下来对发动机喷管内激光烧蚀射流产生推力进一步分析。用离轴抛物面前体作为发动机塞式喷管，后

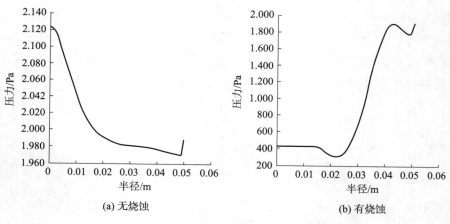

(a) 无烧蚀　　　　　　　　(b) 有烧蚀

图 5-28　抛物面喷管出口截面气压分布

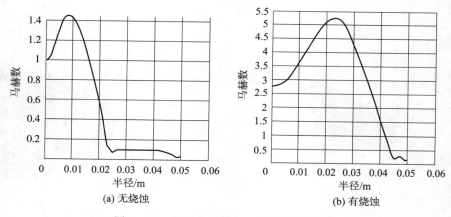

(a) 无烧蚀　　　　　　　　(b) 有烧蚀

图 5-29　抛物面喷管出口截面马赫数分布

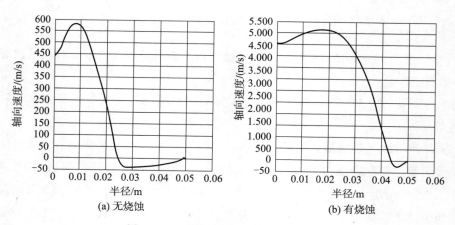

(a) 无烧蚀　　　　　　　　(b) 有烧蚀

图 5-30　喷管出口喷气纵向速度分量

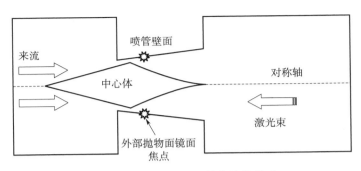

图 5 - 31　光船飞行器数值计算模型

体作为激光束聚光器（见图 5 - 32），这样环形烧蚀射流从光船飞行器模拟整流罩喷出，初始计算条件如表 5 - 6 所示。

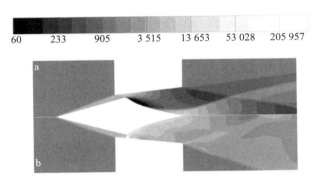

图 5 - 32　光船飞行器超声速喷管内压力分布

表 5 - 6　光船飞行器超声速激光烧蚀推进初始条件

主流区气流初始参数	$p = 2\ 000$ Pa $T = 220$ K
来流马赫数	$M = 3.2$
激光功率	$P = 150.0$ kW
吸收激光功率	60.8 kW（对应于气体内能 $U = c_v T$）
聚焦区面积	$S = 2.45 \times 10^{-7}$ m^2
烧蚀射流参数	$V = 5\ 000$ m/s $T = 11\ 000$ K

　　假设初值条件对应于激光推进光船飞行器在高度为距地面 30 km 的地球大气层中飞行。

　　图 5 - 33 显示了两种条件下喷管内压力分布，即无烧蚀射流（图片上部）和有烧蚀射流（图片下部）。很显然，烧蚀射流转变成初始超声速气流。对于工况（a），稀薄流区位于出现在喷管入口下游；而对于工况（b），没有出现稀薄流区。这是由在喷管入口附近来流与烧蚀射流相互作用引起的，这两种工况都会引起前体附近压力增加，从而产生附加推力。

对于这种情况，估算作用在喷管壁面的轴向压力分量，推力为 1 340 N；冲量耦合系数为 $C_m \approx 10^{-3}$ N/W（100 Dynes/W），这样看来高功率激光推进非常有吸引力。

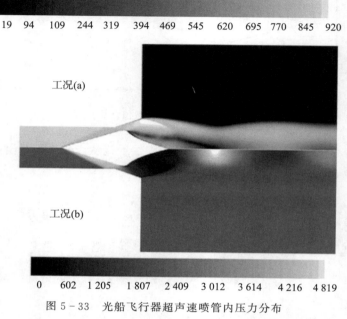

图 5 - 33　光船飞行器超声速喷管内压力分布

上半部（无射流）—无烧蚀；下半部（有射流）—有烧蚀。顶部和底部表示压力变化范围（Pa）

5.5.4　超声速激光烧蚀推进的独特推力性能

为了研究超声速激光烧蚀推进产生推力的独特性能，我们来详细讨论光船飞行器抛物面喷管内烧蚀射流对超声速气流的影响。为了得到更准确的性能数据，假设来流马赫数 $Ma_\infty = 5.0$，气体温度和密度为对应高度 30 km 环境下的大气层空气特征参数。发动机喷管由两个抛物面形成，抛物面聚光器（前体）的焦点位于第二抛物面的表面，就像光船飞行器发动机的抛物面整流罩。此外，抛物面整流罩的焦点后体表面。假设这种形式的 LPE 喷管形状可为远程激光器提供高效的激光功率传输。

图 5 - 34 和图 5 - 35 给出了一些流场转变图像，对应于喷管内形成烧蚀射流的情形。对比每幅图片的（a）和（b），由于烧蚀射流的存在，喷管内都形成了弓形激波，气流得到加速，且发动机喷管内压力分布发生变化。激波产生的压力峰向喷管壁面方向移动引起压力变化，由此产生附加推力。

通过对超声速激光烧蚀推进的数值计算，我们发现了另一个有趣的事实，当烧蚀射流的质量流量超过某一值时，喷管内的推力出现间歇性不稳定，而烧蚀射流质量流量跟激光功率有关。图 5 - 36 显示了以典型压力震荡形式表示的推力不稳定，这说明当激光功率超过某一最大值后，会产生很强的弓形激波，激波到达喷管入口截面时会引起临时壅塞。

我们来讨论烧蚀射流对光船飞行器喷管内超声速气流流场影响的具体算例，图 5 - 37

19　94　109　244　319　394　469　545　620　695　770　845　920

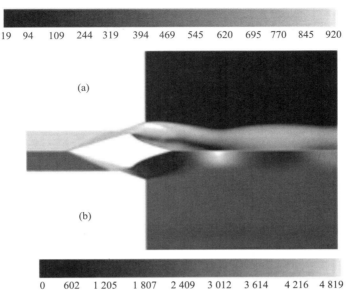

0　602　1 205　1 807　2 409　3 012　3 614　4 216　4 819

图 5 - 34　光船飞行器超声速抛物面喷管内压力分布

上半部（无射流）—无烧蚀；下半部（有射流）—有烧蚀。顶部和底部表示压力变化范围（Pa）

109　521　933　1 345　1 757　2 169　2 581　2 993　3 405

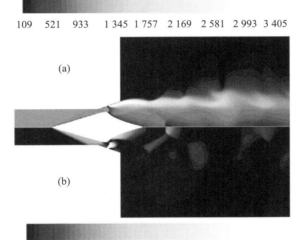

2 000　2 972　3 943　4 915　5 887　6 858　7 830　8 801　9 773

图 5 - 35　抛物线喷嘴内的压力模式：带烧蚀射流（底部）并且没有烧蚀射流（上）。
顶部和底部刻度表示范围压力变化（Pa）

中形成"向右"的烧蚀射流，其他计算条件包括：1）烧蚀射流质量流量为 0.25 g/s；
2）来流质量流量为 0.87 kg/s。对应烧蚀射流参数的激光辐射功率为 3.0 MW。

　　需要强调的是，在喷管轴线附近初始气流内形成了一个回流区，在回流区内速度矢量
和轴向速度流线都穿过喷管出口。然而，烧蚀射流的流态变化非常剧烈。对于激光束聚焦

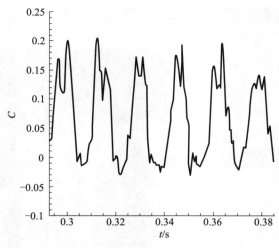

图 5-36　抛物面喷管内压力波动

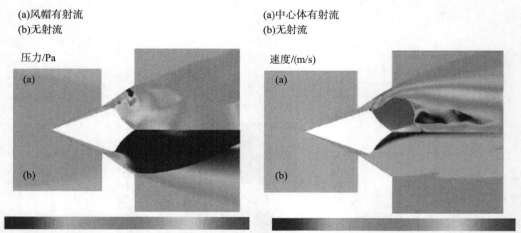

图 5-37　高功率激光作用下光船飞行器喷管内超声速气流流场图

在后体表面时，将在其表面上生成射流 [图 5-37 (a)]，这种情况下流场的特性是喷管轴线附近存在多重激波和高速区。此外，当射流从后体向整流罩方向喷射时，流场结构会非常规则。

　　对比两种情况喷管内的压力和速度分布，在整流罩附近烧蚀射流压力上升，流速降低。这种效应会影响推力效率，即作用在喷管结构上压力从没有烧蚀射流时的 −275.3 N，增加到有射流条件下的 +802.0 N（"负号"对应于气流减速，"加号"对应于气流加速）。具体来说，有烧蚀射流加速条件下冲量耦合系数为 $C_m \approx 2.6 \times 10^{-4}$ N/W 。

　　假设光船飞行器在发动机喷管内采用两股烧蚀射流影响超声速气流，随之就可观测到烧蚀射流质量流量为 2×0.2 kg/s，相应的激光辐射功率约为 5 MW（见图 5-38）。

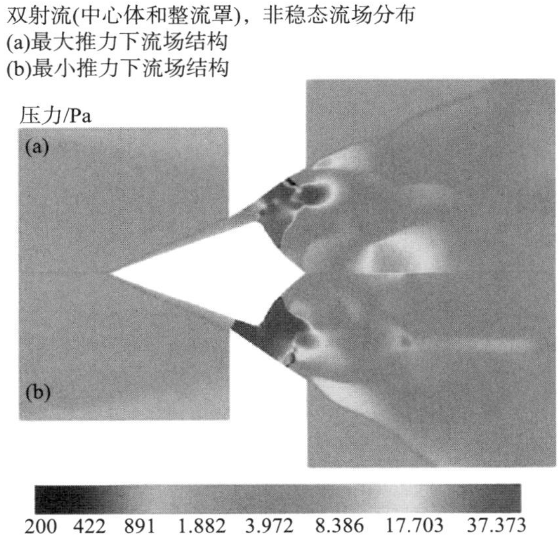

双射流(中心体和整流罩)，非稳态流场分布
(a)最大推力下流场结构
(b)最小推力下流场结构

图 5 - 38 高烧蚀率激光辐射引起的超声速气流流场不稳定性

可以看到，当激光功率过高时，超声速流场变成非稳态和非均匀结构。其原因是由于激波向上游传播到发动机入口，并壅塞进气道。这种负面效应造成推力效率降低和推力不稳定。不过，采用相位相反的两股非稳定射流就可以提供正向推力，推力将增至最小 $+2\,122.0\,\text{N}$ 到最大 $+3\,295.3\,\text{N}$，相应耦合系数分别达到 $C_m \approx 4.2 \times 10^{-4}\,\text{N/W}$ 和 $C_m \approx 6.6 \times 10^{-4}\,\text{N/W}$。

需要注意的是，由于受到激光出口辐射分布的限制，从整流罩和后体喷射的烧蚀射流实际流量难以达到一致。为模拟这两种效应，考虑采用以下两组设计参数：1）整流罩射流流量为 $140\,\text{g/s}$，相应激光功率为 $2\,\text{MW}$；后体质量流量为 $80\,\text{g/s}$，相应激光功率为 $1\,\text{MW}$。2）整流罩射流流量为 $250\,\text{g/s}$，相应激光功率为 $3\,\text{MW}$；后体质量流量为 $50\,\text{g/s}$，相应激光功率为 $0.6\,\text{MW}$。

这两种工况推力数值模拟表明，第一种工况推力可达 $750.1\,\text{N}$，耦合系数为 $C_m \approx 2.8 \times 10^{-4}\,\text{N/W}$；第一种工况推力可达 $1\,102.6\,\text{N}$，耦合系数为 $C_m \approx 3.06 \times 10^{-4}\,\text{N/W}$。在这两种工况下，下游多重脱体激波和相互作用激波的结构是稳定的。

由此我们可以得出，烧蚀射流不仅可以增加超声速气流的能量，而且可以产生附加推力。此外，烧蚀射流还可通过消除气流的回流区来控制流场结构。轻型激光推进发动机采用双抛物面喷管可进一步增强这种效应。

5.6 结论

本章我们讨论了超声速模式激光推进的基本效应，可以看出当前这些激光技术还存在一些限制：1）激光脉冲击穿气流引起的超声速气流的不稳定性；2）产生的强激波会壅塞光船飞行器的超声速进气道。为消除这些不利效应，建议应用激光烧蚀射流为超声速气流提供高效沉积激光功率，并产生附加推力。在这种情况下，通过烧蚀射流与超声速气流的相互作用增加发动机推力。

数值分析验证了当烧蚀射流质量流量不高于阈值时，超声速激光烧蚀推进可以稳定工作，并可高效产生推力。此时冲量耦合系数达到 $C_m \approx 10^{-3}\,\text{N/W}$。在我们看来，激光烧蚀射流与超声速气流相互作用技术可用于提高超燃冲压发动机推力效率，因为它不需要在超声速气流中形成强制驻点。

参 考 文 献

［1］ Kantrowitz，A. Propulsion to orbit by ground - based lasers. Astron. Aeron. 10，74 - 76，1972.

［2］ Simons，G. A.，Pirri，A. N. The fluid mechanics of pulsed laser propulsion. AIAA J. 18，835 - 842，1977.

［3］ Harrland，A.，et al. Hypersonic inlet for a laser powered propulsion system. AIP Conf. Proc. 1402，145 - 157，2011. https：//doi. org/10. 1063/1. 3657023

［4］ Tichschenko，V. N.，et al. Gas - dynamic effects of interaction of optical discharge with a gas ［J］. Quant. Electr.（Rus.）. 37，1 - 6，2007.

［5］ Apollonov，V. V.，Tischenko，V. N. Laser propulsion on the basis of the effect of marching shock waves ［J］. Quant. Electr.（Rus.）. 36，673 - 683，2006.

［6］ Myrabo，L. N.，Raizer，Yu. P. Laser - induced air spike for advanced transatmospheric vehicles. AIAA Pap. 94 - 2451，1994.

［7］ Rezunkov Yu，A.，Schmid，A. A. Supersonic Laser Propulsion. Appl. Opt. 53，155 - 165，2014. https：//doi. org/10. 1364/AO. 53. 000I55

［8］ Langener，T.，Myrabo，L.，Rusak，Z. Inlet aerodynamics and ram drag of laser - propelled lightcraft vehicles. AIAA Pap. 2009 - 4806，2009. https：//doi. org/10. 1063/1. 3435458

［9］ Richard，J. C.，Myrabo，L. N. Analysis of laser - generated impulse in an air - breathing pulsed detonation engine. Part 1. Beam. Ener. Prop. 766，265 - 278，2004. https：//doi. org/10. 1063/1.

［10］ Richard，J. C.，Myrabo，L. N. Analysis of laser - generated impulse in an airbreathing pulsed detonation engine. Part 2. AIP Conf. Proc. 766，279 - 291，2004. https：//doi. org/10. 1063/1. 1925150

［11］ Libeau，M. A.，et al. Combined theoretical and experimental flight dynamics investigations of a laser - propelled vehicle. AIP Conf. Proc. 664，125 - 137，2002. https：//doi. org/10. 2514/6. 2002 - 3781

［12］ Trizzini，F.，et al. Design of a Lightcraft model for experimentation on laser propulsion. In： Proceedings of COBEM 2011，21st Brazilian Congress of Mechanical Engineering October 24 - 28， Natal，RN，Brazil，2011.

［13］ Katsurayama，H.，Komurasakij，K.，Arakawa，Y. Numerical analyses on pressure wave propagation in repetitive pulse laser propulsion. AIAA - 2001 - 3665，2001. https：//doi. org/10. 2514/6. 2001 - 3665

［14］ de Oliveira，A. C.，et al. Laboratory facilities and measurement techniques for beamed - energy propulsion experiments in Brazil. AIP Conf. Proc. 1402，31 - 46，2011. https：//doi. org/ 10. 1063/1. 3657014

［15］ Kenoyer，D. A.，Salvador，I. I.，Myrabo，L. N. Axial impulse Generation of Lightcraft Engines with ～1 μs Pulsed TEA CO2 laser. AIP Conf. Proc. 1402，82 - 92，2011. https：//doi. org/ 10. 1063/1. 3657018

[16]　Kenoyer, D. A. , Salvador, I. I. , Myrabo, L. N. Beam – riding behavior of Lightcraft Engines with ～1 μs Pulsed TEA CO2 laser. AIP Conf. Proc. 1402, 93 – 105, 2011. https: //doi. org/ 10. 1063/1. 3657019

[17]　Kenoyer, D. A. , et al. Flow Visualization of Thrust – Vectoring Lightcraft Engines with ～ 1μs Pulsed TEA CO2 Laser. AIP Conf. Proc. 1402, 106 – 114, 2011. https: //doi. org/10. 1063/1. 3657020

[18]　Salvador, I. I. , et al. 2 – D airbreathing lightcraft engine experiments in quiescent conditions. AIP Conf. Proc. 1402, 158 – 173, 2011. https: //doi. org/10. 1063/1. 3657024

[19]　Salvador, I. I. , et al. 2 – D Air – breathing lightcraft engine experiments in hypersonic conditions. AIP Conf. Proc. 1402, 174 – 186 , 2011. https: //doi. org/10. 1063/1. 3657025

[20]　Harrland, A. Hypersonic inlet for a laser powered propulsion system. Master of Philosophy (Engineering) . School of Engineering, Computer and Mathematical Sciences. The University of Adelaide 160, 2012. https: //doi. org/10. 1063/1. 3657023

[21]　Tischenko, V. N. Generation of a low – frequency wave by optical discharge moving in a gas with a subsonic velocity [J] . Quan. Electr. (Rus.) . 33 (1 – 8), 2003.

[22]　Zeldovich, Ya. B. , Raizer, Yu. P. Physics of shock waves and of high – temperature gas – dynamic phenomena. Physmatgiz, Moscow, 1963.

[23]　Korotaev, T. A. , Foment, V. M. , Yakovlev, V. I. Regimes of laser power deposition in gas flow. Proc. NGY. Ser. : Phys. 2, 19 – 35, 2007.

[24]　Grachov, G. N. , et al. Stationary forces developed by optical pulsating discharge as applied to laser propulsion. J. Quant. Electr. (Rus.) . 37, 669 – 673, 2007.

[25]　Ghosh, S. , Mahesh, K. Numerical simulation of the gas – dynamic effects of laser energy deposition in air. J. Flu. Mech. 605, 329 – 354, 2008. https: //doi. org/10. 2514/6. 2017 – 1009

[26]　Lunev, V. V. Hypersonic gas – dynamics. Mashinostroenie, Moscow , 1975.

[27]　Tynibekov, A. K. Gas jet in a supersonic flow. Herald KRSU. 8, 128 – 133, 2008.

[28]　Beketova, A. O. , Naimanova, A. G. Numerical study of supersonic gas flow with lateral gas jet. Appl. Mech. Theor. Phys. 45, 72 – 80, 2004. https: //doi. org/10. 1007/BF02466865

[29]　Phipps, C. N. Review laser – ablation propulsion [J] . Prop. Pow. 26, 609 – 637, 2010.

[30]　Raizer, Y. P. Physics of gas discharge. Nauka, Moscow, 1987.

[31]　Phipps, C. R. , Reilly, J. R. , Campbell, J. M. Optimum parameters for laser launching objects into low Earth orbits. Las. Part. Beam. 18, 661 – 695, 2000. https: //doi. org/10. 1017/S0263034600184101

[32]　Smirnov, E. M. , Zaitsev, D. K. Method of finite volumes as applied to gas – hydro – dynamics and heat exchange in regions of complex geometry. Sci. Techn. Bull. (Rus.), 2004.

[33]　Roe, P. L. Characteristic – based schemes for the euler equations. Ann. Review Flu. Mech. 18, 337, 1986. https: //doi. org/10. 1146/annurev. fl. 18. 010186. 002005

[34]　Rezunkov, Y. A. , Schmidt, A. A. Development of laser propulsion at supersonic modes [J] . Tech. Phys. (Rus.) . 83, 33 – 41, 2013.

[35]　Schmidt, A. A. , Rezunkov, Yu. A. Nonstationary interaction of incoming flow with ablative jet in supersonic laser propulsion. In: 30 – th International Symposium on Shock Waves, vol. 1, pp. 527 – 529 , 2017. https: //doi. org/10. 1007/978 – 3 – 319 – 46213 – 4 _ 90

第6章　超声速激光推进

摘　要　从激光推进先驱阿瑟·坎特罗维茨（1972）和 A. M. 普罗霍罗夫（1976）教授的研究开始，将高功率激光推进用于近地空间探测已经讨论很长时间了。从那时开始，俄罗斯、美国、德国、日本、中国、巴西和澳大利亚等就开展了大量的理论和实验研究，随着研究的进行，提出了的各种激光推进航天器模型。其中之一就是莱克·迈拉博教授研制的用于近地空间卫星发射的技术验证光船飞行器（LTD）。本章我们提出了采用宇航激光推进发动机作为推进系统的小型飞行器，设计了满足飞行器空间应用基本条件的光学系统，尤其是不受飞行器轨道机动期间飞行器与激光束彼此方位的限制。它通过一个包括接收望远镜、光学转台和铰链组成的辅助星载光学单元来实现。

本章将讨论微型飞行器在清除近地轨道和地球同步轨道空间碎片中应用。

关键词　卫星集群；光星飞行器；空间碎片；电动绳系；空间拖船；垃圾收纳器；轨道机动；圆轨道；霍曼轨道转移；地心赤道坐标系；推进剂消耗量；比冲；推力；推进效率；空间小型飞行器；接收望远镜；光学转台；光学开关；机电偏转器

6.1　问题介绍

与大型和重型飞行器相比，空间小型飞行器（SMV）具有一些优点，如[1]：

在高度 $200 \sim 100$ km 近地轨道运行成本低，而重型飞行器如果没有专门的轨道修正技术将无法长期生存。

1）采用专用技术设计 SMV 可降低费用和成本。

2）SMV 快速更新设计可以完成特定空间应用任务。

3）简化重力、电和气体环境要求，减小卫星平台对电子设备运行能力的影响。

4）专用 SMV 装置研发周期短，从开始到飞行测试仅需 $3 \sim 5$ 年。

5）减小 SMV 运行成本。

数百个 SMV 在民用和军事应用的成功经验证明其运行效率高[2]，SMV 至少可以解决大型飞行器应用任务单一的问题。此外，需要特别关注的是，SMV 可用作卫星巡察器，用于监测长期在轨运行的大型飞行器。

根据空间飞行器实际分类方法[2]，我们将 SMV 进行单独分类：1）迷你型飞行器质量（$100 \sim 500$）kg；2）微型飞行器质量（$10 \sim 100$）kg；3）微微型飞行器质量（$0.1 \sim 1.0$）kg。当前许多发达国家都在积极研制基于分布式运行目标的"集群星座"。集群星座主要优点包括：

1）对地表全球监测。

2）在轨集群飞行器高可操作性。

3）系列 SMV 的制造等。

尽管像 SMV 新型空间飞行器的研制为提升空间探测能力起到了积极作用，但研发作为地面连续全球监测的 SMV 需要满足一些具体要求。此外，如果要建设基于 SMV 的在轨飞行器集群，每个飞行器就要在共同纲领框架下承担某项专业功能。这类飞行器集群可以以独立和协同两种方式运行[3,4]。

卫星集群可用于通信或无线导航，提供以下服务：

1）通过地面自动设备收集大气层特性探测、石油管线和电力设备等的技术状态数据。

2）为分布式产品线和航班飞行构筑共同网络。

3）全球计算机联网。

4）监测地面移动设备的全球坐标等。

此外，拥有大量卫星的近地轨道卫星集群可限制提高生存能力，因为一个或几个卫星损坏不会影响其运行效果。卫星集群可为缺乏地面通信网络的国家或地区提供移动通信功能。利用小型飞行器可为移动电话与交通工具、轮船和救援服务之间建立相互通信。近地轨道卫星集群这些应用优点对俄罗斯来说非常重要，因为俄罗斯有一些州的通信网络很不发达，居民之间的距离很远。为实现这个目标，卫星集群至少需要 200 颗小型飞行器。

为了更高效发展最先进空间通信网络，必须研发新的飞行器设计技术。根据需要解决的关键问题，卫星集群中卫星的数量和单个卫星的有效载荷都必须是最优的。要想优化卫星集群的总重量，需要采用合适的技术研制每个飞行器的发射和在轨机动动力装置。

卫星的发射通常采用不同形式的运载火箭。不过主要采用天基系统进行卫星发射，包括基于地外发射系统的专用运载火箭。如俄罗斯的微风 - 21（"Calm - 21"）或伊斯坎德尔（"Iskander"），美国的飞马座（"Pegasus"）也用于在大气层发射 NASA 和 DARPA 的卫星。与地面发射运载火箭相比，天基发射系统具有一定优势[5]。

高功率激光推进能够满足小型飞行器的近地轨道发射和在轨机动要求。前面章节中已经详细讨论了光船飞行器，光船飞行器采用激光推进实现单级入轨，以及离轨和再入。采用 HPLP 运载火箭开展空间发射任务还必须解决以下几个难题：

1）研制专用空间飞行器，包括星载光学接收系统，用于星载激光推进发动机收集远程激光发射的激光辐射，并产生推力。

2）推力与飞行器和激光彼此空间位置无关。

3）采用远程激光精确照射飞行器。

莱克·迈拉博[6-8]教授在该方向所做的第一项工作就是在 SDIO 激光推进项目支持下研制了光星系统。光星系统概念的核心是采用 100 MW 量级的激光器驱动光船自主飞行。光星集群必须监测地球大气层为射频和光学转发器提供服务。

每个光星飞行器包括控制飞行器轨道的星载计算机、方位探测器、负责天地数据转发的射频转发器、收集太阳能的太阳电池板和星载电子设备。

但是飞行器面临的技术难题之一是用于轨道控制的星载发动机，受到星载推进剂贮量

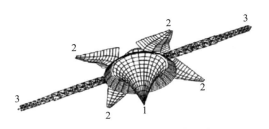

图 6-1 光星飞行器设计概念

1—聚光器；2—太阳能电池；3—星载射频天线

的限制，飞行器的在轨寿命有限。

如果飞行器在轨飞行期间不依赖高功率激光和飞行器彼此的方向，采用 HPLP 系统实现 SMV 空间任务将非常有吸引力。为满足空间应用需求，需要研制发动机与星载光学系统集成设计的宇航激光推进发动机（见第 4 章）。采用现有的光学技术和基本设计手段，可以研制出星载激光推进系统。

激光推进 SMV 可用于近地轨道和地球同步轨道的空间碎片清除[9]，包括大小空间目标。需要指出的是，目前有多个在研的空间碎片清除项目[10]，它们通常都是基于主动和被动清除技术。以空间碎片被动清除技术为例，主要包括：

1）长度为几百米的电动系绳，将其与空间碎片连接。在系绳与地球电磁场的相互作用下，使目标脱离轨道返回地球。

2）在空间碎片上打开太阳帆，可以清除远、近地球轨道的空间碎片。

将空间拖船停靠在大型空间目标上，将其转至轨道贮存站或墓地轨道是主动清除的一个工程实例[10]。拖船或垃圾收纳器作为空间运输系统的一部分，需要专门研发。假设一个垃圾收纳器将 750 个目标从 GEO 轨道清除至地球，需要 10 年的运行时间。考虑到 GEO 轨道上有 1 500 个在用航天器，采用一个垃圾收纳器清除所有 GEO 目标需要大约 20 年时间。

将垃圾收纳器系统用于解决空间碎片问题非常具有吸引力，但空间碎片处理对收纳器系统设计需要提出非常明确的要求。例如，为清除 GEO 轨道上的失效卫星，首先垃圾收纳器必须近距离接近每一颗卫星并将其捕获，然后将其拖走，垃圾收纳器再返回其工作轨道。在整个清除过程中，每次交会都需要消耗大量推进剂，这将极大增加拖动的惯性质量。基于此，MDA 加拿大公司开发了一个 GEO 轨道空间基础服务站（Space Infrastructure Servicing station），如果需要，垃圾收纳器可以进行在轨加注。

从我们的角度来看，在垃圾收纳器上预先安装带有激光推进的空间小型飞行器，用于垃圾收纳器捕获与停靠在用卫星，这将是解决 GEO 空间碎片问题的一个有效方式[11]。这种情况下，驱动 SMV 的激光器也可安装在垃圾收纳器上。本章我们将讨论带有星载激光推进系统空间小型飞行器的设计和应用，它作为空间运输系统的一部分，可用于近地轨道和 GEO 轨道的空间碎片清除任务。

6.2　SMV 轨道机动策略

我们知道，受到多种因素的限制，近地轨道卫星的寿命有限[12]。举例来说，因为受到地球重力场分布不均匀，以及大气层上部大气阻力等因素的影响，卫星会脱离其运行轨道。为了阻止卫星偏离其运行轨道，需要在合适时间对飞行器进行轨道修正。这样，轨道高度修正任务必须消耗尽可能少的星载燃料（推进剂）。

为将卫星带回其运行轨道，近地空间的轨道机动通常通过中间转移轨道来实现（见图 6-2)[13]，即（a）采用小推力机动的螺旋转移轨道；（b）大推力模式下沿椭圆轨道的霍曼转移。尽管两种轨道转移模式在实际空间任务中都得到应用，采用激光推进执行卫星轨道修正任务需要考虑 SMV 的实际特性。

这两种轨道转移方式各有自身的特点，在小推力方式下有以下认识：

1）轨道修正需要的时间较长，因此卫星需要飞行很多圈，特别在近地轨道。

2）在卫星机动期间激光推进系统需要全程工作，这需要激光随卫星连续运动。

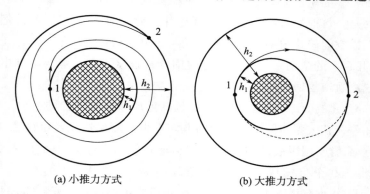

(a) 小推力方式　　　　　　　(b) 大推力方式

h_1 和 h_2 分别为卫星初始轨道和运行轨道；1 和 2 是卫星初始位置和最终位置

图 6-2　卫星轨道转移模式

在大推力方式下，即霍曼轨道转移，有以下认识：

1）采用最短空间轨道和高初始速度增量，卫星轨道修正所需时间较短。

2）根据卫星必须施加的速度增量和减少需求，激光推进系统仅需两次开启。

因此，近地轨道卫星的轨道修正的选择主要考虑推力产生方式。为简化轨道修正通用描述，假设卫星看作一个质点，运动质量为 M_s，受到两个作用力，即地球重力和大气层上层阻力[13,14]。假设地球为球形。

在地心赤道坐标系 $OXYZ$ 中，对应的坐标原点为地心 M，Z 坐标为地球旋转轴。这样，X 轴指向春分点，Y 轴为直角坐标系 [见文献 [15]]。

在重力 F_z 作用下卫星变轨可以采用下面公式表述

$$\boldsymbol{F}_z = -\gamma \frac{M_E \cdot m_s}{r^2} \boldsymbol{r}_0, \boldsymbol{r}_0 = \frac{\boldsymbol{r}}{r} \tag{6-1}$$

式中　γ ——万有引力常数，$\gamma = 6.67 \times 10^{-11}$ m^3/(kg$\times$s^2)；

　　　M_E ——地球质量，$M_E = 5.973\,6 \times 10^{28}$ kg；

　　　m_s ——卫星质量；

　　　$\boldsymbol{r}_0$ ——单位矢量；

　　　$\boldsymbol{r}$ ——有地球中心指向卫星的矢径；

　　　r ——地球中心到卫星的半径。

　　在坐标系中，按通用形式按牛顿第二定理描述两个质点 M 和 m 的运动方程

$$\begin{cases} \dfrac{\mathrm{d}^2 \boldsymbol{p}_1}{\mathrm{d}t^2} = -\gamma \dfrac{M}{r^2} \boldsymbol{r}_0 \\[2mm] \dfrac{\mathrm{d}^2 \boldsymbol{p}_1}{\mathrm{d}t^2} = \gamma \dfrac{m_s}{r^2} \boldsymbol{r}_0 \\[2mm] \boldsymbol{p}_1 = \boldsymbol{p}_2 + r \cdot \boldsymbol{r}_0 \end{cases} \tag{6-2}$$

式中　$\boldsymbol{p}_1$ ——从惯性坐标原点到质点 m 的固定矢径；

　　　$\boldsymbol{p}_2$ ——从惯性坐标原点到质点 M 的固定矢径（见图 6-3）；

　　　t ——时间。

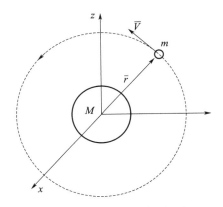

图 6-3　卫星在轨地心赤道坐标系 $OXYZ$

　　在惯性坐标系中，利用方程组（6-2），从方程一推导方程二，推导出质点 m 关于引力中心 M 点运动方程，即

$$\frac{\mathrm{d}^2 \boldsymbol{r}}{\mathrm{d}t^2} = -\gamma \frac{M_E + m_s}{r^2} \boldsymbol{r}_0 \tag{6-3}$$

　　因为 $m_s \ll M_E$，所以可以忽略卫星对地球加速度的影响，以地球 M 中心作为惯性坐标系的原点。然后，设定 $\boldsymbol{p}_1 = r$，$\boldsymbol{p}_1 = 0$，考虑 M 的扰动力，相对于重力中心的卫星的轨道运动方程可写成以下形式

$$\frac{\mathrm{d}^2 \boldsymbol{r}}{\mathrm{d}t^2} = -\mu \frac{\mu}{r^2} \boldsymbol{r}_0 + \frac{\boldsymbol{F}}{m} \tag{6-4}$$

式中　$\mu = \gamma M$ ——地球万有引力常数；

$\boldsymbol{F}$ ——扰动力矢量。

方程（6-4）矢量在 X、Y 和 Z 的投影可写成以下形式

$$\frac{\mathrm{d}^2 x}{\mathrm{d}t^2} = -\frac{\mu}{r^3}x + \frac{\boldsymbol{F}_x}{m} \text{ 或 } \frac{\mathrm{d}^2 x}{\mathrm{d}t^2} = -\frac{\mu}{r^3}x + a_x$$

$$\frac{\mathrm{d}^2 y}{\mathrm{d}t^2} = -\frac{\mu}{r^3}y + \frac{\boldsymbol{F}_y}{m} \text{ 或 } \frac{\mathrm{d}^2 y}{\mathrm{d}t^2} = -\frac{\mu}{r^3}y + a_y$$

$$\frac{\mathrm{d}^2 z}{\mathrm{d}t^2} = -\frac{\mu}{r^3}z + \frac{\boldsymbol{F}_z}{m} \text{ 或 } \frac{\mathrm{d}^2 z}{\mathrm{d}t^2} = -\frac{\mu}{r^3}z + a_z \tag{6-5}$$

式中　a_x，a_y，a_z ——扰动力加速度分量。

近地轨道卫星受到的气动阻力 R_x 可用下式表达

$$R_x = C_x \frac{\rho(h)V^2}{2} S_m \tag{6-6}$$

其中，$\rho(h) = \rho_0 - \exp(-0.023\ 758 \times h - 17.233\ 262\ 7)$ 为 $h = 200 \sim 300$ km 高度处的大气密度；C_x 为大气层气动阻力系数。气动阻力产生一个扰动加速度，指向卫星轨道的切向方向。加速度 a_x、a_B 在 X、Y 和 Z 的投影定义为下面形式。

加速度 $\boldsymbol{a}$ 的矢量方向与卫星飞行速度矢量方向相反，即

$$\boldsymbol{a} = -C_x \frac{\rho(h)}{2m} S_m |\boldsymbol{V}|^2 \boldsymbol{e} \tag{6-7}$$

式中　$\boldsymbol{e} = [\,|V_x/V|,\ |V_y/V|,\ |V_z/V|\,]$；

　　　$|\boldsymbol{V}| = \sqrt{V_x^2 + V_y^2 + V_z^2}$ ——加速度单元矢量；

　　　S_m ——卫星截面积。

这样的话：

$$a_x = -C_x \frac{|\boldsymbol{V}|}{2m} S_m \cdot V_x,\ a_y = -C_x \frac{|\boldsymbol{V}|}{2m} S_m \cdot V_y,\ a_z = -C_x \frac{|\boldsymbol{V}|}{2m} S_m \cdot V_z \tag{6-8}$$

将式（6-8）代入式（6-5），我们可以得到地球引力场和地球大气阻力，以及火箭发动机推力共同作用下的卫星在轨方程

$$\begin{cases} \dfrac{\mathrm{d}^2 x}{\mathrm{d}t^2} = -\dfrac{\mu}{r^3}x - C_x \dfrac{\rho|\boldsymbol{V}|}{2m} S_m \cdot V_x + \delta(t) \cdot a_{xt} \\[2mm] \dfrac{\mathrm{d}^2 y}{\mathrm{d}t^2} = -\dfrac{\mu}{r^3}y - C_x \dfrac{\rho|\boldsymbol{V}|}{2m} S_m \cdot V_y + \delta(t) \cdot a_{yt} \\[2mm] \dfrac{\mathrm{d}^2 z}{\mathrm{d}t^2} = -\dfrac{\mu}{r^3}z - C_x \dfrac{\rho|\boldsymbol{V}|}{2m} S_m \cdot V_z + \delta(t) \cdot a_{zt} \end{cases} \tag{6-9}$$

式中　$\rho = \rho(h)$；

　　　a_{xt}，a_{yt}，a_{zt} ——卫星在 X、Y 和 Z 轴方向加速度分量；

　　　$\delta(t)$ ——激光推进发动机运行时间函数：

$$\delta(t) = \begin{vmatrix} 1, & t_0 = t_1 = 0 \leqslant t \leqslant t_2 \\ 0, & t_2 \leqslant t \leqslant t_3 \\ 1, & t_3 \leqslant t \leqslant t_4 \\ 0, & t_4 \leqslant t \leqslant \infty \end{vmatrix} \tag{6-10}$$

式中　　$t_0 = 0$——推进系统第一次启动工作；

　　　　$[t_1, t_2]$，$[t_3, t_4]$——发动机工作期间的时间间隔。

　　采用方程组（6-9）可以确定卫星运动的基本特性。例如，卫星质量为 100 kg，近地飞行轨道 200 km 或运行轨道 300 km 时，求解方程得到的几个参数如表 6-1 所示。假设大气阻力系数为 $C_x = 0$，卫星截面积 $S_m = 1.0 \text{ m}^2$，时间函数 $\delta(t) = 0$。表 6-1 给出了不同时刻 t_i 卫星的停留轨道参数。

表 6-1　卫星在轨运行轨道参数

h_i / km	R_i / km	$V_i / (\text{km/s})$	T_i / h	n_i	t_i / h
200	6 578.39	7.79	1.47	6.51	9.6
280	6 658.39	7.75	1.50	/	/
300	6 678.39	7.73	1.51	318.3	480

注：n_i 为卫星在轨寿命期间飞行圈数。

　　对于卫星轨道修正来说，卫星飞行轨道详细参数非常重要。根据定义，当飞行高度为 280 km 时，卫星速度为 $V = 7\ 740 \text{ m/s}$，其中 X、Y 和 Z 方向的分量分别为 $V_x = -7\ 721 \text{ m/s}$，$V_y = -542.7 \text{ m/s}$ 和 $V_x = 0 \text{ m/s}$。当轨道高度为 200 km 时，对应速度为 $V = 7\ 786.5 \text{ m/s}$，其中 X、Y 和 Z 方向的分量分别为 $V_x = -3\ 556.38 \text{ m/s}$，$V_y = -6\ 926.88 \text{ m/s}$ 和 $V_x = 0 \text{ m/s}$，包括径向和切向速度分量分别为 $V_r = 7\ 786.5 \text{ m/s}$ 和 $V_n = 0.029\ 6 \text{ m/s}$。对比表 6-1 中列出的速度参数，可以看到卫星在两个轨道上的速度与圆轨道速度很接近。但无论如何，每个速度都有径向分量！速度矢量和切向速度分量的夹角分别为：280 km 时为 2.14×10^{-6} rad 和 200 km 时为 3.80×10^{-6} rad。

　　接下来卫星轨道修正策略采用霍曼轨道，当卫星到达近地点（距地球距离最小）时，激光推进发动机开始工作 t_1，在此期间卫星获得的速度增量为 ΔV_1，卫星随之进入椭圆轨道。然后关闭激光推进发动机，卫星在椭圆轨道保持无动力飞行直至到达 300 km 轨道高度。此时再次启动激光推进发动机，工作时间为 t_2，在此期间卫星获得的速度减小 ΔV_2，这时卫星在该轨道运行。假设在 t_2 时刻卫星速度大小和矢量达到 300 km 轨道轨道参数。当卫星需要重新返回 200 km 或 280 km 轨道时，该轨道修正过程可以重复进行。

　　图 6-4 说明了卫星在两个圆轨道之间的霍曼轨道过程。轨道转移计算还需要一些初步假设，包括：

　　1）初始和最终轨道都是圆轨道。

　　2）初始、转移和最终轨道都在地球赤道平面，这意味着轨道倾角为 0。

　　3）推力矢量在卫星轨道面内。

　　卫星两个初始轨道转移的椭圆轨道参数数值计算结果见表 6-2。

　　图 6-4 中 1 是起始轨道高度 200 km 或 280 km，3 为运行轨道。a、b 和 c 分别为椭圆的长半轴、短半轴和焦点的距离，地球中心的坐标点为（0，0）。

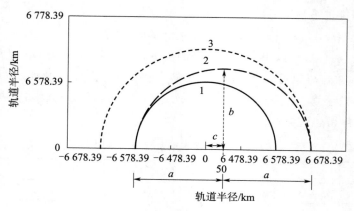

图 6-4　SMV 椭圆转移轨道

表 6-2　两个初始轨道转移的椭圆轨道参数

h_0/km	a/km	b/km	c/km	p/km	偏心率 e
280	6 668.39	6 668.25	10	6 668.12	0.006 399 7
200	6 628.39	6 628.20	50	6 628.01	0.007 543 3

注: p 为椭圆焦点参数。

卫星在轨道远地点和近地点的速度为

$$V_{per} = \sqrt{\frac{G \cdot M_E}{a} \cdot \frac{1+e}{1-e}}$$

$$V_{apo} = \sqrt{\frac{G \cdot M_E}{a} \cdot \frac{1-e}{1+e}} \qquad (6-11)$$

式中　$G = 6.673 \times 10^{-11} \ m^3/(kg \cdot s^2)$;

　　　$M_E = 5.977 \times 10^{24} \ kg$。

远地点卫星速度矢量如图 6-5 所示，同时远地点也存在速度矢量分量。

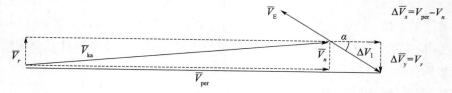

图 6-5　转移轨道时远地点卫星速度矢量分量

式中　$\boldsymbol{V}_s$、$\boldsymbol{V}_r$、$\boldsymbol{V}_n$ ——卫星速度矢量，以及对应圆轨道的径向和切向速度矢量；

　　　$\boldsymbol{V}_{per}$、$\boldsymbol{V}_{apo}$ ——卫星在近地点和远地点速度矢量；

　　　$\boldsymbol{V}_E$ ——发动机喷气速度矢量；

　　　α —— $\boldsymbol{V}_E$，$\boldsymbol{V}_n$ 矢量之间的夹角。

考虑采用矢量图（图 6-5）可写为

$$\Delta V_x = V_{1n} = V_{per} - V_n$$

$$\Delta V_y = V_{1r} \tag{6-12}$$

远地点处的速度增量和速度矢量角为

$$\Delta V_1 = \sqrt{V_{1n}^2 + V_{1r}^2}$$

$$\alpha = \mathrm{arctg}\left(\frac{V_{1r}}{V_{1n}}\right) \tag{6-13}$$

卫星到达高度 300 km 轨道时，假设径向速度由地心指向卫星，就可计算出径向和切向速度分量的减速值 ΔV_{2r} 和 ΔV_{2n}。

$$\Delta V_x = V_{2n} = V_1 - V_n$$

$$\Delta V_y = V_{2r} \tag{6-14}$$

接下来，卫星到达转移轨道远地点需要减速，此时远地点切向速度分量和减速矢量 ΔV_2 的夹角 α 为

$$\Delta V_2 = \sqrt{V_{2n}^2 + V_{2r}^2}$$

$$\alpha = \mathrm{arctg}\left(\frac{V_{2r}}{V_{2n}}\right) \tag{6-15}$$

利用式 (6-15) 求解方程组 (6-9)，数值模拟计算结果见表 6-3。

表 6-3　椭圆轨道转移方式下卫星速度矢量分量

起始轨道 h_0/km	位置	速度 V / (m/s)	速度分量 V_n, V_r / (m/s)	速度增量 ΔV / (m/s)	夹角 α /rad
200	近地点	7 815.81	$V_n = 7\,786.50$ $V_r = 0.029\,6$	$V_{1r} = -0.029\,6$ $V_{1n} = 29.308$ $\Delta V = 29.308$	0.001 0
	远地点	7 698.78	$V_n = 7\,698.76$ $V_r = 7.22$	$V_{2r} = -7.22$ $V_{2n} = 29.23$ $\Delta V = 30.107$	0.242 2
280	近地点	7 761.91	$V_n = 7\,740.056$ $V_r = 0.016\,6$	$V_{1r} = -0.001\,656$ $V_{1n} = 21.858$ $\Delta V = 21.858$	7.6×10^{-4}
	远地点	7 663.20	$V_n = 7\,708.75$ $V_r = 0.001\,42$	$V_{2r} = -0.001\,42$ $V_{2n} = 19.234$ $\Delta V = 19.234$	7.0×10^{-5}

利用星载激光器和激光推进执行卫星轨道转移的计算结果见表 6-4。

表 6-4　SMV 轨道转移策略时间方案

转移目标轨道 h_f/km	参数	速度增量 ΔV/(m/s)	轨道修正时长
200	轨道降至 200 km	/	158.684 d
	第一次修正	29.308	$\leqslant 49.78$ s
	被动飞行	/	2 464.9 s
	第二次修正	30.107	$\leqslant 76.07$ s

续表

转移目标轨道 h_f/km	参数	速度增量 ΔV/(m/s)	轨道修正时长
	轨道降至 280 km	/	65 d
280	第一次修正	21.858	≤69.546 s
	被动飞行	/	1537.6 s
	第二次修正	19.234	≤76.07 s

这些数据可以估算激光推进的性能，以满足所列的卫星轨道参数。因此，为达到激光推进性能，需要做一些额外假设，即激光推进效率为 40%（见第 2 章）。

表 6-5 列出了满足 SMV 轨道转移的星载激光推进发动机的性能。

由表 6-5 中数据，假设激光推进效率比较低，发动机的比冲很低（约 200 s），这将消耗大量的星载推进剂。需要提高激光推进效率改善上述情况。推进采用 CHO 即聚合物作为星载推进剂，其推力效率见第 3 章中的讨论。例如，采用聚合物（聚甲醛）为推进剂，其燃烧比热为 $Q_{cm}=1\,887$ J/g，蒸发比热为 $Q^*=2\,692$ J/g[16]。

表 6-5 SMV 轨道修正时 LPE 性能

轨道高度 h/km	推力 F_m/N	耦合系数 C_m/(N/W)	激光功率 P/W	效率 η/%	比冲 I_{sp}/s	工质流量 $\dot{m}$/(g/s)	第一耗量 m_{t1}/kg	第一时间 t_1/s	第二耗量 m_{t2}/kg	第二时间 t_2/s	总耗量 m_Σ/kg
280	31.43	3.143E−4	100	40	258.5	12.35	0.859	69.546	0.749	60.672	1.608
200	58.87	5.887E−4			128.65	43.3	2.156	49.78	2.166	50.04	4.322

注：h 为卫星初始轨道高度；$F_m=\dfrac{\Delta V_1 \cdot m_0}{t_{el}}$ 为发动机推力；C_m 为冲量耦合系数；P 为激光功率；I_{sp} 发动机比冲；$\dot{m}$ 为推进剂质量流量；m_{t1}、m_{t2} 和 m_Σ 分别为每次变轨循环推进剂消耗量和总耗量；$t_1,t_2=\dfrac{\Delta V \cdot (m_0-m_{t1})}{F_m}$ 为 LPE 工作时长；$m_0=100$ kg 为卫星初始质量。

卫星变轨期间推进剂消耗量，以及不同轨道点的速度可表示为

$$m_{t1}=m_0-\dot{m} \cdot t_1, m_{t2}=m_0-\dot{m} \cdot (t_1+t_2)$$

$$\Delta V_1=-I_{sp} \cdot g \cdot \ln\left(\frac{m_{t1}}{m_0}\right), \Delta V_2=-I_{sp} \cdot g \cdot \ln\left(\frac{m_{t2}}{m_{t1}}\right) \tag{6-16}$$

将方程（6-16）中第一组表达式代入第二组，可从第二个表达式中约去第一表达式，即可得到下面等式

$$\exp\left(\frac{\Delta V_1-\Delta V_2}{I_{sp} \cdot g}\right)=\frac{m_0 \cdot (m_0-\dot{m} \cdot (t_1+t_2))}{(m_0-\dot{m} \cdot t_1)^2} \tag{6-17}$$

经过变化可写成如下形式

$$\frac{A \cdot t_1^2}{m_0} \cdot \dot{m}^2-[2 \cdot A \cdot t_1-(t_1+t_2)] \cdot \dot{m}+(A-1) \cdot m_0 \tag{6-18}$$

最后，星载推进剂的耗量方程为：

$$f(\dot{m})=a \cdot \dot{m}^2-b\dot{m}+c=0 \tag{6-19}$$

其中，$a=A \cdot \dfrac{t_1^2}{m_0}$，$b=2 \cdot A \cdot t_1-(t_1+t_2)$，$c=(A-1) \cdot m_0$，$A=\exp\left(\dfrac{\Delta V_1-\Delta V_2}{I_{sp} \cdot g}\right)$

方程 (6-19) 不能有负数解，如果 $a>0$，$b>0$ 和 $2a>b$，则可得到下面关系式

$$\frac{1}{2 \cdot A - 1} \cdot t_2 < t_1 \leqslant 69.546s \qquad (6-20)$$

根据该假设，我们可以得到 SMV 轨道修正期间激光性能和激光功率与发动机比冲的关系，见图 6-6。

由图 6-6（a）看出，在第二次机动期间，当激光推进发动机比冲在 100～3 000 s 变化时，满足方程（6-20）不等式。第二次工作时长 $t_2 = 60$ s。第一次机动期间激光推进发动机工作时长没有超过不等式的时间限值。

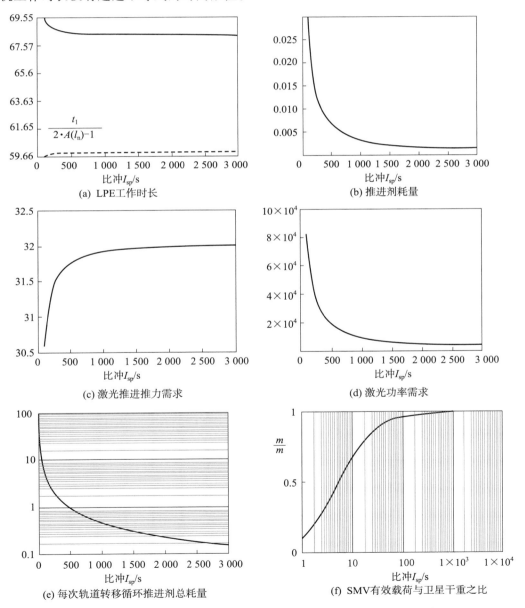

(a) LPE工作时长　　　　　　　　　　　　(b) 推进剂耗量

(c) 激光推进推力需求　　　　　　　　　　(d) 激光功率需求

(e) 每次轨道转移循环推进剂总耗量　　　　(f) SMV有效载荷与卫星干重之比

图 6-6　SMV 转移轨道时 LPE 性能与激光功率和推进剂消耗量的关系

现在使用诸如 Delrin 和类似含能推进剂提高激光推进效率后重新进行计算，采用第 3 章的给出数据，两种含能推进剂比冲与推进效率的关系如图 6-7 所示。

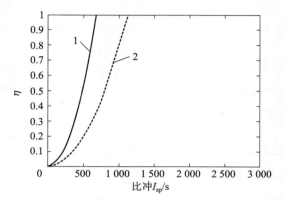

图 6-7　两种含能推进剂比冲与 LPE 效率之间的关系

1—Delrin；2—虚拟推进剂（见第 3 章）

其中一种推进剂为 Delrin，另一种为虚拟推进剂（HP），其燃烧比能为 5 7000 J/g，大约是 Delrin 燃烧比能的 3 倍。由图中可以看出，由于推进效率不能超过定义值，Delrin 的比冲最高只有 662 s；而推进效率为 70% 时，虚拟聚合物（HP）的比冲达到 1 000 s。

基于这两种推进剂比冲指标，可以推导出采用霍曼轨道转移策略时，卫星轨道修正任务对激光推进的基本要求，见表 6-6。

表 6-6　SMV 轨道修正对激光推进性能基本要求

初始轨道 h /km	效率 η /%	比冲 I_{sp} /s	耦合系数 C_m /(N/W)	推力 F_t /N	激光功率 P /kW	有效载荷比 m_{pl} /m	比能量 Q_{cm} /(J/g)	比耗能 C_e /(J/g)
280	70	Delrin 598	2.178E−3	31.82	14.6	0.993	18 787	15.1
		HP 1000	3.640E−3	31.90	8.8	0.995 8	57 000	9.1
200		Delrin 598	2.190E−3	49.60	22.7	0.989	18 787	22.0
		HP 1000	3.640E−3	49.80	13.7	0.994	57 000	13.1

注：m_{pl} 为卫星飞行器有效载荷质量；C_e 为卫星机动消耗比能量。

由表中可知，根据不同初始轨道高度和激光推进性能，执行干重 100 kg SMV 轨道修正任务，激光功率需求为 8～22 kW。需要指出的是，因为比冲大小决定了卫星机动期间的推进剂消耗量，轨道修正计算分析中比冲是作为独立参数。同时，根据前面几章的讨论结果，激光推进效率也有一定限制。

6.3　采用激光推进小型飞行器清除 GEO 轨道的空间碎片

采用上一节相同的方式，我们来讨论利用激光推进飞行器清除失效的 GEO 卫星方案，假设在轨 SMV 拖船和星载激光器的轨道高度比 GEO 低 $L = 100$ km（见图 6-8）[15]。6.1 节中提到，多个国家都考虑利用拖船概念将大型碎片转送至贮存轨道。这种拖船或垃圾收纳器是基于新型推进技术空间运输系统的一部分。

将失效卫星从 GEO 轨道上清除有几种可能方案，空间拖船转移至交会轨道，在一定距离（$L+\Delta$）接近卫星；SMV 离开拖船，并按特殊轨道向卫星移动。在距卫星非常近的位置开始调节其轨道速度，并捕获目标卫星。卫星捕获后，SMV 与卫星一起返回拖船，并将卫星放进拖船内。当空间拖船装满卫星后，拖船将卫星转移至贮存轨道；随后拖船再回到交会轨道重新收集 GEO 轨道上的其他报废空间碎片。

根据这个策略，通过以下方式完成 SMV 空间任务：

1）拖船上只有星载激光器与激光推进系统。

2）复合推进系统，包括激光推进和电推进系统。

这两种情况 SMV 都必须提供接收望远镜，用于收集激光功率，并将其转向激光推进发动机产生推力。

为了确定包括任务期间推进剂消耗量在内的激光推进要求，先来估算 SMS 轨道机动的一般特性。我们知道 GEO 卫星的运行周期（T）为一个太阳日，即 23 小时 56 分钟 4.06 秒。此外，卫星在圆轨道上运行，对应于地球赤道平面的倾角为 0，GEO 轨道距地面的高度为 35 786 km。

SMV 与报废卫星的初始距离为（$L+\Delta$），这是由 SMV 靠近卫星、捕获卫星并移动至交汇点处将卫星放入拖船整个任务周期允许的最大时间 t 确定的。这个时间间隔还包括卫星与拖船的对接时间。表 6-7 列出了采用下式计算得到拖船-卫星对接时间[15]

$$t(\Delta)=\frac{2\times a\cos\left(\dfrac{R_c^2+R_n^2-(L+\Delta)^2}{2R_cR_n}\right)}{\left|\dfrac{V_n}{R_n}-\dfrac{V_c}{R_c}\right|} \qquad (6-21)$$

拖船-卫星对接时间间隔决定了 SMV 轨道机动任务对初始速度和推进剂消耗量的要求。将其用于地心赤道坐标系如图 6-8 所示，这里 OX 轴（水平轴）指向春分点，OZ 轴指向地球旋转轴方向，Y 轴形成直角坐标系，并垂直于 OXZ 平面，这样赤道面和同步轨道面与 OXZ 平面共处一个平面。

SMV 变轨选用最优轨道转移策略，综合考虑推进剂消耗量和 SMV 机动周期之间的平衡选择激光推进发动机的性能参数。假设单次任务推进剂消耗量为 SMV 总重的 10%。这样，SMV 飞向 GEO 卫星和从 GEO 轨道返回拖船都假设为按椭圆轨道转移，可以保证节省星载推进剂的质量[17]。但是，如果拖船距 GEO 轨道非常近，采用最短任务周期共面轨道转移策略，推进剂消耗量将处于中等水平。

将 SMV 从圆轨道转移至椭圆轨道，需要为 SMV 施加速度 V_e，速度方向 δ 与卫星在圆轨道上位置有关（见图 6-9）。因此，需要提高飞行器轨道速度 V_k，用速度矢量增量 ΔV 表示，其方向与速度矢量 V_k 的夹角为 β。

SMV 拦截轨道一直持续到椭圆轨道与 GEO 轨道相交时为止。这时 SMV 以最短距离接近 GEO 卫星，它被作为捕获距离。对应于不同初始轨道，SMV 机动至 GEO 卫星，再返回空间拖船整个任务周期所需 SMV 速度增量 ΔV 的详细结果如表 6-7 和表 6-8 所示。

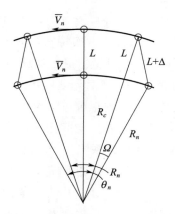

Δ 是卫星与空间拖船之间的初始距离；R_n 和 R_c 对应地心的半径；V_n 和 V_c 是卫星在轨速度；
θ_n 和 θ_c 是拖运期间卫星位置角变化

图 6 - 8   拖船与报废卫星的相互位置

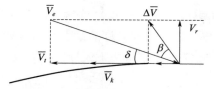

V_r 和 V_t 是径向和切向轨道速度；V_k 为轨道速度；ΔV 速度增量；α 速度矢量切向角

图 6 - 9   SMV 转移至椭圆轨道速度矢量图

给定激光功率条件下，SMV 上发动机工作时长由下式确定[13]

$$V_e = \Delta V / ln\left(\frac{m}{m - F_t/(I_{sp}g) \times t_d}\right) \tag{6-22}$$

其中，$V_e = I_{sp} \times g$，$m = 50$ kg 为 SMV 质量；$g = \mu/R_n^2$ 为空间拖船轨道重力加速度；μ 为万有引力常数。

星载激光推进发动机满足下面要求：$F_t = (1.5 \sim 3.0)$N，比冲 $I_{sp} = (1\,200 \sim 2\,300)$s；当激光推进总效率为 40% 时，冲量耦合系数为 $C_m = (1.5 \sim 3.0) \times 10^{-3}$ N/W。

表 6 - 7 和表 6 - 8 列出了 SMV 轨道机动任务参数，包括推力矢量与当地水平方向的夹角 β；SMV 轨道机动任务时间周期 t_n，空间他俩出发到截获 GEO 卫星所经历的时间；$\sum t_{pr}$ 为发动机累计工作时间；SMV 总任务的空间角 υ；ΔV_g 和 ΔV_u 为地球引力和轨道控制引起的速度损失；$\sum \Delta V_p$ 为考虑速度损失条件下任务的通用速度因数；$\pi/2 - \delta_k$ 为 SMV 椭圆轨道与 GEO 轨道交会角度；$\sum M_{P.B.}$ 和 $\sum M_{PB.p}$ 为机动任务推进剂需求量。

表 6 - 7 SMV 任务工作参数: $F_t = 1.5$ N; $I_{sp} = 2\,367$ s; $C_m = 1.5 \times 10^{-3}$ N/W

$\beta(°)$	$\Delta V_1/(\mathrm{m/s})$	t_{1n}/s	$\sum t_{pr}/t_{dp}/\mathrm{s}$	$\Delta V_2/(\mathrm{m/s})$	$(\Delta V_g + \Delta V_u)/(\mathrm{m/s})$	v_1/grad	$\sum \Delta V_p/(\mathrm{m/s})$	$(\pi/2 - \delta_k)/\mathrm{grad}$	$\sum M_{P.B.}/\mathrm{kg}$	$\sum M_{P.B.p}/\mathrm{kg}$
0	2	34 977	159 / 197	2.79	1.146	145.8	5.94	0.042	0.45	0.56
10		34 398	155 / 191	2.67	1.027	143.4	5.69	0.039	0.44	0.53
20		35 483	142 / 163	2.27	0.626	147.9	4.89	0.026	0.40	0.46
0	10	12 928	868 / 1 610	16.7	23.14	50.7	49.84	0.287	2.44	4.53
60		9 674	751 / 1 395	13.0	19.37	37.4	42.74	0.241	2.11	3.92
90		11 793	582 / 1 057	7.75	14.46	46.9	32.20	0.127	1.64	2.97
0	50	8 545	3 303 / 5 812	59.6	101.6	22.3	211.17	0.691	9.29	16.4

表 6 - 8 SMV 任务工作参数: $F_t = 3.0$ N; $I_{sp} = 1\,183$ s; $C_m = 3.0 \times 10^{-3}$ N/W

$\beta(°)$	$\Delta V_1/(\mathrm{m/s})$	t_{1n}/s	$\sum t_{pr}/t_{dp}/\mathrm{s}$	$\Delta V_2/(\mathrm{m/s})$	$(\Delta V_g + \Delta V_u)/(\mathrm{m/s})$	v_1/grad	$\sum \Delta V_p/(\mathrm{m/s})$	$(\pi/2 - \delta_k)/\mathrm{grad}$	$\sum M_{P.B.}/\mathrm{kg}$	$\sum M_{P.B.p}/\mathrm{kg}$
0	2	34 955	79 / 98	2.79	1.135	145.8	5.93	0.042	0.89	1.10
10		34 414	77 / 94	2.67	1.015	143.4	5.68	0.039	0.87	1.05
20		35 458	71 / 46	2.27	0.618	147.9	4.89	0.026	0.40	0.91
0	10	13 231	424 / 747	16.7	22.38	50.7	49.07	0.287	4.76	8.40
60		9 940	368 / 649	13.0	19.09	37.4	42.11	0.241	4.13	7.30
90		11 999	286 / 501	7.75	14.14	46.9	31.88	0.128	3.22	5.64
0	50	9 065	1 498 / 2 325	59.6	87.91	22.3	197.53	0.691	16.85	26.2

　　结果表明，随着 SMV 速度增量，以及 SMV 速度矢量与速度增量矢量夹角的增加，到达 GEO 轨道的 SMV 任务周期减小。但是要实现这个速度增量，激光推进发动机必须长时间工作，这将大幅增加星载推进剂的消耗量。例如，如果速度增量 $\Delta V = 50$ m/s，推力 1.5 N 的发动机将消耗推进剂 16 kg；推力 3.0 N 的发动机将消耗推进剂 26 kg。与此同时，如果速度增量，推进剂消耗量仅为 1 kg，但 SMV 变轨至 GEO 轨道的时间将达 10 h。所以我们必须重视以下事实，将推力由 1.5 N 提高至 3.0 N，对接任务周期大约减少 10%；但推进剂消耗量将增加 2 倍。因此，需要通过改变速度增量来优化对接任务变轨策略，表 6-9 和表 6-10 中给出了不同 β 下的优化数据。

　　SMV 与 GEO 卫星一起返回空间拖船轨道也需要同样的技术方案。不同速度减量情况下，从 GEO 轨道返回拖船轨道计算得到的轨道参数如表 6-9 和表 6-10 所示。假设 GEO 卫星质量为 300 kg。

表 6-9　SMV 返回空间拖船：$F_t = 1.5$ N；$I_{sp} = 2\,367$ s；$C_m = 1.5 \times 10^{-3}$ N/W

$\beta(°)$	$\Delta V_1/(m/s)$	t_{2n}/s	$\sum t_{pr}/s$	$\Delta V_2/(m/s)$	$v_2/grad$	$(\pi/2 - \delta_k)/grad$	$\sum M_{P.B.}/kg$
160		36 294.6	987.8	2.28	145.757	−0.026	2.78
160	2	35 919.8	1 107.7	2.80	145.647	−0.042	3.12
200		36 294.6	987.8	2.28	147.757	−0.026	2.78
180		18 145.6	6 043.0	16.7	50.483	−0.288	17.0
225	10	14 627.5	5 590.4	14.7	37.750	−0.267	15.7
270		15 250.0	4 047.2	7.74	46.966	−0.127	11.4
278		18 615.4	3 525.7	5.42	63.255	−0,037	9.92
270	50	23 077.8	21 070.6	49.6	8.406	−0.919	59.3

表 6-10　SMV 返回空间拖船：$F_t = 3.0$ N；$I_{sp} = 1\,183$ s；$C_m = 3.0 \times 10^{-3}$ N/W

$\beta(°)$	$\Delta V_1/(m/s)$	t_{2n}/s	$\sum t_{pr}/s$	$\Delta V_2/(m/s)$	$v_2/grad$	$(\pi/2 - \delta_k)/grad$	$\sum M_{P.B.}/kg$
160		35 796.0	489.0	2.28	145.757	−0.027	5.5
160	2	35 360.0	548.2	2.80	145.647	−0.042	6.17
200		35 796.0	489.0	2.28	147.757	−0.027	5.5
180		15 033.1	2930.6	16.7	50.483	−0.288	33.0
225	10	11 753.2	2716.2	14.7	37.750	−0.266	30.5
270		13 191.7	1978.9	7.74	46.966	−0.127	22.3
278		16 817.3	1727.6	5.42	63.255	−0,037	19.4
270	50	115 890	9 581.0	49.6	8.406	−0.919	107.8

　　对接任务中一个主要参数是 SMV 初始轨道和最终轨道点之间的角距，SMV 和空间拖船在最终轨道点交会。该角度与任务总周期相关，它是三个飞行机动的总和：1) SMV 从空间拖船轨道飞行到 GEO 的时间 t_1；2) 捕获 GEO 卫星时间 t_{pr}；3) SMV 与 GEO 卫星一起返回拖船轨道飞行时间 t_2。

空间拖船任务对接角度大小由以下公式确定

$$\upsilon_H = (V_n/R_n) \times (t_{1n} + t_c + t_{2n}) \tag{6-23}$$

SMV 任务对接角度大小由以下公式确定

$$\upsilon_{SMV} = \upsilon_1 + (V_n/R_n) \times t_c + \upsilon_2 \tag{6-24}$$

这些公式相互等同，所需时间可用于计算 GEO 卫星捕获，即

$$t_c = [\upsilon_1 + \upsilon_2 + \Delta\upsilon_{pr} - (V_n/R_n) \times (t_{1n} + t_{2n})] \times (V_n/R_n - V_c/R_c)^{-1} \tag{6-25}$$

式中　　$\Delta\upsilon_{pr}$——SMV 主动飞行期间形成的角距。

由表 6-6、表 6-9～表 6-11 可知，安装在空间拖船上的 SMV 可以清除 300 kg 的 GEO 报废卫星，每次对接任务耗费的推进剂质量低于 SMV 初始质量的 10%，通过优化 SMS 对接机动策略可以减少推进剂消耗量，如轨道转移期间选择最优推力、通过使用 CHO 基聚合物推进剂提高激光推进效率等都可减少推进剂消耗量。

6.4　星载激光推进系统用于 SMV

本节我们建议采用星载推进系统用于 SMV 的近地轨道和 GEO 轨道控制任务，星载推进采用远程激光传输。星载推进系统包括：用于收集激光功率的光学系统和激光推进发动机。采用激光推进的近地轨道 SMV 与可变推力和矢量调节的轨道机动特性存在显著差异。假设激光器安装在地球表面、飞机上或空间，但是任何情况下空间轨道机动都不受激光束与飞行器的空间方向的影响。

为满足 SMV 轨道机动要求，专用星载光学系统的研制需要遵循以下原则：

1）采用基于 ASLPE（见第 4 章）专门设计的激光推进发动机可以实现激光束位置不受卫星轨道机动的影响，利用星载光学元件实现光路匹配，保证接收望远镜可以广角视场接收激光功率。

2）通过望远镜轴的空间耦合来匹配发射和接收望远镜的孔径，使通过光学系统的激光辐射功率损失最小。

3）将星载推进系统的通用光轴固定为 SMV 装置的设计轴，所有其他光学单元都要对准该设计轴。

采用上述原则，SMV 系统方案原理图如图 6-10 所示[18]。该方案中光学开关和转台都作为光学单元，这样可以实现在飞行器轨道机动期间导引望远镜轴的空间方向来收集激光辐射。

在系统图中，X 轴为 SMV 的设计轴。

SMV 光学系统有两个带有独立转台的望远镜组成，它们与设备几何中心呈轴对称布置。两个望远镜集成在一个公共光轴上（即设计轴），并可绕公共轴旋转。每个转台在 X-Y 平面提供 170° 的视角来接收激光辐射。为了改变角域，望远镜可以绕 X 轴旋转 360°。

SMV 空间定位采用基于行星追踪器的传统导航系统[19]，行星追踪器可为卫星提供对应行星 10^{-3} rad 的定位精度。卫星导航系统将远程激光器方向和望远镜轴方向的允许精度

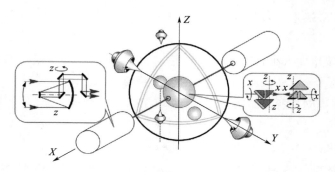

图 6-10　SMV 激光推进系统原理示意图

稳定在 10^{-6} rad。为确保激光束在任何时间都指向各自发动机，每个望远镜利用各自光学系统收集激光辐射，并将其导向激光推进发动机。

　　星载推进系统由三个发动机单元组成，每个发动机的安装都保证其推力矢量通过卫星的质心。此外，推进系统也可配置六台发动机用于角向定位，这意味着每两台发动机相互共轴。双发动机设计用于应对卫星长期空间探测期间遇到的极端情况[20]。

　　星载推进系统其中一个光学通道作为功能原理如图 6-11 所示，头说明了系统中个光学单元之间的匹配关系。该光学通道包括接收望远镜（M1、M2）、平面镜（M3～M6）发射激光辐射向光学开关（M7～M10），以及激光推进发动机。

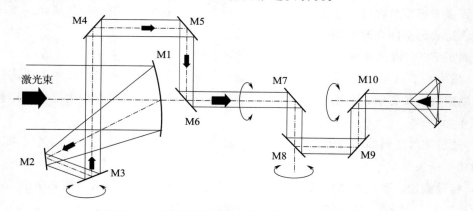

图 6-11　星载推进系统光学通道光路原理示意图

　　下面我们讨论近地轨道和 GEO 轨道任务用星载推进系统每个单元的设计特点。

6.4.1　接收望远镜

　　接收望远镜用于收集由远程激光器发射的激光辐射，它由 M1 和 M2 两个抛物面镜面组成，离轴镜面方案可消除望远镜中心处由激光孔径调节引起的激光功率损失。望远镜输出没有任何中间焦点的平行激光束，避免在望远镜内发生介质击穿。

　　现在我们讨论 SMV 用于清除 GEO 报废卫星，轨道机动距离为从空间拖船到 GEO 轨道 300 km。这样，安装在拖船上的激光发射机望远镜孔径为 D_0。当激光器安装在拖船上时，因为激光束的衍射发散，与之匹配的 SMV 接收望远镜孔径为 D。但是，接收望远镜孔径 D 受到 SMV 质量的限制。如果采用现代技术制造空间镜面，可以减小接收望远镜孔径。例如，由 CO－115M 玻璃-陶瓷制成的镜面重量减小因子为 $0.72^{[21]}$。

同样原因，激光推进系统所有镜面都使用最小尺寸。在高功率激光辐射下，制造镜面的材料表面都不能出现损坏，这也对镜面的最小尺寸提出了限制。需要特别关注的是，望远镜第二镜面直径 D_B 是由望远镜的基本放大率决定的。如果镜面的辐射反射系数为 0.998，利用现有光学技术可以生产出阻抗强度为 $5\ \mathrm{J/cm^2}$ 的镜面。

6.4.2　光学转台

为了稳定空间中来自任意方向入射激光束的轴线，利用镜面系统可以实现接收望远镜的大视场转动（如图 6－12 所示）。光学转台由 M3～M6 平面镜组成。

我们来测试一种情况，当接收望远镜收集来自绕轴 1 170°空间角范围内的激光束时，经过 M3～M4 镜面的激光束在 360°方位角内与 SMS 设计轴 2 完全重合。

通过以下技术可以实现接收望远镜与位于拖船上的激光发射机望远镜的位置调整。首先，发射机望远镜对准 SMV 的空间方向，这可通过 SMV 上的主动射频系统确定；然后，利用安装在拖船上辅助激光测距仪使激光束辐射 SMV；接收望远镜主孔径上的角反射器反射激光测距仪的信号；当拖船接收到反射信号后，利用配套光探测器阵列，SMV 的空间位置被精确定位；最后重复上述过程，直到辐射位置与探测器接收信号设计值或给定精度完全一致为止。接收望远镜也装有探测器用来记录激光辐射，按同样流程转动望远镜的指向拖船方向。

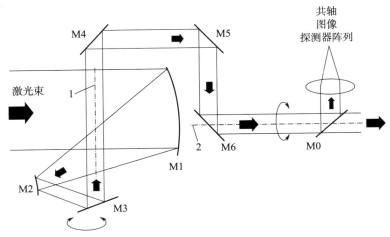

图 6－12　星载推进系统光学通道光路原理示意图

激光测距仪发射的信号被 SMV 接收望远镜截获，信号经 M3～M0 系统进入光探测器阵列，以控制接收望远镜轴的立体角位置。望远镜上的电子制导系统将其转向发射机望远镜方向，直到接收到测距仪信号处于探测器的中心位置为止。电子制导系统也用于两个望远镜的共轴对准保持。

捕获激光辐射特征包括辐射场强、功率等；同时检测望远镜的状态，包括安装在 SMV 上专用电子设备的调节精度。为此，需要利用一部分由光学晶体 M_0 反射粉激光辐射。

6.4.3　光学开关

SMV 激光推进系统另一个主要单元是光学开关，其原理如图 6-1 所示。光学开关为接收望远镜和安装在 SMV 不同位置的激光推进发动机之间提供光路匹配。每台发动机根据机动需求各自独立工作，光学开关由常规光学和机电偏转器组成[22]。

光学开关的工作流程为：一束激光到达开关的输入元件，它由半透明光学板制成（如图 6-13 左侧所示）。一部分反射激光辐射进入开关的上部，这是一个固定单元，之后这路激光指向光学出口 1。由出口 1 发出的激光辐射传输给三台发动机模块中的一台（如图 6-11 所示）。激光辐射穿过光学镜片后被安装在镜片后反射镜反射到出口 2 或出口 3，它们分别与另外两个激光推进发动机模块匹配。根据 SMS 机动要求光学开关将激光功率分配给不同的发动机模块。

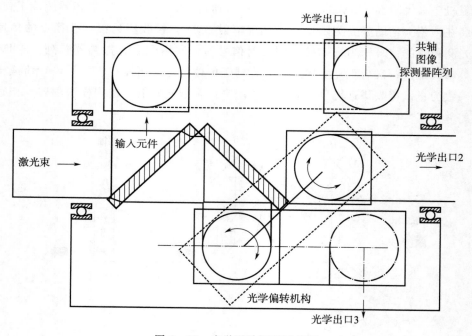

图 6-13　光学开关原理示意图

6.4.4　激光推进发动机单元

我们提出 SMV 星载激光推进发动机采用模块化结构，其中一个可能的单元形式如图 6-14 所示[23,24]。该结构单元包括四台 ASLPE 发动机，它们对称安装在正方形框架的每个边上。在框架中心处安装一个四面锥转镜，假设转镜的每个反射面将入射激光束转向每台发动机的第一抛物面反射器。这样的模块结构称为轨道修正推进单元——CPU。

　　轨道修正推进模块基本工作模式如图 6 - 15 所示。三个空间轴中的一对发动机用于 SMS 的空间指向和稳定。一个参考激光束用于调整高功率激光束通道，将激光功率精确传输给每一台发动机。激光束的调节过程是利用安装在转镜斜面顶端的角反射器反射的参考光束来实现的。

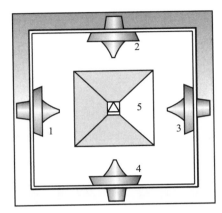

图 6 - 14　星载激光推进发动机模块结构

1～4—ASLPE 发动机；5—四面锥形光学转镜

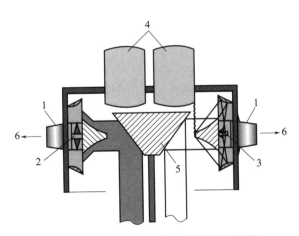

图 6 - 15 CPU 工作模式基本原理示意图

1—ASLPE；2，3—推进剂；4—推进剂贮存装置；5—转镜；6—出口射流

　　假设激光推进采用长线形固体推进剂，将推进剂供给至对应激光束焦点位置的发动机喷管轴线上。固体推进剂可以方便贮存在小型装置内，这样激光烧蚀推进是空间条件下具有发展前景的推力产生方法之一。此外，使用不同聚合物作为空间推进剂，可以提高激光推进的效率。

6.4.5　星载激光推进发动机系统光学组件技术要求

我们从"光学的视角"来讨论星载激光推进系统的基本要求，这些要求来自于选择系统开发时应该考虑的设计因素。例如，接收器望远镜能够吸收 84％ 的激光发射功率，激光发射机和接收器直径之间关系应满足以下关系式，即

$$D \cdot D_0 = 4\lambda L_d \tag{6-26}$$

$$\eta_{ef} = 1 - J_0^2\left(\frac{\pi D D_0}{2\lambda}\right) - J_1^2\left(\frac{\pi D D_0}{2\lambda}\right) \tag{6-27}$$

式中　L_d——激光束传播菲涅耳距离；

　　　J_0 和 J_1——贝塞尔函数。

当激光发射机和接收器望远镜间距小于菲涅耳传播距离 L_d 时，方程（6-26）确定了激光发射机和接收器望远镜直径之间的关系。当间距超过菲涅耳传播距离 L_d 时，必须考虑由方程（6-27）确定的传输效率系数引起的激光功率衍射损失。举例来说，收集功率与接收器直径关系的计算结果如图 6-16 所示。

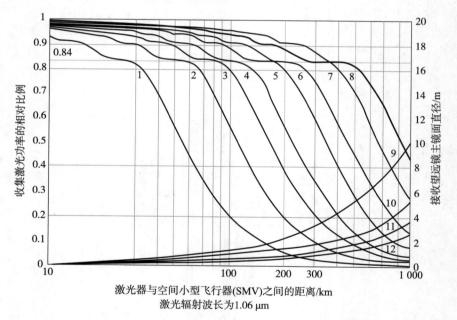

图 6-16　激光功率传输（系数，直线 1～8）和接收望远镜主镜直径（直线 9～12）
是空间拖船与 SMS 距离的函数

图中曲线 1～4 对应接收器望远镜直径为 $D_0 = 0.25$ m 时收集的激光功率，此时接收器直径作为激光器与 SMS 距离的函数关系如曲线 9 所示。曲线 2 和曲线 4～6 对应接收器镜面直径为 $D_0 = 0.50$ m 时收集的激光功率，此时接收器直径和激光器与 SMS 距离的关系如曲线 10 所示。曲线 4 和曲线 6～8 对应接收器镜面直径为 $D_0 = 1.0$ m 时的计算结果。可以看到，当望远镜直径小于 1 m 时，在距离为 200～300 km 范围内，能够收集的激光功率低

于 84%。

　　既然这样，在距离为 200 km 时，星载激光推进系统望远镜直径最有可能接收的尺寸为 $D_0 = 1.0$ m 和/或 $D_0 = 0.5$ m，对应图中的曲线 6 和曲线 12；当距离为 200 km 时，直径为 $D_0 = 1.0$ m 和/或 $D_0 = 0.75$ m，对应图中的曲线 7 和曲线 12。

　　现在，我们估算一下接收望远镜系统中其他镜面的参数。考虑到这些要求来自镜面的耐辐射能力，当激光器的脉冲能量为 100 J 时，这些光学元件的最小直径将在 0.055 m。通常情况下，镜面直径的选取原则是要比耐辐射阈值高两倍。因此，系统必须安装 0.11 m 直径的镜面。这样望远镜的放大系数将等于

$$M = \frac{F_{M1}}{F_{M2}} = 4.5$$

　　M3～M10 平面镜的光孔径应大于 0.155 m，其中 F_{M1} 和 F_{M2} 是 M1 和 M2 镜面的面积。

　　望远镜镜面的基本几何参数见表 6-11 和表 6-12 所示。

表 6-11　SMV 接收望远镜镜面几何参数

镜面编号	曲面半径	镜面直径	光轴位移	锥形常数	距离
	M	m	/	e^2	m
M1	−1.50	0.50	0.50	−1	−0.63
M2	−0.24	0.12	0.08	−1	0.35
M3	平面	0.20	0.42	0	−0.50
M4	平面	0.20	0.30	0	0.20
M5	平面	0.20	0.21	0	−0.50
M6	平面	0.20	0.15	0	0.50
M7	平面	0.20	0.10	0	−0.30
M8	平面	0.20	0.08	0	0.30
M9	平面	0.20	0.05	0	−0.20
M10	无穷大	0.20	0.04	0	0.50

表 6-12　望远镜总参数

M6-LPE 距离/m	1	M1 孔径比	1 : 1.5
望远镜放大倍数	4.5	M2 孔径比	1 : 1.2
望远镜视场	6'		

　　这些技术要求中最重要的是镜面的光学表面质量和望远镜中镜面调整的空间精度，见表 6-13。对于激光波长 1.06 μm，表 6-13 列出了主要技术要求参数。假设在 LPE 激光束聚光器平面内，每个参数的不准确度带来的激光功率损失低于 10%。这些几种参数主要包括：

　　Δz ——望远镜 M1 和 M2 镜面之间轴向距离变化。

　　Δy ——望远镜 M1 和 M2 镜面的轴向偏差。

Δe ——偏心率变化引起的望远镜 M1 和 M2 镜面技术不准确度。

$\Delta \alpha$ ——关于望远镜轴的 M1 和 M2 镜面轴倾斜。

表 6-13　接收望远镜光学技术像差

像差类型	Δz	Δy	Δe_{M1}	Δe_{M2}	$\Delta \alpha$
规模	943λ	92λ	4×10^{-5}	6×10^{-4}	0.01 rad

由表 6-13 中可以看出，对接收望远镜镜面的要求非常高，但激光推进系统中其他平面镜可以采用相对简单的常规光学技术制造。

6.5　成果简介

在不远的将来，随着空间光学技术的发展和包括近地空间在内不同部署场景高功率激光器的研发，带有星载激光推进系统的 SMV 在空间探测领域具有广阔的应用前景[27,28]。其中基于太阳能泵浦天基激光器的研制，可实现激光功率的空间传输，从而延长卫星的在轨寿命。

对于地基激光器，它们的应用前景将取决于如何通过地球大气层有效地向空间飞行器高效传输激光功率。

参 考 文 献

[1] McRidenko, L. A. , Volkov, S. N. , Khodenko, V. P. Conceptual consideration of development and application of small satellites. Iss. Electrom. (Rus.) . 114, 15 – 26, 2010.

[2] Small satellites. Regulatory challenges and chances. Marboe, I. , Nijhoff, B. (ed.) Ser. Studies in Space Law 11, 2016.

[3] Sevastianov, N. N. , et al. Analysis of state – of – the – art development of small satellites for the earth remote observation. Proc. MFTI (Rus.) . 1, 14 – 20, 2009.

[4] Zinchenko, O. N. Small optical satellites for remote sensing. Rakurs, Moscow, 2010.

[5] Ketsdever, A. D. , et al. An overview of advanced concepts for space access [J] . Spac. Rock. 47, 238 – 250, 2010. https: //doi. org/10. 2514/1. 46148.

[6] Myrabo, L. Lightcraft Technology Demonstrator, Transatmospheric Laser Propulsion. Fin. Tech. Rep. Contract N. 2073803, 1989.

[7] Richard, J. C. , et al. Earth – to – Orbit laser launch simulation for a Lightcraft Technology Demonstrator. AIP Conf. Proc. 830, 564 – 575, 2005. https: //doi. org/10. 1063/1. 2203298.

[8] Myrabo, L. Advanced beamed – energy and field propulsion concepts. Fin. Rep. bdh/h – 83 – 225 – tr. 1983.

[9] Orbital Debris Modeling. NASA Orbital Debris Program Office. National Aeronautics and Space Administration, 2011. http: //orbitaldebris. jsc. nasa. gov/.

[10] Kaplan, M. H. Space debris realities and removal. https: //info. aiaa. org/tac/SMG/SOSTC/Workshop.

[11] Contzen, J. P. , Muylaert, J. Scientific aspects of space debris reentry. ISTC Workshop on mitigation of space debris, Moscow, 2010.

[12] Sevastianov, N. N. , et al. Analysis of technical abilities of development of small satellites for earth observation. Proc. of MFTI. 1, 14 – 22, 2009.

[13] Levantovsky, V. I. Mechanics of space flights. Nauka, Moscow, 1980.

[14] Burdakov, V. P. , Zigel, F. Y. Physical basis of astronautics. Atomizdat, Moscow, 1975.

[15] Egorov, M. S. Investigation and development of the onboard optical system for small satellites with laser propulsion. A Thesis Submitted to the Graduate Faculty of Saint – Petersburg ITMO University in Partial Fulfillment of the Requirements for the degree of doctor of philosophy. S. – Petersburg (2016).

[16] Ageichik, A. A. , et al. Combustion of propellants of CHO chemical composition as applied to laser propulsion. J. Tech. Phys. 79, 76 – 83, 2009.

[17] Galabova, K. K. , Dereck, O. L. Economic case for the retirement of geosynchronous communication satellites via space tugs. Act. Astron. 58, 485 – 498, 2006. https: //doi. org/10. 1016/j. actaastro. 2005. 12. 014.

[18] Egorov, M. S. , et al. Corrective laser propulsion system for space vehicles. J. Opt. Tech. 77, 8 –

15，2010.

[19]　Tappe，J. A. Development of star tracker system for accurate estimation of spacecraft attitude. Naval Postgraduate School Monterey，CA 93943 – 5000 December，2009.

[20]　Egorov，M. S.，Nosatenko，P. Y.，Rezunkov，Y. A. Optical system of mini – satellite with laser propulsion. J. Opt. Tech. （Rus.）. 81，16 – 27，2014.

[21]　Smith，W. J. Modern optical engineering. The design of optical systems. Kaiser Electro – Optics Inc. Carisbad，California and Consultant in Optics and Design，2000.

[22]　Liou，J. – C. Orbital debris modeling. NASA Orbital Debris Program Office，Johnson Space Center，Houston，TX，2012.

[23]　Rezunkov，Y. A. Laser propulsion for LOTV space missions. AIP Conf. Proc. 702，228 – 241，2004. https：//doi. org/10. 1063/1. 1721003.

[24]　Rezunkov，Y. A.，et al. Laser fine – adjustment thruster for space vehicles. AIP Conf. Proc. 1230，309 – 318，2009. https：//doi. org/10. 1063/1. 3435446.

[25]　Artukhina，N. K. Circuit analysis of principles for simulation of mirror systems with variable characteristics. Metrol. Instr. Eng. （Rus.）. 2，22 – 28，2013.

[26]　Savitzky，A. M.，Sokolov，I. M.：Design feature of light – weight mirrors for space telescopes. J. Opt. Tech. （Rus.）. 76，94 – 98，2009.

[27]　Avdeev，A. V.，et al. Construction arrangement of space HF – DF – laser facility based on space vehicle. Proc. MAI 71，2013. http：//www. mai. ru/science/trudy/published. php.

[28]　Carroll，D. L. Overview of high energy lasers：past，present，and future? AIAA，2011 – 3102，2011. https：//doi. org/10. 2514/6. 2011 – 3102.

[29]　Summerer，L.，Purcell，O. Concepts for wireless energy transmission via laser. Int. Conf. Sp. Opt. Sys. Appl. （ICSOS），2009.

[30]　Danilov，O. B.，Gevlakov，A. P.，Yuriev，M. S. Oxygen – iodine lasers with optical （solar） pumping. Opt. Spectr. （Rus.）. 117，151 – 158，2014.

第7章　空间激光推进飞行器激光功率传输

摘　要　建造 HPLP 系统需要解决一些技术难题，包括：1）高功率极小发散激光束产生技术；2）由大气层和系统光学元件引起的光束畸变补偿技术。这些技术难题的解决方案决定了 HPLP 的系统设计。

可以考虑采用动态全息技术补偿激光束的相位失真和相位共轭。最先进的 PC 控制激光系统具有较宽的视场、高执行能力和快速响应能力。本章分析了利用六氟化硫等非线性介质的 CO_2 激光器在激光功率传输过程中激光束畸变相位共轭的实验数据，它将用于带有星载 ASLPE 空间飞行器的激光功率传输。

建议采用基于大气光学畸变补偿算法的自适应激光光学系统，它包括如下基本工作流程：

1）在大气层上部产生一个参考相干辐射源，用来记录激光传播路径上的大气畸变。

2）用动态全息校正器产生具有共轭光束波前的高功率激光束，利用参考源光束记录激光束的产生。

关键词　自适应激光系统；自适应两回路系统；空间任务；固态激光器；光学技术；气溶胶消散和激光辐射散射；HITRAN 数据库；Kolmogorov 各向同性扰动；引力波；发射机望远镜放大；弗雷德半径；等晕角；雷托夫参数

7.1　问题介绍

本章讨论激光辐射在通过地球大气层上部向激光推进飞行器传播过程中大气效应的影响。大气效应引起激光束相位和强度发生畸变，它受到大气和激光辐射两因素的影响。利用上层大气层模型研究激光束在大气中的传播，估算大气层对飞行器接收器激光辐射空间分布的影响。首先，大气层固体气溶胶和气态气溶胶模型及其随高度的分布规律受到了广泛关注。

目前，在激光束大气传播实验基础上开发了大量地球大气层模型。用这些实验结果，开发了多种技术来补偿由大气层引起的激光束畸变[1-3]。我们认为仅几个大气模型和一些相位共轭技术可用于解决高功率激光经上层大气向激光推进飞行器传输激光功率的难题，手段有限。因此，机载激光器被用于发展 HPLP。我们想到了美国研制的机载激光（ABL）和俄罗斯机载激光器，它们都是激光推进原理样机[4,5]。

目前，更加奇特的想法是假设使用部署在 GEO（甚至是月球）的天基激光器执行激光推进飞行器空间任务。这类想法是在空间和月球向地球传输空间能源项目中发展出来的，这类项目都提到了天基太阳能泵浦激光器和 HF/DH 激光器[6,7]。莱克·迈拉博教授在他的《光船飞行手册》中也提出了类似想法[8]。

我们尝试去限制用于激光推进高功率激光系统的功率大小，当前平均功率 100 kW 或更低功率激光器在全世界范围得到了广泛研制。从本书前几章的叙述可知，功率 100 kW 的激光器足够用来向近地轨道发射小型有效载荷，以及在轨维持近地空间飞行器。

需要指出的是，还要对激光辐射特性提出明确要求，它决定了推进效率，且必须考虑在地球大气层中的辐射传播。

因此，对于机载激光器，本章的部分工作专门分析用自适应光学系统来补偿由地球大气层上层大气引起的激光束畸变。机载激光器非常适用于执行激光推进卫星的各种空间任务（见第 6 章）。我们认为这一问题的技术解决方案可用于向卫星传输高功率激光辐射。

众所周知，研制高功率固态激光器（SSL）的基本限制是激光器光学执行元件的散热问题，它将引起激光束明显发散。热问题可能的解决方案是应用"主动镜面"形式的执行元件，其辐射传播方向与主动层呈横向，激光束离开后从镜面的后侧面反射。文献［9，10］中 Yb：YAG 激光器在 CW 和重复频率模式下输出功率达到 200 kW 规模，它可能是基于"主振荡器-功率放大器"（MOPA）架构，采用相位共轭镜面（PCM）补偿放大器的光学畸变。在"镜面"之间采用激光半导体矩阵"主动镜面"泵浦技术，激光器可以工作在准 CW 模式。

通常高功率激光器工作在近红外（IR）光谱范围，采用直径 1 m 的主镜面发射望远镜进行瞄准，并聚焦在特定距离处。通常采用一个额外的小功率激光辅助通信子系统来进行激光束制导。在这个操作过程中，包括远程目标扫描、激光制导、小功率和高功率激光辐射的发射与接收等，都是使用同一个收发望远镜完成的。利用具有高反射系数的光谱选择性光学反射镜作为辅助光路，实现了低功率激光辐射在望远镜孔径的引入和输出。这种自适应激光系统是采用当前最先进的光学技术研制的[6]。

7.2　气溶胶模型和激光辐射在上层大气中的衰减、吸收与散射

7.2.1　大气气溶胶和气体模型

需要指出的是，能用于激光发射飞行器的高于 10 km 上层大气的高功率激光束传播实验数据非常少。因此，应关注一些随大气高度变化的大气气溶胶和气体分布模型，包括这些大气成分的光学特性。

当前，全世界范围内已开发了大量大气气溶胶模型[11-14]。但是，用于高功率激光推进气溶胶模型的主要选用标准是气溶胶粒子光学特性的统计有效性。

利用 SAM-2、SAGE-I 和 SAGE-II 等设备对气溶胶及其成分分布随大气层高度的变化开展了大规模研究[12,13]。这些实验收集了不同波长（0.385 μm、0.453 μm、0.525 μm 和 1.02 μm）激光辐射条件下对流层和平流层内气溶胶消除的垂直分布[14]。利用和平号空间站和 SPOT 卫星也开展了类似研究工作。用这些实验数据系统性地发展和修正上层大气气溶胶模型，并将其用于 Lowtran、Fascod 和 Modtran 等数值计算软件[15]。

对比分析大气层激光辐射透射率计算数据，结果表明 Lowtran 软件是最有效的，其结果与实验数据吻合得最准确。

当前，有几个大气空气成分和气溶胶组分模型用于科学和应用研究，这些模型给出了温度、气压、空气密度和空气组分分子浓度分布随海拔高度变化的平均实验数据。在俄罗斯，有国家光学研究所（GOI）和俄罗斯大气光学研究所（IOA）两个模型[16]。IOA 模型为区域模型，因为该模型包含地球大气变化的统计数据，引起较大关注。

美国空军菲利普实验室地球物理理事会（US AirForce Phillips Laboratory, Geophysics Directorate）开发了所谓的 AFGL 模型[17,18]，该模型得到广泛应用，并在解决大气层高功率激光辐射传输问题的科技文献中被报道。因为 AFGL 模型是基于 Lowtran 气溶胶模型，所以它会根据新的实验数据定期进行修正。这也是 AFGL 模型通常被用于大气激光辐射吸收和散射的原因（见图 7-1），图中 VCAE 是气溶胶消除容积系数。

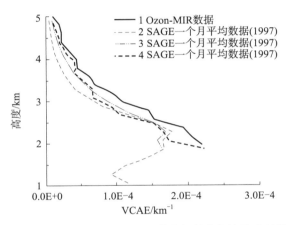

图 7-1　不同模型得到的波长 1 μm 激光辐射在气溶胶中的消散数据

此外，我们只考虑有限激光辐射波长的大气效应，因为高功率激光也是有限的几个波长，主要波长为 $0.53~\mu m$、$1.06~\mu m$、$1.315~\mu m$、$3.0~\mu m$、$5.5~\mu m$ 和 $10.6~\mu m$。

利用上面提到的模型开展激光辐射在大气层中的消散和吸收数值计算，单色吸收系数表达式为

$$A_h(\nu) = \int_{-\infty}^{\infty} \{\{1 - \exp[-D_h(\nu')]\}\} \, d\nu \qquad (7-1)$$

其中，$D_h(\nu')$ 为大气层中激光辐射路径 l 光学厚度，即

$$D = \int_l K(\lambda, l) \, dl$$

其中，K 为消散系数，它是吸收系数 K_a 和扩散系数 K_R 的和，它是由地球大气层消散的气体 K^M 和气溶胶 K^a 之和决定的。即

$$K = K^M + K^a = K_a^M + K_a^a + K_R^M + K_R^a \qquad (7-2)$$

采用 Lowtran 模型来确定气溶胶的吸收和扩散系数，确定辐射气体分子扩散系数 K^M 是比较简单的。因为空气分子对不同波长激光辐射的吸收光谱非常复杂，它包括扩散和吸

收波段结构，所以问题是如何精确确定气体分子吸收。为估算激光辐射分子吸收，需要用到三类基本数据，即：

1）不同季节、不同地理区域大气层空气的气体和气溶胶参数和组分。

2）不同大气组分，包括转动分量的谱线参数。

3）带有转动谱线解析结构气体组分的吸收截面。

HITRAN 数据库给出了大气气体吸收谱线的光谱参数数据目录[19]。例如，为了计算波长 0.53 μm 激光辐射吸收，采用带有转动谱线解析结构气体组分数据库。同时，由于相关光谱信息数据有限，将面临辐射吸收连续谱分量的估算难题。为解决这个难题，建议采用 UVACS 数据库中火箭发动机燃烧产物吸收截面数据[20]。

文献［21］给出了大气吸收计算算法的详细信息。这里，作为例子我们给出波长 1.06 μm 时激光辐射气溶胶消散系数 K^a 和气体分子消散系数 K^M 的几个结果。

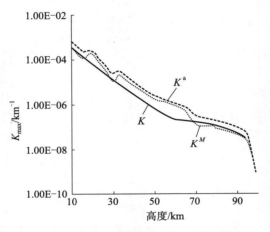

图 7-2　大气层消散系数分量随高度分布

对于 10 km 海拔高度大气层，波长 1.052～1.056 μm 范围内辐射分子吸收光谱分布如图 7-3 所示，与方程（7-1）计算结果相吻合[20]。

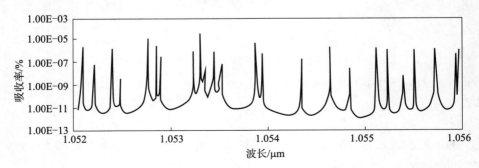

图 7-3　10 km 高度大气辐射吸收光谱

由图中可以看出，波长 1.053 μm 的辐射光谱范围位于两条强吸收谱线之间，这意味着很小的辐射谱线变化将大幅增加辐射吸收。然而，即使这样，分子吸收也不高，仅能达到千分之几。

另一种情况是激光辐射波长 $\lambda_1 = 0.5265\ \mu m$，这是 Nd：YAG 激光器的二次调谐激光辐射。这种情况下，分子吸收主要是由臭氧分子决定的，臭氧在 10 km 高度有一段平滑光谱。需要指出的是，在 35 km 处臭氧浓度达到最大值。

7.2.2　高功率激光辐射在上层大气中传播过程中的非线性效用

在高功率激光辐射下，激光功率的气溶胶和分子吸收会导致不同的非线性大气效应。其中之一就是低阈值，即所谓的热晕效应（Thermal blooming）[22]，其结果是激光束偏离和散焦。为了更准确地描述，我们考虑将这种非线性效用用于 Yb：YAG 激光辐射在上层大气中的高功率传输。激光器的性能参数如表 7 - 1 所示，目前，激光被认为是高功率激光推进最现实的选择[9,10]。

为估算大气非线性效应，采用了沿光束传播路径分布的相位屏数值计算技术[23]。用以下描述大气特性的方程组，通过数值计算确定非线性效应[23,24]：

$$n_2(x,y,z) = \frac{\partial n}{\partial \rho}\Delta\rho \tag{7-3}$$

$$\frac{\partial}{\partial x}\left[(Ma^2 - 1)\frac{\partial^2}{\partial x^2} - \frac{\partial^2}{\partial y^2}\right]\Delta\rho = \frac{\alpha}{VC_pT}\left(\frac{\partial^2}{\partial x^2} - \frac{\partial^2}{\partial y^2}\right)\langle I(x,y,z)\rangle \tag{7-4}$$

式中　$n_2(x,y,z)$——大气空气湍流非线性折射系数；

　　　$\Delta\rho$——空气湍流密度，它是由激光辐射场强 $I(x,y,z)$ 引起的。

方程可求得激光辐射场强具体分布 $\langle I(x,y,z)\rangle$、激光孔径平均面积、飞机飞行速度 V（假设激光器放置在飞机机身内部）和初始空气温度 T。其中，$Ma = V/c_s$ 是马赫数；c_s 为当地声速；α 为吸收系数；C_p 为定压比热容。

表 7 - 1　用于激光推进的半导体泵浦固态激光器（Yb：YAG）基本参数

激光脉冲参数[a]	
脉冲能量 E/J	40.0
重复频率 f_i/Hz	5 000
平均功率 P/kW	200
脉宽 τ_i/ns	10

注：[a] 所列的固态激光特性最适用于超声速激光烧蚀推进，见第 5 章内容。

如果飞机以亚声速飞行 $Ma < 1$，方程（7 - 3）可写成以下形式

$$\Delta\rho = \rho_1 + \rho_2 \tag{7-5}$$

其中

$$\rho_1 = \frac{\alpha}{VC_pT}\int_{-\infty}^{x}\langle I(x',y,z)\rangle \mathrm{d}x'$$

$$\rho_2 = \frac{A}{2}\int_{-\infty}^{\infty}\int_{0}^{\infty}\times\left[\tilde{I}(x+x',p,z) - I(x-x',p,z)\exp\left(ipy - \frac{|p||x'|}{\sqrt{1-Ma^2}}\right)\right]\mathrm{d}x'\mathrm{d}p$$

$$\tag{7-6}$$

$$A = \frac{\alpha}{V C_p T} \frac{Ma^2}{\sqrt{1 - Ma^2}} \qquad (7-7)$$

$$\tilde{I}(x, p, z) = \int_{-\infty}^{\infty} \langle I(x', y, z) \rangle \exp(-ipy) \mathrm{d}y \qquad (7-8)$$

其中，z 为沿激光束传播方向的空间坐标，式（7-8）激光辐射沿 y 坐标分布的傅里叶谱。为简化分析，激光束被认为是高斯分布，可以用孔径处的辐射场强分布表示

$$\langle I(x, y, z) \rangle = I_0(z) \exp\left(-\frac{x^2 + y^2}{a^2}\right) \qquad (7-9)$$

这种情况下，可以得到

$$\langle \tilde{I}(x, p, z) \rangle = I_0(z) \frac{a}{2\sqrt{\pi}} \exp\left(-\frac{x^2}{a^2} + \frac{p^2 a^2}{4}\right) \qquad (7-10)$$

$$\rho_2(x, p, z) = \frac{A\alpha}{\sqrt{\pi}} I_0(z) \int_0^{\infty} \times$$

$$\left[\int_0^{\infty} \mathrm{sh}\left(\frac{xx'}{a^2}\right) \cos(py) \exp\left(-\frac{x^2 + (x')^2}{a^2} + \frac{p^2 a^2}{4} - \frac{|p||x'|}{\sqrt{1 - M^2}}\right)\right] \mathrm{d}x' \mathrm{d}p \qquad (7-11)$$

函数 ρ_2 和它的偏导数 $\partial \rho_2 / \partial y$，$\partial^2 \rho_2 / \partial x^2$，$\partial^2 \rho_2 / \partial y^2$，$\partial^2 \rho_2 / \partial x \partial y$ 在激光束轴线上等于0。因此，函数 ρ_2 可表示为如下形式

$$\rho_2(x, y, z) = -\frac{1}{2} \frac{a}{V C_p T} \frac{I_0(z)}{a} g(Ma) \frac{x}{a} \qquad (7-12)$$

其中

$$g(Ma) = \frac{4}{\sqrt{\pi}} \frac{Ma^2}{1 - Ma^2} \int_0^{\infty} \int_0^{\infty} x \exp\left[-x^2 - \frac{p^2}{4} - \frac{|p||x'|}{\sqrt{1 - Ma^2}}\right] \mathrm{d}x \mathrm{d}p \qquad (7-13)$$

这样，函数 ρ_1 为表示为

$$\rho_1(x, y, z) = -\frac{1}{2} \frac{\alpha a}{V C_p T} I_0(z) \left[\sqrt{\pi}\left(1 - \frac{y^2}{a^2}\right) + \frac{2x}{a}\right] \qquad (7-14)$$

最后，大气环境空气密度总分布为

$$\rho_1(x, y, z) + \rho_2(x, y, z)_{x, y \to 0} = -\frac{1}{2\pi} \frac{\alpha}{V C_p T} \frac{P(z)}{a} \times \left[\sqrt{\pi}\left(1 - \frac{y^2}{a^2}\right) + [2 + g(Ma)] \frac{x}{a}\right]$$

$$(7-15)$$

其中，$P(z)$ 为激光辐射功率。

作为实例，函数 $g(Ma)$ 如表 7-2 所示。

表 7-2　函数 $g(Ma)$ 计算实例

Ma	0.1	0.2	0.3	0.4	0.5	0.6	0.7	0.8	0.9
$g(Ma)$	0.010	0.041	0.097	0.182	0.309	0.500	0.800	1.333	2.588

接下来，采用非线性相位 φ_{non} 的薄透镜方法讨论大气效应的影响

$$\varphi_{\mathrm{non}}(x, y) = k \int_0^L n_2(x, y, z) \mathrm{d}z = \frac{\partial n}{\partial \rho} k \int_0^L [\rho_1(x, y, z) + \rho_2(x, y, z)] \mathrm{d}z \qquad (7-16)$$

其中，L 为激光束在大气中的路径。对于接近激光束轴（$x \ll a$，$y \ll a$）的部分光束，其值为

$$\varphi_{\mathrm{non}}(x,y) = k\left[S_0 - \beta_x x + \frac{y^2}{2F_y} \right] \qquad (7-17)$$

式中　S_0——常数；

　　　β_x——束前倾角。

曲率半径 F_y 由下式确定

$$\beta_x = \frac{1}{VC_pT} \frac{P_0}{\pi a^2} \frac{\partial n}{\partial \rho}\left[2 + \frac{g(Ma)}{2} \right] T_{abs} \qquad (7-18)$$

$$F_y = \left[\frac{\sqrt{\pi}}{VC_pT} \frac{P_0}{\pi a^2} \frac{\partial n}{\partial \rho} T_{abs} \right]^{-1} \qquad (7-19)$$

其中 $T_{abs} = \int_0^L \alpha(z)\mathrm{d}l$，假设参数 P、V、C、T、a 为常数。如果用 ϑ 表示天顶角，飞机的高度为 H，假设 $\vartheta < 70°$，这样我们可得到下面表达式

$$T_{abs}(\lambda, H, \vartheta) = T_{abs}(\lambda, H, 0)/\cos(\vartheta) \qquad (7-20)$$

$T_{abs}(\lambda, H, 0)$ 为激光功率吸收总系数。用假设的大气组分模型（见前面轮论述）计算 T_{abs}，对于两个可能飞行高度的计算结果如表 7-3 所示。

表 7-3　两架飞机可能飞行高度下激光功率总吸收系数

工况	冬季	夏季
$T_{abs}(\lambda = 1\,029\ \mu\mathrm{m}, H = 10\ \mathrm{km})$	2.86×10^{-5}	3.98×10^{-5}
$T_{abs}(\lambda = 1\,029\ \mu\mathrm{m}, H = 15\ \mathrm{km})$	3.77×10^{-6}	3.77×10^{-6}

为估算由激光功率吸收引起的热晕效应，让我们根据下面的公式估计激光束因散焦而产生的非线性散度[22]：

$$\beta_{\mathrm{non},y} = \frac{a}{F_y} = \frac{\sqrt{\pi}}{VC_pT} \frac{P_0}{\pi a^2} \frac{\partial n}{\partial \rho} T_{abs} \qquad (7-21)$$

该参数与激光束波前相位倾角一致，精度在因数 $\sqrt{\pi}/(1 + g(Ma)/2)$ 之内。因此，激光束相对热散焦可以用参数 $\beta_{\mathrm{non},y}$ 与激光束衍射散度之比表示，即 $\beta_d = \lambda/a$，其中 a 为发射机望远镜半径，即

$$Q(\lambda, H, P, \vartheta) = \frac{\beta_{\mathrm{non},y}}{\beta_d} = \frac{\sqrt{\pi}}{VC_pT} \frac{P_0}{\pi a \lambda} \frac{\partial n}{\partial \rho} \frac{T_{abs}(\lambda, H, 0)}{\cos(\vartheta)} \qquad (7-22)$$

如果 $Q(\lambda_1, P, \vartheta) < 0.1$，激光束热散焦效应可以忽略。如果 $P_0 = 200\ \mathrm{kW}$，对于在大气中垂直路径可以得到

$$Q(\lambda_2, P_2, \vartheta = 0) = 0.07 \qquad (7-23)$$

这里，假设：$a = 0.5\ \mathrm{m}$；$C_m = 10^3\ J/(\mathrm{kg \cdot grad})$；$T = 300\ \mathrm{K}$；$\dfrac{\partial n}{\partial \rho} = 2.3 \times 10^{-4}\ \mathrm{m}^3/\mathrm{kg}$；

$V = 1\,000\ \mathrm{m/s}$；$\lambda_1 = 0.526\,5\ \mu\mathrm{m}$；$\lambda_2 = 1.053\ \mu\mathrm{m}$。

这些算例表明，从高度 10 km 处开始的 200 kW 激光辐射在上层大气中传输时，可以

忽略由此引起的非线性热效应[25]。

7.3　上层湍流大气半经验模型

湍流大气对激光束在上层大气中传输影响的特征之一是激光束中心能量的随机空间波动，以及激光束的展宽[26,27]。这些影响与激光辐射波长、湍流折射率和大气中激光束传播路径长度等因素有关。湍流诱发激光束波前相位畸变，这会在特定距离转化为激光束形状的振幅畸变。

遗憾的是，相关文献中还没有距地面 10 km 以上清晰的湍流实验数据。文献［26］针对这个主题专门进行了非常著名的研究，实验中采用直径 1 m 的可见光和近红外光谱激光器对辐射传输进行了研究，激光器分别位于海拔高度 3 000～3 500 m 的夏威夷第一大岛和毛伊岛上的两个观测站，在大气中水平传输路径为 149 km。实验是在黑暗中进行的，此时大气通常是平静的，湍流度以折射率结构常数 C_n^2 为特征，不是隐性参数。其他实验[27]是在位于毛伊岛的同一海军观测站进行的，实验采用自适应光学技术对位于地平线附近的星象进行校正，由直径 363.0 cm 的望远镜记录。实验结果表明，虽然对星图的可能性进行了校正，但图像的质量仍然不够。

俄罗斯联邦也有两个天文观测光学系统：第一个直径 600 m 的阿尔泰望远镜（Altai）[28]，用来观测空间飞行器；第二个是独一无二的自适应光学望远镜，其主镜直径为 760 m，用来观测太阳[29]。

但为了从理论上估算湍流效应，还需要更详细的自然湍流信息。众所周知，大气层空气折射率 δ_n 不是均一值，它主要受空气温度的相对时间和空间波动的影响，即 $\delta_n = -N\delta T/T$ [30]。

然而，在所有湍流大气模型中，Kokmogorov 的各向同性湍流模型[31]和内引力波模型（IGW）[32-34]得到全世界认可。Kokmogorov 湍流模型理论预测已被各种近地大气层辐射传播实验证明是合理的。

对于上层大气，一个有趣的现象是大气存在稳定的温度层，这为各向异性层相对于地球表面被水平拉长创造了有利条件。同温层内产生的这种效应称作内引力波（IGW），IGW 是由和平号空间站通过雷达监测大气时首次发现的。可以预期，当激光束倾斜穿过各向异性 IGW 层向空间飞行区传输激光功率时，IGW 层会对激光束产生剧烈影响。

为了用于高功率激光推进，湍流波动通用谱段模型的空气折射率 Φ_n 可以写成如下常见形式[31]

$$\Phi_n(k_1,k_2,k_3;h) = C^2(h)\,\eta^2\,[k_1^2 + \eta^2(k_2^2 + k_3^2) + k_0^2]^{-\mu/2} \exp\left[-\frac{k_1^2 + \eta^2(k_2^2 + k_3^2)}{k_m^2}\right]$$

$$(7-24)$$

采用波动的统计对称性假设。其中，k_1 为垂直波动模数，k_2 和 k_3 为水平波动模数，h 为大气层当前高度，$C^2(h)$ 为湍流结构常数，它以空气折射率的波动与高度的关系为特征。

其中 η 作为表征各向异性系数的参数，它是水平波动与垂直波动之比；μ 为谱段指数依赖参数。

根据湍流大气卡曼模型（Karman model）[32]，为了更准确地定义其空间谱线，与诺维科夫模型（Novikov）引入的湍流内部尺度 $l_0 = 2\pi/k_0$ 一样，引入湍流外部尺度 $L_0 = 2\pi/k_m$。卡曼模型定义了在小尺度空间上光谱的阻尼（分子或涡流）。这样，有四个参数来表征上层大气的湍流大气，即：C^2、η、L_0 和 l_0，当我们想要模拟激光束的大气中的传播时，必须考虑每一种情况。

遗憾的是，对流层和同温层的湍流结构实验数据完整性不足以支撑开发详细的湍流模型。然而，并不是所有的参数都是研究湍流诱导激光束偏离的基础。影响激光束质量的主要参数之一是每种湍流的空间强度谱。此外，如果需要考虑内部引力波的话，再引入湍流的各向异性系数和外部尺度等重要参数。

当 $\mu = 11/3$，$\eta = 1$［式（7-24）］和 $C^2 = 0.033 \times C_n^2$ 时，其中空气折射率湍流波动的折射率结构常数，采用各向异性湍流 Kolmogorov 模型。这样，Kolmogorov 模型湍流谱函数 Φ_n 可写成如下形式：

$$\Phi_n^k(k,h) = 0.033 C^2(h)(k^2 + k_0^2)\exp\left[-\frac{k^2}{k_m^2}\right] \qquad (7-25)$$

其中，$k = \sqrt{k_1^2 + k_2^2 + k_3^2}$ 是假设空气波动为统计各向同性时湍流空间波数估算振幅。需要指出的是，对于 $l_0 = 5.92/k_m$ 这种情况，内部湍流尺度 l_0 和波数 k_m 之间存在着非常精确的关系。

基于文献［33］发表的实验数据和上层大气雷达监测辅助数据，开发了 10~20 km 高空 Kolmogorov 湍流模型的这些关系。为了开发 20~50 km 高空湍流模型，恒星闪烁数据是由和平号空间站获得的[34]。与 Kolmogorov 湍流模型一致的湍流特性数值计算结果如表 7-4 所示。

表 7-4 Kolmogorov 湍流模型参数的高度特性

H/km	$(C_n^2)_{min}/m^{-2/3}$	$(C_n^2)_{avr}/m^{-2/3}$	$(C_n^2)_{max}/m^{-2/3}$	l_0/m	L_0/m
	弱	中	强	湍流	
10	2.60E-18	3.95E-17	6.00E-16	0.017	300
12	2.08E-18	2.14E-17	2.20E-16	0.023	300
14	1.23E-18	8.37E-18	6.70E-17	0.031	300
16	6.10E-19	4.80E-18	1.99E-17	0.042	300
18	4.00E-19	2.50E-18	8.50E-18	0.057	300
20	1.81E-19	9.03E-19	5.20E-18	0.077	300
22	1.42E-19	7.09E-19	3.54E-18	0.103	300
24	7.20E-20	3.60E-19	1.80E-18	0.139	300
26	4.13E-20	2.07E-19	1.03E-18	0.186	300
28	2.48E-20	1.24E-19	6.21E-19	0.249	300

续表

H/km	$(C_n^2)_{min}/m^{-2/3}$	$(C_n^2)_{avr}/m^{-2/3}$	$(C_n^2)_{max}/m^{-2/3}$	l_0/m	L_0/m
	弱	中	强	湍流	
30	1.65E−20	8.27E−20	4.14E−19	0.334	300
32	8.49E−21	4.25E−20	2.12E−19	0.449	300
34	2.94E−21	1.47E−20	7.35E−20	0.602	300

关于 IGW 模型，与激光功率相关联的温度波动垂直分布可写成以下形式[31]

$$V_T^g(k_1) = AT^2 \frac{\widetilde{\omega}_B \cdot v \cdot^4}{g^2} k_1^{-3} \tag{7-26}$$

式中　k_1——垂直方向波数；

　　　A——数值系数；

　　　$\widetilde{\omega}_B$——布伦塔频率，对于规则大气模型，$\widetilde{\omega}_B = 0.022$ rad/s。

与饱和 IGW 理论相对应，当时 $k_1 > 0$，系数 A 建议取 0.1[31,35,36]。

然后，IGW 波动（$k_1 > 0$）的一维单边谱函数可写成如下形式

$$V_T^g(k_1) = AN^2 \frac{\widetilde{\omega}_{B.V.}^4}{g^2} k_1^{-3} = Cl_g^2 k_1^{-3} \tag{7-27}$$

式中　N——折射率，$Cl_g^2 = AN^2 \frac{\widetilde{\omega}_{B.V.}^4}{g^2}$。按传统引入这些波动的外部和内部尺度，就可以得到 IGW 的三维谱函数，即

$$C_g^2 = \frac{(\mu-2)}{4\pi} Cl_g^2 = AN^2 \frac{3 \widetilde{\omega}_{B.V.}^4}{4\pi g^2} \tag{7-28}$$

式中　C_g^2——一个类似湍流大气的结构常数，且

$$\Phi_n^g(k_1,k_2,k_3,h) = C_g^2(h) \eta^2 [k_1^2 + \eta^2(k_2^2 + k_3^2) + K_0^2]^{-5/2} \exp\left[-\frac{k_1^2 + \eta^2(k_2^2 + k_3^2)}{K_m^2}\right] \tag{7-29}$$

式中　η——IGW 各向异性系数，且 $\eta \gg 1$；

　　　K_0、K_m——对应于外部尺度为 $L_0^g = 2\pi/K_0$ 和内部尺度为 $l_0^g = 2\pi/K_m$ 的波数。

当前所有已发表的 IGW 模型实验数据给出了以下波参数值，即 $A = 0.1$；$\eta = 150$；$\widetilde{\omega}_{B.V.} = 0.022$ rad/s；$L_0^g = 2.5 \times 10^{-4}$ m；$l_0^g = 50$ m；海拔高度与空气折射率 N 的关系由标准大气模型给出。假设在 10～50 km 之间 IGW 的内部尺度不发生变化。

弱、中和强三种波功率下随高度变化的 IGW 参数如表 7-5 所示，需要强调的是，表中所有数据都是基于 IGW 的实验研究结果。但这些数据都不是标准值，在不久的将来，有必要使数据更加准确。

机载激光器发射的激光束穿过上层大气（z_0）传输给真空环境的飞行器激光推进发动机，现在我们就能估算上层湍流大气是如何影响激光束传输的。下面我们给出假设初始条件：

1）激光器孔径的半径为 $a = 0.75$ m，激光束为强度沿孔径截面呈高斯分布的准直激

光束，辐射波长为 $\lambda = 1.03\ \mu m$。

2）激光束初始相干函数定义为

$$\Gamma_2^0(\boldsymbol{R}, \boldsymbol{\rho}) = I_0^0 \exp\left(-\frac{R^2}{a^2} - \frac{\rho^2}{4a^2}\right) \tag{7-30}$$

其中 $\boldsymbol{R}$ 为激光束能量峰值的矢量半径。

3）飞机飞行高度变化范围为 10 km 到 15 km。

4）安装在飞行器上的接收望远镜孔径半径为 $R_s = 2.25$ m（见第一章，1.4 节）

5）空间飞行器轨道变化范围为 300 km 到 40 000 km。

表 7-5　IGW 模型参数的高度特性

H/km	$(C_g^2)_{\min}/\mathrm{m}^{-2}$	$(C_g^2)_{\mathrm{avr}}/\mathrm{m}^{-2}$	$(C_g^2)_{\max}/\mathrm{m}^{-2}$	η	l_0/m	L_0/m
10	1.62E−19	5.05E−19	1.52E−18	150	50	2 500
12	9.19E−20	2.87E−19	8.62E−19	150	50	2 500
14	4.90E−20	1.53E−19	4.59E−19	150	50	2 500
16	2.62E−20	8.18E−20	2.45E−19	150	50	2 500
18	1.40E−20	4.37E−20	1.31E−19	150	50	2 500
20	7.52E−21	2.35E−20	7.05E−20	150	50	2 500
22	3.91E−21	1.22E−20	3.67E−20	150	50	2 500
24	2.09E−21	6.53E−21	1.96E−20	150	50	2 500
26	1.11E−21	3.47E−21	1.04E−20	150	50	2 500
28	5.94E−22	1.86E−21	5.57E−21	150	50	2 500
30	3.20E−22	1.00E−21	3.00E−21	150	50	2 500
32	1.73E−22	5.41E−22	1.62E−21	150	50	2 500
34	9.25E−23	2.89E−22	8.67E−22	150	50	2 500
36	5.00E−23	1.56E−22	4.69E−22	150	50	2 500
38	2.72E−23	8.51E−22	2.55E−22	150	50	2 500
40	1.51E−23	4.72E−23	1.42E−22	150	50	2 500
42	8.48E−24	2.65E−23	7.95E−23	150	50	2 500
44	4.82E−24	1.51E−23	4.52E−23	150	50	2 500
46	2.77E−24	8.66E−24	2.60E−23	150	50	2 500
48	1.64E−24	5.13E−24	1.54E−23	150	50	2 500
50	9.93E−25	3.10E−24	9.31E−24	150	50	2 500

作为估算参数，下面函数是由参数 z，λ，z_0，θ 确定的，即：

1）$R_0(z, \lambda, z_0, \theta)$ 为激光束穿过各向同性大气层的衍射半径。

2）$R_{\mathrm{eff}}(z, \lambda, z_0, \theta)$ 为用 Kolmogorov 湍流模型表征的激光束穿过湍流大气的有效半径。

3）$E_f(z, \lambda, z_0, \theta)$ 为激光功率传输到飞行器接收孔径上的那部分功率。

此外，还假设激光束为完全相干束，辐射场强分布服从高斯分布。这样激光束空间截

面的平均强度可表述为[36]

$$\langle I(L, \boldsymbol{R})\rangle = I_0(L)\int_0^\infty J_0\left(\frac{2\,kaR}{Lg(L)}t^{1/2}\right)\exp\left\{-t-\frac{1}{2}\,D_\phi\left(L,\frac{2a}{g(L)}t^{1/2}\right)\right\}\mathrm{d}t \quad (7-31)$$

式中　J_0——贝塞尔函数；

$k=2\pi/\lambda$，；$I_0(L)$——衍射激光束的轴向强度，即

$$I_0(L) = I_0^0\,a^2/R_0^2(L) \quad (7-32)$$

且　　　　　　$R_0(L) = \sqrt{a^2+L^2/k^2a^2}$，$g(L)=\sqrt{1+k^2a^4/L^2}$　　　　　$(7-33)$

其中，$D_\phi(L,\rho)$ 为一个球波的复杂相位结构函数。

对于倾斜大气路径，可假设 $k_m a/g(L)\gg1$，这样[30]

$$D_\phi(L,\rho) = 0.73\,C_\varepsilon^2(z_0)k^2\,X_{\mathrm{eq}}\rho^{5/3} \quad (7-34)$$

$$X_{\mathrm{eq}} = \frac{L}{C_\varepsilon^2(z_0)}\int_0^1 C_\varepsilon^2(L\tau,\theta)\,(1-\tau)^{5/3}\mathrm{d}\tau \quad (7-35)$$

并且 $C_\varepsilon^2 = 4\,C_n^2$ 是空气波动结构特征。

这样，当 $\boldsymbol{R}=0$ 时，激光束轴上的辐射场强就可写成

$$\langle I(L,0)\rangle = I_0(L)\int_0^\infty \exp\left\{-t-\frac{1}{2}\,D_\phi\left(L,\frac{2a}{g(L)}\right)t^{5/6}\right\}\mathrm{d}t \quad (7-36)$$

为了估算激光束有效半径 R_{ef}，应用能量守恒定律，即

$$\langle I(L,0)\rangle R_{\mathrm{ef}}^2 = I_0(L)R_0^2 \quad (7-37)$$

并且，传输到飞行器的那部分激光功率定义为

$$E_f(\lambda,z_0,\theta;z) = R_s^2/R_{\mathrm{ef}}^2 \quad \text{当 } R_{\mathrm{ef}}\geqslant R_s \quad (7-38)$$

图 7-4 显示了从激光收集效率（部分功率）的角度得到的分析结果，飞行器接收望远镜为直径 5.0 m（实线）和激光束半径（虚线）作为在湍流大气中激光束路径不同天顶角飞行器轨道半径的函数。假设湍流为中等强度，虚线对应于激光束衍射孔径。

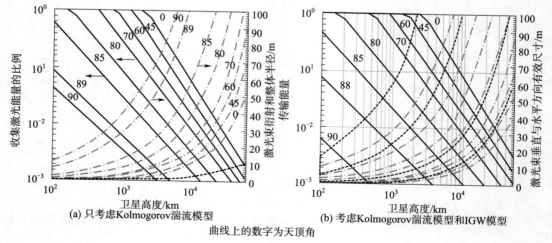

(a) 只考虑Kolmogorov湍流模型　　　　　　　(b) 考虑Kolmogorov湍流模型和IGW模型

曲线上的数字为天顶角

图 7-4　激光功率经过上层大气湍流传输效率

从图中可以看出，如果天顶角小于 60°，整个激光功率可以在 1 000 km 的距离上通过倾斜的大气路径输送到接收望远镜的孔径。如果天顶角大于 80°，则只有 10% 的激光功率被接收望远镜收集。如果飞行器到达 GEO，接收器仅能收集到 3% 的激光功率。

与湍流效应相比，上层大气自然存在的内部引力波将引起激光束波前附加波动，通过对比垂直方向和水平方向的数值，可以观测到这些波动的主要部分[32]。假设这两种波动是相互独立的，激光束总展宽效应可定义为所有单独波前波动平方之和的平方根。这些估算的激光束参数表明，当激光束传播天顶角大于 80° 时，IGW 湍流叠加在 Kolmogorov 湍流上可导致激光传输功率大幅降低。

7.4　穿过大气湍流激光束的相位和强度分布

在前面五章中，我们假设激光束是沿孔径截面均匀分布的光束。但我们从前几节论述也看到，大气湍流会引起激光束波前畸变，这将影响光束孔径截面的强度分布。文献 [23] 认为，基于随机相位屏的激光束大气湍流传播数值模型可以较好地说明该效应。

需要应用谱分析技术来产生等熵随机相位屏，该技术允许创建一个自发场，在这里即使最大尺度的相位波动也超不过数值场尺寸的二分之一。另一方面，最小的数值计算步长没有必要小于激光束波动相位最小尺度的六分子之一。

根据前面的讨论，上层大气拥有一些独特性质，这会对模拟空气折射率自发相场有影响。例如，在 15 km 高空，湍流诱发折射率的内部尺度为 $l_0 = 0.036$ m，外部尺度为 $L_0 = 300$ m。这意味着数值计算网格必须包含 100 000×100 000 的网格节点。结果证明这么大规模网格的数值计算随机场需要耗费很长的运行时间。

为计算大气湍流激光束传播，文献 [23] 开发了一个基于综合谱段和模态方法的相位屏方法。但是，该综合技术需要一个特殊方法来求解问题。该技术产生一个用宽范围波动尺度来表征的随机相位屏，随机场 S 以两个（或多个）统计上相互独立的相位场之和形式来表述，即：

$$S(\boldsymbol{\rho}) = S_{H1}(\boldsymbol{\rho}) + S_{H2}(\boldsymbol{\rho}) + S_{H3}(\boldsymbol{\rho}) + \cdots + S_B(\boldsymbol{\rho}) \qquad (7-39)$$

式（7-39）的自相关函数属于各自随机场，对应于具体空间谱的场总和由关联函数 $(\boldsymbol{\rho}, \boldsymbol{\rho}')$ 来表征。用代表对应不同相位非均匀度的独立随机场之和的总随机场是一个研究上层大气湍流非常有用的方法。该技术还可以通过引入随机场的各向异性来增强随机场的相位不均匀性。

为了说明如何应用该数值技术，利用不同空间尺度的独立随机场的总和，激光经上层大气传播的计算结果如图 7-5 所示。

图 7-5 中第一行显示了远场激光束单独穿过 S_{H1} 相位屏后的辐射场强结果。第二行是远场激光束辐射场强分布结果，显示了激光束穿过 $S_{H1} + S_{H2}$ 屏。随后，第三行和第四行显示远场辐射场强穿过 $S_{H1} + S_{H2} + S_{H3}$ 屏。在第四行，验证了总的远场激光束穿过了所有复杂相位屏。为了验证激光束总位移，图中第五列给出了所有五个结果。

	分体成像					五个成像合成
S_1						
S_1+S_2						
$S_1+S_2+S_3$						
全屏						

光束初始直径为 1.5 m，每个正方形边的角向尺寸等于 12 μm

Kolmogorov 湍流模型：$l_0 = 0.017$ m，$L_0 = 300$ m，$C_n^2 = 6.0 \times 10^{-16}$ m$^{-2/3}$

图 7-5　远场激光束辐射场强分布

可以看到，前两屏模拟大气引起的激光束畸变呈楔形，激光束作为一个整体在偏移；第三屏结果是激光束在孔径截面上呈斑点状分布；相位屏模拟大气引起的小尺度畸变使辐射场强分布变得平滑。

图 7-6 显示了激光束远场强度分布形态，激光束从 100 km 高空传输至 30 000 km 的地球轨道[55]，当传输至 30 000 km 轨道时，湍流效应以激光束孔径截面的强度分布形式显现出来。对这种强湍流也进行了数值计算（见上一节），直径为 1 m 的超高斯分布激光束（N_s =100），形状因子 Q_s =1.006，辐射波长 λ =1.06 μm，脉冲能量 E_0 =100 J，脉宽为 τ =10^{-8} s，假设天顶角等于零。

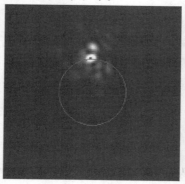

I_{min}=3.6×10^{-16} W/cm^2

I_{max}=1.5×10^{-4} W/cm^2

(a) 强湍流

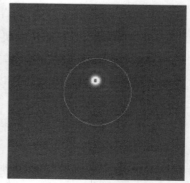

I_{min}=4.2×10^{-16} W/cm^2

I_{max}=5.6×10^{-4} W/cm^2

(b) 中湍流

图 7-6　传输至 30 000 km 轨道的远场激光束辐射场强分布

可以看到，湍流效应不仅体现在激光束的展宽和晃动上，而且远场强度分布呈斑点状。该效应预计会降低激光推进效率。

7.4.1　小结

为充分预测湍流效应对上层大气中激光传播和空间飞行器激光功率传输效率的影响，基于湍流相位屏模型的数值计算方法已被证明是有效的。在此方法的基础上，谱分析技术得到应用。为了拓展谱分析技术在实际场中的应用，提出了嵌入网格算法和考虑次谐波的方法。用特殊方法创建相位屏，它充分考虑了整个湍流空间尺度，解决了在湍流大气中的激光能量传输问题。

7.5　基本大气效应限制机载激光对空间飞行器的功率传输

7.5.1　空间飞行器激光功率传输策略

作为高功率激光器组成部分的激光子系统和光学元件实际上都受到各种杂散因素的影响，这会增加输出激光束的发散，空间飞行器激光功率传输效率降低[4,5]。这些子系统和影响因素如下：

1）主、辅激光子系统的光学元件都会产生像差。

2）主、辅激光子系统之间、激光系统与光学通信线路之间由光学交叉耦合。

3）发射机望远镜的技术和生产缺陷，以及振动和热引起的结构变形。

4）飞机机身周围空气引起的激光束相位畸变。

5）气体湍流引起的光束变形。

6）激光束所谓的速度畸变，由于需要用精确光源将激光束直接辐射到在轨飞行器的某一点，而大气湍流会引起速度像差，速度像差与下式成比例关系

$$\Delta = \frac{2\nu_t L}{c} \qquad\qquad (7-40)$$

式中　L ——激光器与飞行器的距离；

　　　c ——光速；

　　　ν_t ——相对于激光器的飞行器切向速度分量。

本节我们将讨论限制高度大于 10 km 的机载激光器经上层大气向飞行器传输功率的基本限制因素，飞行器轨道变化范围为 300 km 到 36 000 km。图 7-7 显示了激光器与飞行器在一种可能的光学通信策略中飞机与飞行器的相互位置[9]。

假设飞机飞行器从地面 A 点出发，在到达飞行器轨道 C 点对应的 B 点所需的 t_0 时间内，飞行到海拔 10～15 km 的 B 点。飞行器轨道高度为 H，OBO 表面法向和指向飞行器之间的空间角为 θ_{max}。这个角度是由时间间隔所决定的，通过大气以最小的损耗将激光功率输送到飞行器。

在飞机飞向 B 点期间，机载发射机系统的望远镜指向飞行器方向，在指定引导角

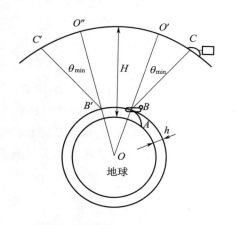

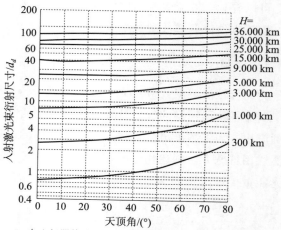

(a) 用机载激光器推动空间飞行器的基本概念　　(b) 向飞行器传输功率时激光束衍射尺寸d_d与天顶角
和轨道高度之间的关系

图 7 - 7　激光器与飞行器相互位置关系

$\theta(t)$ 下的角精度为 $\Delta(t)$。随后开始激光功率传输，并用专用光学系统追踪飞行器的位置。

对于安装在飞行器上的接收望远镜，在考虑飞行器总质量限制的情况下，应选择尽可能大的孔径。举例来说，当发射机望远镜孔径为 1 m 时，图 7 - 7（b）显示了激光束直径与不同飞行器轨道高度下天顶角之间的关系。可以看出激光束衍射直径的变化，从轨道高度 $H=300$ km 时的 0.75 m 变化到 GEO 轨道的 90 m。

通常情况下，假设激光器允许制导误差为激光功率损失小于激光输出功率 P_1 的 10%。例如，这个误差为 $\Delta \approx \pm 0.3(2.44\lambda/D) = \pm 0.3 \times D_{rec}/L$，其中，$D$ 为发射望远镜直径，D_{rec} 为接收望远镜直径，L 两望远镜之间的距离，$2.44\lambda/D$ 为衍射激光束扩散角，它定义为一个空间角，其内 83% 的激光功率被传播。

我们来讨论以下这种情况，在飞行器从近地轨道向 GEO 变轨期间接收望远镜的直径保持不变，这意味着为充满整个接收望远镜镜面，激光束必须散焦。也就是说，在近地轨道机动时，$d=D_{rec}$。而在整个飞行轨道，允许制导误差是由接收望远镜的直径决定的。对于飞行器中间轨道，相应距离 $L \approx D \times D_{rec}/(2\lambda) \approx 5\,000$ km，激光束衍射直径将接近接收望远镜直径，制导允许误差 $\Delta \approx \pm 0.3(2.44\lambda/D) = \pm 0.3 \times D_{rec}/L \approx \pm 3.0 \times 10^{-7}$ rad。最后，当飞行轨道接近 GEO 时，激光束的衍射直径将超过接收器直径；同时，随着接收器角尺寸的增加，允许制导误差降低。

需要注意的是，在控制激光束以给定角精度指向空间飞行器方向的同时，还必须在激光束的指向方向引入一个导引角。导引角在飞行器从 $\Theta=4.7\times10^{-5}$ rad 变化至 $\Theta=1.6\times10^{-5}$ rad。

因此，激光束推动空间飞行器期间指向飞行器的制导精度必须达到 $\pm 2.0\times10^{-7}$ rad，这将是激光束发散的数量级，而像大气湍流等很多实际因素都会干扰所需的制导精度要求。

7.5.2　湍流对高功率激光推进激光束的影响

我们知道，在机载激光飞机在 10 km 高度飞行的情况下，大气湍流是限制 LOTV 激光功率传输效率的主要因素。因此，我们来讨论大气湍流对高功率激光推进空间飞行器任务一般策略的影响。假设激光束强度符合高斯分布 $I(r) = I_0 \exp\left(-\dfrac{r^2}{2a^2} - ik\dfrac{r^2}{2F}\right)$，其中，$a$ 为激光束半径，F 为曲率半径，I_0 为激光辐射场强最大值。假设采用 Kolmogorov 空间谱形式来表征湍流[30]

$$\Phi_n(\chi) = 0.033\, C_n^2\, \chi^{-11/3} \tag{7-41}$$

其中，χ 和 C_n^2 分别为大气湍流空间频率和结构常数。这种情况下，一个高斯分布的激光束在考虑大气垂直路径后的平均强度分布 $\langle I(z, r)\rangle$ 被定义为

$$\tag{7-42}$$

其中，$\langle I(z, r)\rangle = \dfrac{a^2}{a_d^2}\displaystyle\int_0^\infty J_0\left(2\dfrac{r}{a_d}t^{1/2}\right)\exp\left\{-t - \dfrac{1}{2}D_s(2a)t^{5/6}\right\}dt$ 是球面波相位结构函数；L 为路径长度，单位为米；$J_0(x)$ 为贝塞尔函数；$k = 2\pi/\lambda$；a_d 为穿过各向同性介质的激光束半径，即 $a_d = Lg_1/ka$，$g_1^2 = 1 + N_f^2(1 - L/F)^2$；$N_f$ 为菲涅耳数（Fresnel number）。

不同湍流强度下高斯分布激光束穿过上层大气的有效半径如图 7-8 所示[9]，其中，给出了强湍流 $C_n^2 \approx 10^{-15}\ \mathrm{m}^{-2/3}$ 和弱湍流 $C_n^2 \approx 10^{-17}\ \mathrm{m}^{-2/3}$ 情况下的激光束向空间飞行器传播路径上的束扩散函数，飞机飞行高度为 10 km（1）和 15 km（2），（$D = 1$ m，$\lambda = 1.06\ \mu m$）。

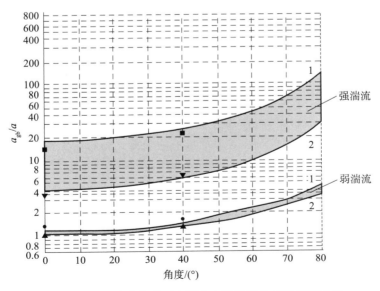

图 7-8　不同湍流条件下高斯分布激光束的相对扩散函数

由图中可以看出，当在 10 km 高空飞行时，大气垂直路径上激光束展宽将是衍射激光

束的 4~15 倍；如果飞行高度为 15 km，大气湍流对激光束扩散的影响将急剧减小。同时可以看到，为消除强湍流影响，激光工作的天顶角必须低于 40°。

另外，激光在大气中传播的弗雷德（Freed）半径和等平面角等参数，及其对激光功率传输效率的影响与文献［25］一致。当考虑用自适应光学技术补偿大气湍流引起的激光束波前畸变时，这两个参数非常重要。弗雷德（Freed）半径定义为球面波在接收望远镜平面上的空间相干性，它与湍流强度的关系如下：

$$r_0 = \left[0.43k^2 \int_0^L C_n^2(h + z\cos\theta)\left\{\frac{(L-z)}{L}\right\}^{5/3} \mathrm{d}z \right]^{-3/5} \tag{7-43}$$

图 7-9（a）[9]显示了激光束有效直径 $D = 1$ m 时弗雷德半径与天顶角的关系。

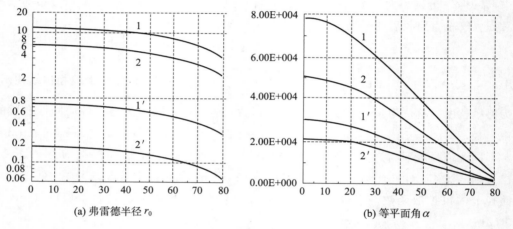

(a) 弗雷德半径 r_0　　　　　　　(b) 等平面角 α

图 7-9　弗雷德半径 r_0 和等平面角 α 与天顶角 θ 的关系

1，2—弱湍流；1'，2'—强湍流；1，1'—$h = 15$ km；2，2'—$h = 10$ km；$D = 1$ m；$\lambda = 1.06$ μm

由图中可以看出，如果湍流较弱，弗雷德半径很大，且超过了激光束孔径。这种情况下，因为激光束波前湍流相位畸变，激光束展宽较小。然而，当湍流非常强时，如果弗雷德半径小于激光束孔径，将引起激光束波前相位畸变严重，展宽增加。

等平面角 α 与大气湍流特性、激光束直径和辐射波长都有关系。从物理上讲，等平面角表征了两个球面波之间的相位畸变，球面波由两个相互间隔的点源发射，在湍流大气中传播，即[30]

$$\alpha = \left[k^2 \int_0^L C_n^2(h + z\cos\theta) z^{5/3} \mathrm{d}z \right]^{-3/5} \tag{7-44}$$

这意味着两束方向严格相反的激光束穿过湍流大气时，它们的相位畸变相等。但是，由于大气湍流影响，在其中一束光中加入导引角将引起波前差异。

图 7-9（b）显示了下面激光束传播参数下等平面角与天顶角的关系，即：$D = 1$ m，$\lambda = 1.06$ μm，$\alpha_{\mathrm{dif}} = 2.44\lambda/D = 2.6$ μrad。就像看到的那样，这个角度随着大气湍流和天顶角的变化范围很大。

至于高功率激光束补偿，激光自适应技术用于估算等平面角、引导角对飞行器空间任

务效率的相对影响很重要，当飞机和空间飞行器以不同的速度运动时，需要考虑光速的有限特性。这时

$$\gamma = \frac{2(V_s^{\perp} - V_a^{\perp})}{c} = \frac{\sqrt{\dfrac{gR_{\text{Earth}}^2}{R}}\cos\nu - V_a'\cos\theta}{c/2}$$

$$\nu = \arcsin\left(\frac{r_{\text{orb}}}{R_{\text{orb}}}\sin\theta\right) \tag{7-45}$$

式中　$V_a^{\perp}$，$V_s^{\perp}$——飞机和飞行器的速度分量，垂直于地心和飞行器之间的半径矢量；

　　　　R_{Earth}——地球赤道半径；

　　　　c——光速。

由图 7 - 10 看出[9]，随着飞行器轨道高度 H 的增加，引导角减小。

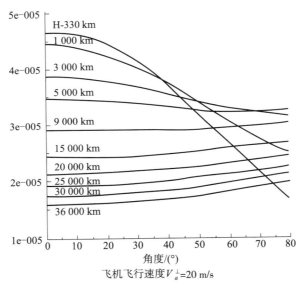

图 7 - 10　引导角（弧度）与天顶角的关系

为估算激光功率传输与引导角的函数关系，需要知道发射望远镜的放大倍数，$G = \dfrac{\langle I_{\max}\rangle}{G_{DL}}$。放大倍数是传输到空间飞行器上的平均辐射场强与理论强度限值之比，即 $G_{DL} = \dfrac{E}{4\pi\,(D_{em}/\lambda L)^2}$。一般情况下，这个参数小于 1。相同激光功率参数下发射望远镜放电倍数数值计算结果如图 7 - 11 所示。

为有效向空间飞行器传输激光功率，有必要将天顶角的变化范围限制在 $30°\sim40°$，以最小的损失从机载激光器向空间飞行器传输激光功率。

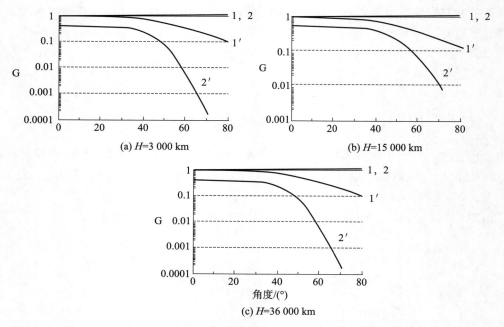

图 7-11　不同飞行器轨道高度下发射机望远镜放大倍数与天顶角的关系

1，2—弱湍流；1'，2'—强湍流；1，1'—$h=15$ km；2，2'—$h=10$ km

7.6　高功率激光推进系统自适应激光系统

7.6.1　问题描述

　　限制高功率激光推进应用的主要问题是地球大气层，它对激光束有很强的影响，限制了向空间飞行器传输激光功率的效率。因此，我们考虑采用激光自适应光学技术来补偿高功率激光束的波前畸变。文献［3，37］重点讨论了机载激光系统。

　　通常情况下，高功率激光系统包括产生近红外辐射的高功率激光器和直径 1 m 的发射望远镜，以及隶属于通信系统光学部分的辅助光电系统。通信系统用于发现、追踪空间飞行器，并收集通向空间飞行器沿大气路径上激光束相位畸变的相关信息。系统规定了安装在飞行器上的发射端和接收端望远镜采用同一设计原则[6]。

　　实际上，隶属于高功率激光系统的作用激光子系统都会有不同程度畸变，必须有自适应光学系统来进行补偿。但是，我们仅考虑从对输出激光束有显著影响那一部分，因为它从激光器到达飞行器需要穿过大气层。这些畸变包括以下内容：

　　1）由大气湍流引起的激光束波前相位和振幅畸变，上一节已经考虑这些畸变。

　　2）所谓的激光束速度畸变，这是由光速在指向空间飞行器时的有限特性造成的（见7.4 节）。

　　因此，我们要考虑地球大气层引起的激光束畸变补偿问题。

　　众所周知，自适应光学系统已被广泛应用于天体观测，通过地球大气层衍射有限的质量观察行星和恒星等天文目标。为获得高质量目标图像，通过多作动器驱动的柔性镜面被用于自适应光学系统。这些作动器以 $500\sim1\,000$ Hz 的频率运行，可用于补偿图像失真。自适应系统快速运行是由大气湍流时间常数造成的。自适应光学系统应用实例有文献 [38] 提到的阿尔泰望远镜（俄罗斯联邦）和文献 [39] 的太阳望远镜。

　　自适应光学系统主要技术是利用一个参考光源测量由地球大气引起的波前误差。通常情况下，在系统开发的第一阶段，明亮的恒星被用作参考源；后来，被激光在上层大气中产生莱利星（Riley star）或钠星（Sodium star）所取代。为分析参考源图像，在柔性镜面形成共轭表面分布，使用了特殊哈特曼（Hartmann）波前探测器[40]。

　　但是，当它们用于高功率激光器时，我们必须提到自适应光学技术应用遇到的一些难题。难题之一是高功率激光辐射带来的镜面加热，加热导致镜面变形，这会引起激光束额外的波前畸变。为了补偿所有光束波前像差，必须开发一个内部自适应光学回路。另外，为减小镜面加热，在镜面表面使用特殊的光学涂层，增加对激光辐射的反射作用。

　　另一个难题是上面提到的"速度相位像差"，通常自适应光学技术的参考束和高功率束使用同一光路，对高功率像差进行补偿。如果光束在一个等平面角内，即可满足这个条件。但对于远距离大气传输路径，等平面角非常小。通常等平面角与空间飞行器相对速度、激光束大气路径倾角和大气湍流强度有关 [见图 7-9（b）]。

　　综上所述，自适应光学系统可补偿由机载激光器向空间飞行器传输的高功率激光束所产生的像差，要研制这样的自适应光学系统必须包含三个阶段，即：

　　1）激光束畸变补偿自适应方法分析，寻找和研制提高经湍流大气传输激光效率的最优技术。

　　2）解决高功率激光系统内部光学元件的加热问题，对从激光谐振器到发射望远镜的所有光学元件采用特殊涂层，同步研制自适应光学子系统。

　　3）研制激光自适应光学系统，通过向激光束方向注入引导角来补偿激光束大气路径引起的激光束波前畸变。

　　需要注意的是，已成功研制的跟踪空间飞行器的光学系统[41]和激光束制导系统[42]都能用于高功率激光推进系统。也有一种可能是研制地基自适应光学系统用于补偿激光束的大气像差。

　　不过，最成功的激光自适应光学系统是安装在波音 747 上的 ABL 系统，其能力在2010 年的上层大气飞行实验得到了验证[42]。假设 ABL 系统是根据以下波束跟踪和指向远程目标的原则研制的：

　　1）对内外光路像差同时引起的激光束波前畸变进行补偿。

　　2）对光学元件的力学和声学振动进行补偿，这是机载激光系统的典型技术。

　　3）采用次衍射精度激光束获得远程目标的位置。

　　4）检测光束路径上的所有像差，以一个方向为引导角来补偿光束的"速度像差"。

　　5）由于湍流具有高速动态特性，需要研制快响应自适应系统。

通常采用以下相位共轭技术：

1) 线性自适应系统，包括光束波前分析仪、高速计算机和电动柔性镜面。

2) 非线性相位共轭，通过探测激光束与非线性光学介质在相位共轭镜面（PCM）的相互作用。

3) 全息矫正器，它可替代 PCM[44]。

在任何情况下，将自适应光学技术应用于激光自适应系统都必须具有较宽的视场 ±$(50\sim100)\theta_d$，其中 θ_d 为激光束衍射扩散角，PCM 对激光功率的高灵敏度可以提供快响应，以补偿所有可能的光束像差。

7.6.2　自适应光学激光回路和专用设备

基于波束到远程目标路径的光阑探测的线性自适应光学技术，是通过分析探测光束的波前相位畸变，以及这种共轭光束相位畸变的产生来实现的，这种共轭光束相位畸变会导致目标反射的功率最大[44]。反射激光束的功率是探测光束波前共轭的判据。

与非线性相位共轭几种相比，光阑技术具有一些优点，首先，强大气湍流对其应用没有限制，它可以方便应用于 CW 激光器。文献［43］给出了该技术解决向空间飞行器传输激光功率问题的应用实例。但是，该技术存在固有的信道数有限问题，各信道之间会相互干扰。但光阑技术根本的缺点是反馈响应时间长，这使其无法用于超长距离激光功率传输。

对于相位共轭技术，自适应激光系统必须用几个光束波前分析仪参数两两互不相同的自适应回路，自适应回路包括光学探测器数量及其敏感度，以及波前相位校准器，还包括作动器的响应速度和数量。

两回路自适应激光光学系统典型框图如图 7 - 12 所示[45]。其中，主振荡器 1 的激光辐射直接传输给功率放大器 2，然后经过几个光学元件到发射望远镜 4。

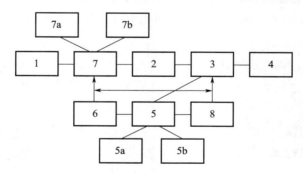

图 7 - 12　激光自适应光学系统原理框图

1—主振荡器；2—多级功率放大器；3—衍射束分光镜；4—发射望远镜；5—光束波前分析仪（5a—内部，5b—大气）；6—计算机；7—相位校准器（7a—内部校准器，7b 大气校准器）；8—探测激光器

为控制激光器内部的光束波前分布，在光束波前探测器 5a 和光束相位校准器 7a 的基础上应用内部自适应回路。为控制激光器输出的光束波前分布，在灵敏度更高的光束波前探测器 5b 和高速光束相位校准器 7b 的基础上研制了大气自适应回路。光学系统 5 作为附

加自适应回路补偿由系统光学元件发热引起的波前相位像差。

7.6.2.1　光束波前分析仪（BWA）

假设 BWA 对非相干和相干光束都起作用，相干技术是在利用激光束相干特性的基础上，通过直接或外差检测光信号进行测量。至于非相干技术，沙克·哈特曼（Shack-Hartmann）方法或它的改进方法都得到了应用[46]。

例如，麻省理工学院林肯实验室（MIT Lincoln Laboratory）[47]作为 ABL 自适应系统的总开发商，他们采用哈特曼分析仪控制高功率激光束在 100 千米的距离内真实大气中的波前畸变。哈特曼分析仪由 16×16 的子孔径组成，包括一个二元光学系统两个 CCD 相机，CCD 相机带有 X 和 Y 坐标为 64×64 像素的阵列探测器，探测器的性能参数为动态敏感度范围为 $\pm 1.4\lambda$，可见光波长相位探测精度为 $\lambda/15$，相对于 $4\ \mathrm{kHz}$ 动态频率的响应速度为 $240\ \mu s$。

相干激光辐射 BWA 采用外差信号探测技术可以探测低强度的光学信号，这类 BWA 通常用于开发超远空间距离达 $40\ 000\ \mathrm{km}$ 的激光自适应光学系统。在这种情况下，探测激光器在整个辐射频率和功率范围内保持稳定。这种激光器称为外差激光器。

7.6.2.2　光束波前相位校准器

有两种不同的技术构成了镜面校准器的基础，校准器用于控制激光束波前形状。第一种技术称作光电校准器，它由特殊光学材料制成，这种材料的折射率只与施加的电场强度有关。第二种技术是采用机械控制光学表面的柔性镜面。镜面控制的频率范围从几赫兹到几千赫兹（见表 7 - 6）。

Litton/Itek 光学系统公司（美国）是可控表面柔性镜面产品领域的领导者，它创建于 1973 年。例如，该公司的 69 控制通道和 241 控制通道 LVEM 镜面在实验中得到应用，它用来补偿实验室和真实大气条件下大气热晕效应，这些工作都是由麻省理工学院林肯实验室完成的[48]。此外，实验室还研制了响应时间小于 $300\ \mu s$，拥有 241 个作动器的柔性镜面。

表 7 - 6　Litton/Itek 光学系统公司自适应镜面校准器

参数	固体压电镜面	离散作动器镜面		
	SPM	SADM	LVEM（低电压）	CSEM（冷却硅）
直径/cm	2.5～2	16 或 25	10～100	10～20
作动器数量	21～35	37 或 55	25～500（＞2 000）	250/241
作动器间距/cm	0.25～1	2.75	0.7～0.8	＜1
灵敏度/（nm/V）	0.4	5.5	15	15
最大偏差/μ	±0.7	±7.5	±2.5～3.5	±2
频率范围/kHz	10	0.3	1～10	1
表面光学质量（$\lambda = 0.6\ \mu m$）	$\lambda/10$	$\lambda/4$	$\lambda/15$	$\lambda/15$

续表

参数	固体压电镜面	离散作动器镜面		
	SPM	SADM	LVEM(低电压)	CSEM(冷却硅)
最大电压/V	±2 700	1500	75	75
作动器材料	PZT(Pb(Zn,Ti)0.3)	PZT	PMN Pb (Mg1/3Nb2/3)0.3	PLZT Zr,Ti,Pb+La
独有特性	稳定	滞后,高供电电压	无滞后和漂移	大幅度变形

7.6.3　用于对准远目标的激光自适应光学系统

作为实例，我们给出了两个典型的自适应系统，它们用于地球大气层高功率激光辐射传输。这些系统采用了互不相同的光束波前校准器。

7.6.3.1　线性自适应激光系统

最早开发的激光自适应光学系统之一是通过垂直大气路径传输 1 MW 功率的 CO_2 激光辐射，多回路单通道系统原理框图如图 7-13 所示[45]。系统的自适应回路是基于一个波前分析仪（WFA）和一个光束波前外差分析仪（HWFA）。

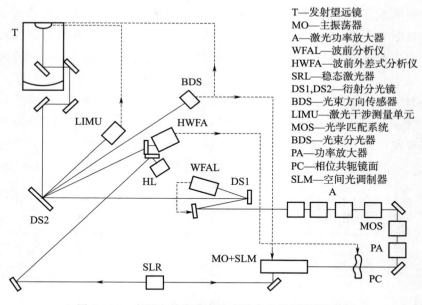

T—发射望远镜
MO—主振荡器
A—激光功率放大器
WFAL—波前分析仪
HWFA—波前外差式分析仪
SRL—稳态激光器
DS1,DS2—衍射分光镜
BDS—光束方向传感器
LIMU—激光干涉测量单元
MOS—光学匹配系统
BDS—光束分光器
PA—功率放大器
PC—相位共轭镜面
SLM—空间光调制器

图 7-13　自适应单通道高功率激光光学原理框图[3]

高功率激光运行过程为：主振荡器（MO）产生激光辐射，辐射信号被功率放大器（PA）放大后进入衍射分光镜（DS1），分光镜将一部分辐射转向哈特曼波前分析仪（HWFA）。波前分析仪对光束波前进行处理，确定光束的相位像差，如楔形、球面和高阶像差，并产生共轭信号来驱动柔性镜面（PC），激光自适应光学系统可以包含几个与内部光程长度无关的自适应回路（电路）、数个功率放大器等。经相位校准的激光束随后进入发射机（T），并将激光束发送至远程目标。

给出的自适应激光系统由两个自适应回路组成，它包括：1）一个校准发射望远镜激光束像差的自适应回路和 2）一个校准地球大气引起的激光束像差的自适应回路。为了研制第二个自适应回路，远程目标发射激光信标辐射穿过大气层，并由激光望远镜收集。经过望远镜后的信标辐射由光束分光镜（SB2）将其反射给具有外差探测技术的高灵敏波前分析仪（WFAL）。利用安装在 MO 和 PA 之间的多作动器柔性镜面来校准大气诱发的光束波前像差。自适应系统采用腔内空间光调制器（SLM）来引导激光束的指向方向。

采用功率 100 kW CO_2 激光器对激光自适应系统进行了实验测试[49]，激光器脉冲能量为 3 kJ，重复频率为 1 000 Hz（见图 7‐14）。利用水冷金属光学器件，通过水平光学管将输出的激光束定向到 18 个子孔径为 1.8 m 的自适应望远镜上，望远镜放大倍数为 5.6×。经过望远镜后，激光束沿水平大气方向在 0.5 km 处聚焦。

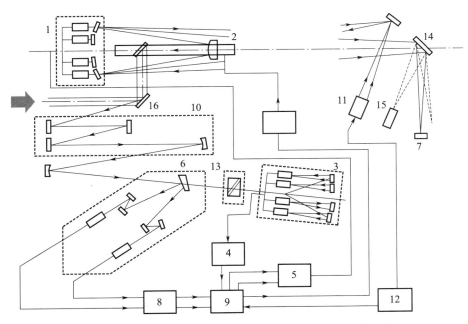

图 7‐14　激光自适应望远镜和激光束控制系统原理框图

1—18 孔径主镜面；2—作动器控制纵向位置的次镜面；3，4—18 通道 BWA；5—PM 驱动器控制单元；

6，7—光束聚焦探测器；8—次镜面驱动器控制单元；9—信号处理单元；10—光学单元；

11，12—反射信号模拟器；13—光束波前倾斜模拟器；14，16—衍射束分光镜；15—探测器矩阵

实验中采用 18 通道哈特曼分析仪对激光束波前相位畸变进行分析。

实验中，自适应激光系统通过使用安装在射程末端的激光信标信号，在 0.5 km 距离上提供高功率激光束的最佳聚焦。信标激光辐射波长为 0.63 μm，它可以"读出"沿程大气像差分布，BWA 分析仪将其转化用于控制激光束波前输出。实验验证了研制的激光自适应光学系统的性能。

激光自适应系统下一步改进方向是针对发射望远镜主镜的子孔径相位。

在美国机载激光器计划（American AirBorne Laser program）[4,5]中采用另一种方法研制了机载激光自适应光学系统。ABL 自适应光学系统是基于三回路自适应系统，它包括：1）在大气层中飞行的飞行器主动照明两回路系统；2）利用线性自适应光学电路补偿大气引起的激光束波前像差，向飞行器发射高空间精度高功率激光的单回路系统。

ABL 系统的第一个两回路部分物理持续模型在麻省理工学院林肯实验室真实大气环境进行了测试，如图 7-15 所示。应用九光束激光照明可以长时间收集火箭的发光图像数据，也可以采用四光束照明器选择部分火箭被照亮。被运动火箭反射的四束照明器的激光辐射被用作自适应激光光学回路的参考激光束，被反射的参考激光形成高功率激光束波前的相位形状。

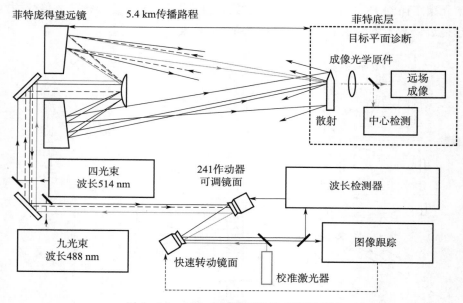

图 7-15　ABL 自适应两回路系统原理图

图中红线对应的是参考光束波前共轭后模拟高能激光束通过系统传播的激光辐射的准直（见表 7-7）。

表 7-7　ABL 激光自适应系统实验设备参数

柔性镜面		光束波前探测器	
作动器数量	341	类型	哈特曼
几何构造	21×21	几何构造	X 轴 218 Y 轴 218
位移幅值	4 μm	探测器	阵列 64×64，帧频 3 kHz

测试实验获得的主要结果如图 7-16 所示，图中显示了 ABL 自适应光学系统补偿高功率激光束大气湍流畸变的效率。效率是通过斯特勒数（Strell nubmer）估算出来的，斯特勒数是激光数穿过大气湍流的最大辐射场强与位于衍射附近处的激光束最大辐射场强之

比。在测试大气范围内采用茹托夫（Rytov）变量作为特征参数，它是由两种湍流下大气中路径长度和辐射波长决定的[50]。

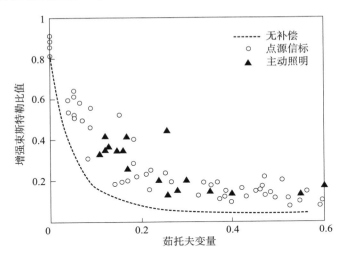

图 7-16　ABL 自适应系统在 5.4 km 大气路径长度处实验测试结果

就像我们看到的那样，采用研制的自适应光学系统无法完全补偿由强湍流（茹托夫参数大于 0.2）引起的光束像差。这有几个原因，其中一个是作为全系统的运行速度或系统的响应时间必须小于湍流的"冻结时间"，另一原因是参考光束的波前相位共轭精度不高。

7.6.3.2　非线性自适应系统

许多非线性相位共轭技术已被开发并应用于 RP 和 CW 高功率激光系统中。所有这些技术都是基于在非线性光学介质中通过探测（参考）光束和信号光束的相互作用产生共轭波前光束。可以使用如四波混频、布里林散射（Brillion Scattering）等多种技术[51,52]。

四波混频的过程类似于动态全息相位校正器被写在光寻址液晶光调制器中[53]。目前，该晶体可以写入空间频率为每毫米 100～200 线的可见和红外波长的全息光栅。其他非线性过程如热光栅、光折射、谐振介质中的放大饱和等，也可以作为相位共轭镜面。谐振介质具有写全息图的低强度阈值，对光束相互作用的时间没有限制，有可能获得 100% 的反射系数，因此更适合于这种用途。

简并四波混频[52]提高了弱参考光束条件下共轭波的产生效率，在这种情况下，PCM 介质自身可用于产生强共轭波。DFWM 过程也可以在从紫外（UV）到远红外（IR）的宽光谱范围内的激光有源介质中实现，包括 Nd：YAG、Nd：KGW、Nd：Cr：GSGG、Nd：YVO$_4$ 和 CO$_2$ 激光器。

利用 Nd：YVO$_4$ 晶体作为 PCM 的非线性介质可以获得非常有趣的结果[54]，这个晶体的基本优点之一是具有大的谐振透射截面，$\sigma_0 \approx 18 \times 10^{-19}\,\mathrm{cm^2}$，比 Nd：YAG 大 5 倍，对于掺杂 1% Nd^{3+} 激光半导体泵浦波长的吸收系数下高达约 30 cm^{-1}，且 Nd 激发态时间长（$\tau \approx 70\,\mu s$）。在两通道的 PCM 中，泵浦光束转化为共轭的最大系数达到 10%；而在四通道的 PCM 中，转化系数达到 170%。

　　假设用 DFFW 镜面得到相位共轭的实验结果，利用各种人工光源作为参考光束，将高功率激光辐射传输到空间飞行器上，包括"激光制导恒星"激发大气气溶胶和分子的高功率辐射的反向散射等。这些技术都可用于推进飞行器完成轨道任务[55]，以及用高功率 CW 激光器照亮卫星[56,57]等其他用途[58]。

　　本节还介绍了利用"人工相干参考辐射源"和动态全息校正器[55]实现参考光束相位共轭的激光自适应光学技术，激光自适应光学技术可实现高功率激光驱动空间飞行器（LOTV）。

　　该算法的总体目标是解决用于用激光推进空间飞行器的探测光束和高能激光束通过地球大气层的非互易传播问题。该算法的基本思想是对产生相位共轭光束的两个过程进行功能分离，即记录飞行器轨道引导点方向的大气光学畸变，以及具有共轭波前高功率激光束的产生。建议该算法以两回路自适应激光系统形式进行开发，如图 7 - 17 所示。

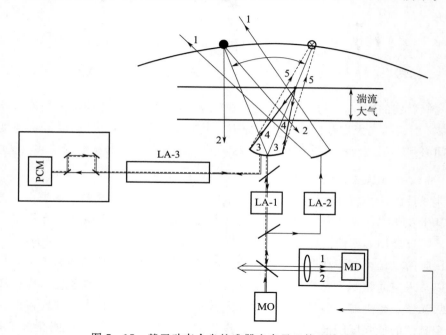

图 7 - 17　基于动态全息校准器光束寻址算法路线图

1—第一探测光束；2—作反射光束；3—第二探测光束；4—激发拉曼散射（Raman scattering）；5—共轭高功率激光束；
LA - 1—第一功率放大器；LA - 2—第二功率放大器；LA - 3—第三功率放大器；PCM—相位共轭镜面；
MO—主振荡器；MD—探测器阵列。

　　第一自适应回路设计用于在飞行器轨道引导点方向产生参考波束辅助源。假定该源是由一束与高功率激光波长相对应的辅助激光的受激布里渊散射（Stimulated Brillouin Scattering，SBS）产生的。第二自适应回路是在传统 PC 镜面的基础上设计的，用于产生具有共轭波前的高功率激光束。为了获得共轭波前光束，利用辅助参考光束和探测光束将全息校正器写入非线性光学介质中。

　　自适应激光光学系统操作流程如下：

第一步　主振荡器脉冲由第一激光功率放大器（LA-1）放大，并按激光自适应光学系统初步制导系统指定的角方向照射飞行器。这种光束通过一个辅助望远镜系统发射出去，该系统具有光束衍射限值的十分之一制导精度。主振荡器光束的角方向由一个探测器阵列监测，同时也记录卫星图像。被飞行器反射的参考辐射脉冲被第二接收-发射望远镜收集，然后定向到同一探测器阵列，该阵列在主振荡器光束和卫星图像之间产生角偏转信号。然后在算法运算的第二阶段，利用角偏转信号在高层大气中形成人工参考源。

第二步　主振荡器波束被第二功率放大器（LA-2）放大，并且波束在 30 km 高空聚焦在与卫星的预测角位置相对应的引导角方向上。在此过程中，将第一步记录的大气像差插入主振荡器光束波前，并考虑大气像差的影响。为了在大气中产生一个人工参考源，假设主振荡器光束在特定高度产生受激拉曼散射。已知，辐射的拉曼散射是一种阈值效应，起源于空间最大辐射场强点。这就是为什么参考源的角度大小会出现在接收-发射望远镜"看到"的点源。参考光源的角度位置决定了高功率激光束的方向，而参考辐射被用来产生高功率光束的共轭波前。

第三步　由接收-发射望远镜收集的参考源的光束被第三放大器（LA-3）放大，并由 PC 镜面共轭。然后共轭光束通过系统的非互易光回路再返回到最终放大器（LA-3）。之后，高功率激光束被定向到卫星上。

激光自适应光学系统的一个基本问题是人工参考源的产生，以及大气相位畸变的配准。假设高功率激光脉冲的受激拉曼散射和布里渊散射都是用于此目的的。在基于哈特曼波前分析的自适应光学系统中，大气中气溶胶的高能光束散射是可能的，这一点已经在文献[57] 中得到了理论预测。

7.6.4　主要成果

必须强调的是，决定高功率激光推进可能性的关键技术之一是研制一套激光自适应光学系统，该系统将允许通过地球大气层向空间飞行器传输激光功率。光学系统必须能够补偿宽范围空间谱段的光束大气畸变，从高度 $h < 20$ km 的 Kolmogorov 湍流开始，一直到平流层（$h > 20$ km）的两组分折射率波动。

本节提出了基于大气光学畸变补偿算法的激光自适应光学系统，其主要操作流程如下：

1）在高层大气中产生参考相干辐射源，记录激光束从激光到引导点的光束传播路径中的大气畸变。

2）利用参考源光束记录的动态全息校正器产生具有共轭光束波前的高功率激光束。

参考源算法操作的数值模拟证明了补偿激光束畸变的可行性，例如，传输到 3 000 km 轨道的激光功率增加到激光初始功率的 65%。

参 考 文 献

[1] Lukin, V. P. Forming of optical beams and images on the basis of adaptive optical systems. Adv. Phys. Sci. 184, 599 – 640, 2014.

[2] Asanov, S. V., et al. Prediction of high – power laser propagation of the near – IR and IR spectral ranges along inclined paths in the atmosphere. Opt. Atm. Ocean (Rus.). 29, 167 – 176, 2016.

[3] Sprangle, P., et al. High – power lasers for directed – energy applications. Appl. Opt. 54, F200, 2015. https://doi.org/10.1364/AO.56.004825.

[4] Lamberson, S., Schall, H., Shattuck, P. The airborne laser. Proc. SPIE. 6346, 63461M, 2001. https://doi.org/10.1117/12.738802.

[5] Biliman, K. W., Horwitz, B. A., Shattuck, P. L. Airborne laser system common path/common mode design approach. Proc. SPIE. 3706, 196 – 203, 1999. https://doi.org/10.1117/12.356958.

[6] Mak, A. A., et al. State – of – the – art optical technologies as applied to the problem of laser power transfer at space distances. J. Opt. Techn. (Rus.). 65, 52 – 61, 1998.

[7] Avdeev, A. V., et al. Construction arrangement of HF – DF – laser facility arranged on space vehicle board. Proc. MAI 71, 2013. http://www.mai.ru/science/trudy/published.php.

[8] Myrabo, L. N., Lewis, J. S. Lightcraft. Flight handbook. (Hypersonic flight transport for an erabeyond oil). Apogee Books, 2009.

[9] Sherstobitov, V. E., et al. On a possibility of laser beam control in LOTV mission by means of nonlinear and coherent optics techniques. AIP Conf. Proc. 702, 296 – 309, 2004. https://doi.org/10.1063/1.1721009.

[10] Sherstobitov, V. E., et al. Computer simulation of a solid – state laser system for propulsion of a space "tug – boat" from LEO to GEO. AIP Conf. Proc. 766, 347 – 360, 2005. https://doi.org/10.1063/1.1925156.

[11] Krekov, M. G., Zvenigorodsky, S. G. Optical model of middle atmosphere. Nauka, Novosibirsk, 1990.

[12] McCormic, M. P., et al.: Satellite studies of the stratospheric aerosol. Bull. Amer. Meteor. Soc. 60, 1038 – 1046, 1979.

[13] Yue, G. K., et al. Comparative studies of aerosol extinction measurements made by the SAM IIand SAGE – II satellite experiments. J. Geophys. Res. 94, 8412 – 8424, 1989.

[14] Selby, J. E. A., McClatchey, R. A. Atmospheric Transmittance from 0, 25 to 28, 5 μm. Computer code LOWTRAN – 2, AFCRL – TR – 72 – 0745, AD A763721, 1972.

[15] Kneizys, F. X., et al. Computer code LOWTRAN – 7, (AFGL). Hanscom, Massachusetts, environmental research papers, N1010, 1988.

[16] Polikov, A. V., Timofeev, Y. M., Poberovsky, A. V. Reconstruction of vertical distribution of aerosol extinction in stratosphere, using the results of " Ozon – Mir " instrumentation

measurements. Proc. Rus. Acad. Sci. Atm. Ocean Phys. 35，312 – 321，1999.

[17]　McClatchey，R. A.，Fenn，R. W.，Selby，I. E. A. Optical properties of the atmosphere. AFGL – 70 –0527，N331，1982.

[18]　Anderson，G. P.，et al. AFGL atmospheric constituent profiles（0 – 120 km）. Env. Res. Pap.，N954 AD A175173，1986.

[19]　Rothman，L. S.，et al. The HITRAN molecular data base：edition 1991 and 1992. J. Quant. Spectr. Rad. Trans. 48，469 – 507，1992. https：//doi. org/10. 1063/1. 4815858.

[20]　Osipov，V. V.，Borisova，N. F.，Tsukanov，V. V. Structure，software and validation of a database UVACS（UltraViolet Absorption Cross Section）. Abstract International Radiation Symposium （IRS 2000），St. Petersburg State University E30，139，2000.

[21]　Osipov，V. M.，Borisova，N. F. Attenuation of UV radiation at atmosphere ranges. Opt. Atm. Ocean. 11，440 – 444，1998.

[22]　Vorob'ev，V. V. Thermal blooming of laser beams in the atmosphere. Progr. Quant. Electron. 15，1991. https：//doi. org/10. 1016/0079 – 6727（91）90003 – Z.

[23]　Sheremetieva，T. A.，Phillpov，G. N. Method of simulation of random fluctuations of wave frontwith a wide range of the fluctuations. Atm. Ocean Opt. 13，529 – 533，2003.

[24]　Shen，I. Electrostriction，Kerr optical effect，and self – focusing of laser beams. In：Raizer，Yu. P. （ed.）Effects of laser radiation. Mir，Moscow，1968.

[25]　Aksenov，V. P.，et al. High – power laser beams in the random – inhomogeneous atmosphere. Nauka，Novosibirsk，1998.

[26]　Vorontsov，M. A.，et al. Characterization of atmospheric turbulence effects over 149 kmpropagation path using multi – wavelength laser beacons. In：Proc. of the 2010 AMOS Conference.

[27]　Vorontsov，M. A.，et al.：Deep turbulence effects compensation experiments with a cascaded adaptive optics system using a 3. 63 m telescope. Appl. Opt. 48，A47 – A57（2009）. https：// doi. org/10. 1364/AO. 48. 000A47.

[28]　Galkin，A. A.，et al. Imaging of space vehicles by using Altai optic – laser center adaptivetelescope. Space expl.（Rus.）. 46，201 – 205，2008.

[29]　Lukin，V. P.，et al. Capabilities of adaptive optics as applied to solar telescopes. Opt. Atm. Ocean. 22，499 – 511，2009.

[30]　Tatarskii，V. I. The effects of the turbulent atmosphere on wave propagation. Nat. Tech. Inf. Serv，Springfield，VA，1971.

[31]　Fritts，D. C. A review of gravity waves saturated processes，effects，and variability in the middle atmosphere. Pure Appl. Geophys. 130，343 – 371，1989. https：//doi. org/10. 1007/BF00874464

[32]　Gurvich，A. S.，et al. Laser radiation in the turbulent atmosphere. Nauka，Moscow，1976.

[33]　Gracheva，M. E.，Gurvich，A. S. Simple model for calculation of turbulent noise in optical devices. Izv. Atm. Ocean. Phys. 16，1107 – 1111，1980.

[34]　Grechko，G. M.，et al. Observations of atmospheric turbulence at altitudes of 20 ～ 70 km. Trans. Russ. Acad. Sci.，Earth Sci. Sect. 357A，1382 – 1385，1997.

[35]　Smith，S. A.，Fritts，D. C.，Van Zandt，T. E. Evidence for a saturated spectrum of atmospheric gravity waves. J. Atm. Sci. 44，1404 – 1410，1987. https：//doi. org/10. 1175/1520 – 0469（1987）044<

1404；EFASSO>2.0.CO；2.

[36]　Fritts, D. C. , Van Zandt, T. E. Spectral estimates of gravity wave energy and momentum fluxes, Part I: energy dissipation, acceleration, and constraints. J. Atm. Sci. 50, 3685 – 3694, 1993.

[37]　Lamberson, S. , Schall, H. , Shattuck, P. The airborne laser. Proc. SPIE. 6346, 63461M, 2007. https://doi.org/10.1117/12.482116.

[38]　Galkin, A. A. , et al. Imaging of space vehicles by using Altai's optic – laser center telescope designed with adaptive optics. Space expl. 46, 201 – 205, 2008.

[39]　Lukin, V. P. , et al. Application abilities of adaptive optics for Sun telescopes. Atm. Ocean Opt. 22, 499 – 511, 2009.

[40]　Lukin, V. P. Adaptive optics in the formation of optical beams and images. Adv. Phys. Sci. 184, 599 – 640, 2014. https://doi.org/10.3367/UFNe.0184.201406b.0599.

[41]　Crawford, D. P. Lasers for Security, Director of Laser Weapon Systems. Directed Energy Systems Northrop Grumman Space Technology. Presented at the OSA Congressional R&D Caucus Event, 2007.

[42]　Fenton, C. G. Directed – energy weapons. Technology, Applications and Implications, Lexington Institute, USMC. Joint Nonlethal Weapons Directorate, February, 2003.

[43]　Higgs, C. , et al. Atmospheric compensation and tracking using active illumination. LincolnLab. J. 11, 1998.

[44]　Vorontzov, M. A. , Shmalgausen, V. Ya. Adaptive optics principles. Nauka, Moscow, 1985.

[45]　Belousova, I. M. , et al. On the effective transportation of laser radiation through the atmosphere. Proc. SPIE. 2771, 252 – 262, 1996. https://doi.org/10.1117/12.138073.

[46]　Belousova, I. M. , et al. Laser beam wavefront analyzer for adaptive optical systems. J. Opt. Techn. 6, 33 – 44, 1992.

[47]　Primmerman, C. A. , et al. Atmospheric – compensation experiments in strong – scintillation conditions. Appl. Opt. 34, 2081 – 2088, 1995. https://doi.org/10.1364/AO.34.002081.

[48]　MIT Lincoln Laboratory Annual report. 2010.

[49]　Bulaev, V. D. , et al. The experimental laser facility based on the high – power repetitively – pulsedE – beam sustained CO_2 laser. AIP Conf. Proc. 766, 361 – 372, 2004. https://doi.org/10.1063/1.1925157.

[50]　Higgs, C. , et al. Atmosphere compensation and tracking using active illumination. LincolnLab. J. 11, 1998.

[51]　Zel'dovich, B. Y. Phase conjugation methods. Nauka. Moscow, 1985.

[52]　Ageichik, A. A. , et al. Phase conjugation in a high – power E – beam – sustained CO_2 laser. Proc. SPIE. 1841, 181 – 189, 1992.

[53]　Vasil'ev, A. A. , et al. Spatial light modulators. Radio i Svyaz, Moscow, 1987.

[54]　Brignon, A. , Huignard, R. , Rajbenbach, J. – P. Phase conjugation by saturable – gain degenerate four – wave mixing in solid state laser medium. Proc. SPIE. 2771, 64 – 74, 1996. https://doi.org/10.1117/12.238046.

[55]　Stepanov, V. V. , et al. Laser beam control system to compensate for turbulent distortions of the laser beam at introducing a lead angle. AIP Conf. Proc. 702, 283 – 295, 2004. https://doi.org/

10. 1063/1. 1721008.

[56] Kingsbury, R. W. Optical communications for small satellites. Submitted to the Department of Aeronautics and Astronautics Doctor of Philosophy in Communications and Networking at the Massachusetts Institute of Technology，2015.

[57] Banakh，V. A. ，et al. Compensation for wavefront of a partially coherent laser beam by using atmosphere radiation backscattering effects. Atm. Ocean Opt. 24，549 – 554，2011. https：// doi. org/10. 1134/S1024856011060030.

[58] Sandler，D. G. ，et al. Shearing interferometry for laser – guide star atmospheric correction at largeD/ r0. J. Opt. Soc. Amer. 11，858 – 873，1994. https：//doi. org/10. 1364/JOSAA. 11. 000858.

结　论

在这本书中，我们试图遵循俄罗斯科学家齐奥尔科夫斯基在 20 世纪初期规划的任务，开发一种"以平行电磁束的形式从行星传输能量获得速度的方法"。经过多年的研究，这种方法被命名为激光推进，即由激光产生平行束的电磁光束。尽管人们期望这些系统比那些以火箭和飞机为基础的系统具有竞争力。但是，到目前为止，那些基于高功率激光器和带有激光推进发动机运载器的宇航运输系统还没有研制出来。为了揭示高功率激光推进研制面临的技术和工程问题，我们试图在这些问题的基础上揭示激光推进的主要过程和现象。其中包括：

1）激光功率转换为推力的效率，无论是脉冲喷气还是冲压模式的激光推进，最高效率限制在 40%。这是因为在激光辐射的作用下，击穿推进剂形成的等离子体屏蔽了入射激光辐射。

2）在冲压式模式下，推力也受到推进发动机进气道喘振效应的限制，喘振效应是由高能激光脉冲在发动机喷管内产生的强激波引起的。

3）与脉冲喷气激光推进相比，激光烧蚀推进（LAP）有一些优点，因为它产生的推力具有较高的比冲。但这种情况下，需要更高功率的激光辐射来产生与脉冲喷气激光推进相同的推力。必须指出的是，这两种类型的激光推进最大推力效率都在 40%。从这个角度讲，利用 CHO 基聚合物作为推进剂的 LAP 是一种非常有前途的技术。由于在激光辐射作用下聚合物推进剂释放其内能，它可以获得较高的推力效率。许多实验表明，使用 CHO 基聚合物的 LAP 效率可以超过 50%。为了开发未来的高功率激光推进系统，LAP 效率假设达到 70%。选择和/或构建 CHO 基聚合物组分是当前主要任务之一。我们希望在当前 LAP 研究中不断积累科学经验，能够在不久的将来解决这个问题。

4）高功率激光推进面临的另一个问题是推力的产生，激光推进发动机是在亚声速气流转化为超声速气流时产生推力的。在这本书中，我们指出超声速冲压激光推进受到一些气体等离子体动力学的负面影响的限制，这些负面影响是通过激光脉冲与超声速气流相互作用过程中发展起来的。为了克服这些困难，我们建议使用在发动机喷管形成激光烧蚀射流来加速超声速来流。在这种情况下，由于烧蚀射流与超声速来流的相互作用，冲量耦合系数达到 $C_m \approx 10^{-3}$ N/W。

遗憾的是，这种激光推进技术实验验证面临的困难是缺乏所需的相关实验设备。

5）发展到现在，作为基于大功率激光推进的新型空间运输系统的一部分，激光推进飞行器的主要设计只有两种形式。这些设计是由莱克·迈拉博开发的光船技术验证器（LTD）和基于 NII OEP 开发的宇航激光推进发动机（ASLPE）的空间小型飞行器。这两种技术都满足激光推进在亚声速和超声速模式下生产的推力条件。LTD 最适合于向近地轨道发射飞行器，带有 ASLPE 的飞行器则适合于近地空间的轨道任务。但每一种情况都必须在喷管内贮存特殊构造的推进剂，以超声速 LAP 模式产生推力。

6）最后，高功率激光推进面临的困难是要让激光束准确指向飞越大气层的飞行器。在任何情况下，都需要研制镜面激光自适应系统来补偿由大气湍流和热晕效应引起的激光束波前畸变。

我们希望，随着应用激光科学的进步，在不久的将来，所有这些限制高功率激光推进发展的因素将都将被消除。实际上，世界范围内新型半导体泵浦碱金属激光器（DPAL）的研制就是这一进展的一个例子。该 DPAL 具有电能转化激光辐射功率效率高、接近衍射极限的低激光束发散、0.8 μm 的短辐射波长以及较小的"尺寸和质量"等关键特性。目前，DPAL 的功率已达到 100 kW，可以用于发射激光推进小型空间飞行器。

此外，LAP 的一些工作成果，以及激光功率转换为等离子体温度的方法，可用于当前星载激光小型和微型推力器的研制。

例如，可以考虑应用高功率激光推进来解决近地空间开发的一些难题。其中一个难题就是必须清除近地轨道（LEO）和地球同步轨道（GEO）的空间碎片，这些空间碎片由大量的失效空间飞行器及其损坏部件组成。所有这些碎片都会给空间站和载人飞船在近地空间的未来任务带来危险。尽管垃圾收纳器的概念很复杂，但我们预测，这种基于激光推进的空间运输系统将在 100 kW 功率甚至更高功率的机载高功率激光器研制成功后能够得以实现。遗憾的是，空间高功率激光器的使用不仅取决于激光科学的进展，而且还取决于主要大国对和平利用近地空间的政治意愿。